U0650611

2023 年

重点行业
环境评估报告

生态环境部环境工程评估中心　著

中国环境出版集团·北京

图书在版编目（CIP）数据

重点行业环境评估报告. 2023年 / 生态环境部环境
工程评估中心著. -- 北京：中国环境出版集团，2025.
5. -- ISBN 978-7-5111-6237-3

Ⅰ. X322.2

中国国家版本馆CIP数据核字第2025TQ2880号

责任编辑　孔　锦
封面设计　岳　帅

出版发行　中国环境出版集团
　　　　　（100062　北京市东城区广渠门内大街 16 号）
　　　　　网　　址：http://www.cesp.com.cn
　　　　　电子邮箱：bjgl@cesp.com.cn
　　　　　联系电话：010-67112765（编辑管理部）
　　　　　　　　　　010-67112735（第一分社）
　　　　　发行热线：010-67125803，010-67113405（传真）
印　　刷　北京中科印刷有限公司
经　　销　各地新华书店
版　　次　2025 年 5 月第 1 版
印　　次　2025 年 5 月第 1 次印刷
开　　本　787×1092　1/16
印　　张　17
字　　数　340 千字
定　　价　138.00 元

【版权所有。未经许可，请勿翻印、转载，违者必究。】

如有缺页、破损、倒装等印装质量问题，请寄回本集团更换。

中国环境出版集团郑重承诺：

中国环境出版集团合作的印刷单位、材料单位均具有中国环境标志产品认证。

《重点行业环境评估报告（2023 年）》

编　委　会

主　编：谭民强

副主编：邢文利　隆　重　莫　华

编　委：（按部门排序）

刘　磊　杜蕴慧　柴西龙　曹晓红　刘　殊　沙克昌

郭　涛　郭二民　赵晓宏　陈爱忠　吕晓君

前　言

　　生态环境部环境工程评估中心持续开展重点行业环境评估研究工作，依托重点行业环境评估优势和信息平台数据优势，充分利用环评、许可和执法督察等领域数据资源，编制科学、权威、前瞻的行业环境评估报告，发挥源头预防作用，助力产业布局优化调整、绿色转型，为建设美丽中国、推进人与自然和谐共生的现代化贡献力量。

　　本书共包括石化、水泥、危险废物焚烧、平板玻璃、焦化、水电、陆上天然气管线7个重点行业环境评估报告。主要编写人员为：石化行业，冉丽君、王卫红、朱婷、付云刚，审核人员为沙克昌；水泥行业，张倩倩、马婧、冯成、许红霞，审核人员为郭涛；危险废物焚烧行业，吴家玉、王昊天、陈亚楠、周盼、宋学勇、邱秀珍、徐海红、齐硕、李凌浩、程康，审核人员为柴西龙；平板玻璃行业，于文超、许红霞、张倩倩、马婧、刘牧远、张伟亮、卓俊玲、张佳鑫，审核人员为郭涛；焦化行业，李中岳、倪睿思、张承舟、马婧、杨钦明、于子强、田源、王宇航、杨申卉，审核人员为郭涛；水电行业，林慧、燕文昌、祁昌军、黄茹、温静雅，审核人员为葛德祥；陆上天然气管线行业，游旭、吴伟，审核人员为刘殊。统稿工作由周申燕、胡征、王海丽、金珂完成。本书在编写和统稿过程中，中国环境科学学会环境影响评价专业委员会、中国环境科学学会能源与环境分会、中国环境科学学会环境监察研究分会提供了技术支持，在此表示感谢。

　　因时间紧迫和工作经验、知识领域的局限，本书还存在许多不足之处，恳请读者批评指正。

目录

第一章　石化行业环境评估报告

第一节　行业发展现状

一、主要产品产能

1. 原油加工量和炼厂开工率创近 5 年来新高

根据全国排污许可证管理信息平台统计，2023 年我国以原油（含重油等）为原料的一次加工能力（以下简称"原油一次加工能力"）约为 9.35 亿 t，较 2022 年提高了 1.3%；约占全球总炼油能力的 18%，与 2022 年基本持平。2023 年成品油消费量复苏，根据国家统计局数据，2023 年我国原油加工量为 7.35 亿 t/a，同比上升 8%，全国炼厂平均开工率为 78.6%，创近 5 年来新高。2016—2023 年我国原油一次加工能力及加工量变化趋势见图 1-1。

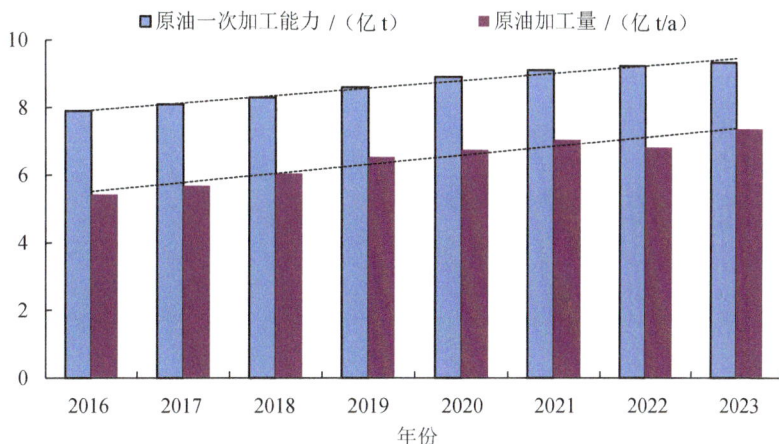

图 1-1　2016—2023 年我国原油一次加工能力及加工量变化趋势

2. 乙烯产能稳居世界第一

2023 年我国乙烯产能增幅放缓，新增产能 242 万 t/a（其中油基、轻烃乙烯产能为

192 万 t/a），总产能达 5 195 万 t/a，约占全球乙烯总产能的22.79%，与2022 年基本持平。根据国家统计局数据，2023 年我国乙烯产量 3 190 万 t，较 2022 年上升 10.08%（图 1-2）。2023 年我国合成材料产品产量有所上升，产量约为 1.99 亿 t，较 2022 年上升 4.9%，其中合成树脂产量 1.137 亿 t，较 2022 增长 1.4%；合成橡胶产量 909.7 万 t，较 2022 年上升8.2%（图 1-3）。

图 1-2 2016—2023 年我国乙烯产能及产量情况

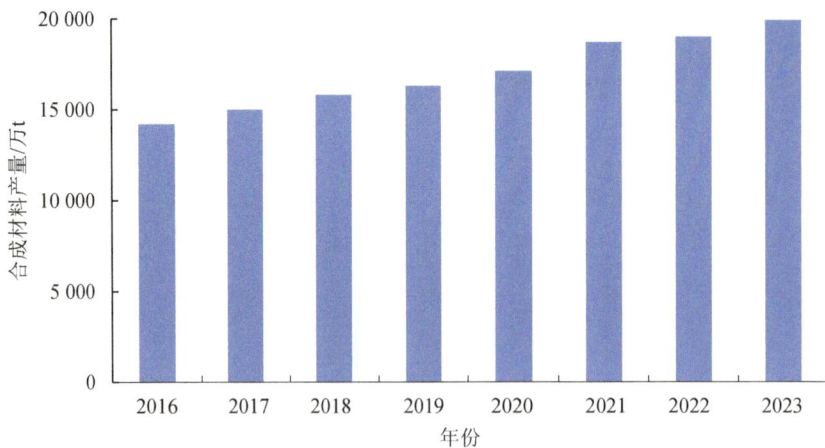

图 1-3 2016—2023 年合成材料主要产品产量情况

注：图 1-2、图 1-3 产能数据来源于 2016—2023 年国内外油气行业发展报告，产量数据来源于国家统计局。

二、规模布局

目前，石化产能主要分布在长三角、珠三角、环渤海湾三大石化产业集群，规模化优势越发明显。

1．产业进一步向消费地集中

从区域布局来看，华东、东北、华南是全国炼油主要集中地，合计炼油产能达6.94亿t/a，占全国炼油总产能的75%（图1-4），较2022年降低0.3%。从省份布局来看，山东、辽宁、广东和浙江四省炼油产能占全国总产能的53%（图1-5）。

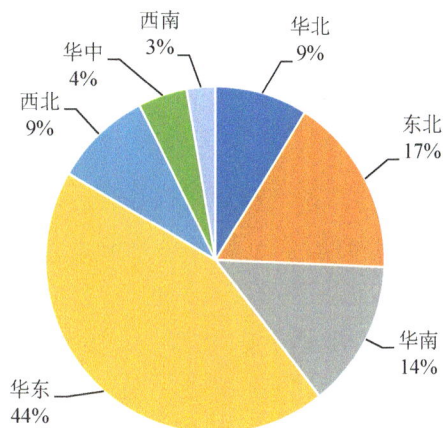

图1-4　我国炼油产能区域分布

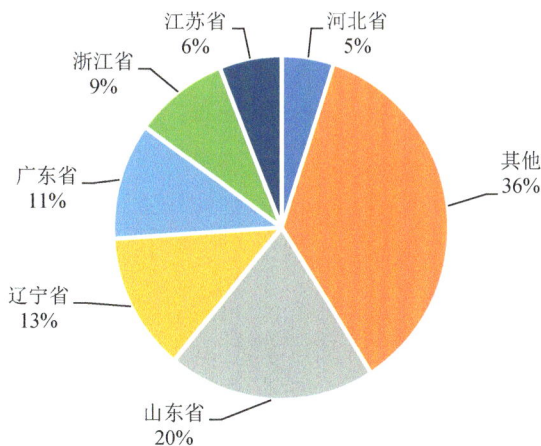

图1-5　我国炼油产能省份分布

2．企业布局主要集中在东部地区

由于国内资源和经济发展结构的区域性差异，东部地区仍然是国内石化行业最主要的生产力量。根据全国排污许可证管理信息平台数据，2023 年全国石化企业分布仍以沿海为主，山东、江苏、广东、河北、浙江、辽宁 6 省约占全国石化企业总数的 58%，与 2022 年基本一致。原油加工及石油制品制造企业主要分布在山东、辽宁、河北等省，约占全国石化企业总数的 52%；有机化学原料制造企业主要分布在山东、江苏、河北、河南、浙江等省，约占全国石化企业总数的 51%；初级形态塑料及合成树脂制造企业主要分布在广东、江苏、山东、浙江等省，约占全国石化企业总数的 54%；合成橡胶制造企业主要分布在山东、广东、浙江等省，约占全国石化企业总数的 54%；合成纤维单（聚合）体制造企业主要分布在江苏、浙江、福建、广东等省，约占全国石化企业总数的 53%。

三、经营主体

经营主体多元化进程继续深入，产业规模化程度进一步提升。从经营主体来看，2023 年京博新材料（海南）有限公司和河北鑫泉石油化工有限公司两家民营企业增加了炼油规模，共计 1 200 万 t，民营企业和外资炼油产能约 3 亿 t/a，占总炼油产能的 32%，较 2022 年上升 0.3%。为打通上游产业链，民营企业纷纷建设乙烯项目，2023 年新增的 192 万 t/a 油基乙烯产能中 164 万 t/a 来自民营企业，占新增产能的 85.4%。从大型企业数量来看，全国千万吨级炼厂有 33 家，合计炼油产能为 4.95 亿 t/a，占比 53.11%，较 2022 年增加 1 家，其中民营企业中千万吨级炼厂有 5 家，合计炼油产能为 1.07 亿 t/a，且均为炼化一体化企业。

四、下一步发展趋势

1．炼油行业继续"减油增化"进程，化工产能过剩趋势明显

在"碳达峰碳中和"过程中，原油的能源属性逐渐减弱，原料属性日益凸显。现有炼油企业继续推进"减油增化"，中国石油天然气股份有限公司独山子石化分公司（以下简称独山子石化）、中国石化集团洛阳石油化工工程公司（以下简称洛阳石化）、岳阳兴长石化股份有限公司（以下简称岳阳石化）、乌鲁木齐石化公司（以下简称乌鲁木齐石化）等新增乙烯或芳烃项目并配套炼油改造，以实现延链、补链、强链目标。

由于现有炼厂向油化结合方向发展，条件好的企业纷纷布局乙烯或芳烃项目，并带动下游合成材料发展。目前，芳烃和三大合成材料的产能满足率已超过 100%，特别是基础化工原材料和中低端产品基本处于产能过剩状态，之前一直处于不饱和状态的乙烯产能利用率也已超过 90%，化工产能过剩趋势明显。

2. 深入绿色创新高质量发展，下游化工向新能源方向靠拢

国家发展改革委等部门联合发布的《国家发展改革委等部门关于促进炼油行业绿色创新高质量发展的指导意见》（发改能源〔2023〕1364 号）提出，"到 2025 年，国内原油一次加工能力控制在 10 亿吨以内"。未来几年，我国新增炼油能力将主要集中在中国石油化工股份有限公司镇海炼化分公司（以下简称镇海炼化）、山东裕龙石化有限公司（以下简称裕龙石化）、中海石油宁波大榭石化有限公司（以下简称大榭石化）、华锦阿美石油化工有限公司（以下简称华锦阿美）等企业的精细化工及原料工程项目，预计新增炼油能力 5 600 万 t/a，其中镇海炼化新增炼油能力 1 100 万 t/a、裕龙石化新增炼油能力 2 000 万 t/a、大榭石化新增炼油能力 600 万 t/a、华锦阿美新增炼油能力 1 500 万 t/a。这些项目上马后，预计全国炼油产能将达到 10 亿 t/a。如后续新增炼油能力，需要进行产能减量置换。

在炼油能力达到上限后，炼化企业将致力于推进"油转化""油转特"，在不增加炼油产能的前提下，最大化减产成品油，增加芳烃和烯烃的产量。行业的发展将聚焦于绿色创新和高质量发展，重点研发节能降碳的炼油技术和符合环保新标准的减排技术（如重油高效转化技术、二氧化碳捕集及合成油品、化学品技术等）。行业还将积极探索绿电、绿氢、风电等新领域。同时，通过推动数字技术与炼化行业融合发展，提高智能化水平，提升行业精细化管理能力。

新能源汽车、光伏等新能源行业的快速发展，对新能源材料的需求持续提升，国内炼化企业纷纷将化学品制造向新能源转型，生产的下游化工产品作为新能源材料制造的主要原料，其下游应用主要包括锂电隔膜、光伏级 EVA 材料、POE 材料等。

第二节　污染物排放

一、废气污染物

1. 排放标准

从排放标准来看，石化企业主要执行《石油炼制工业污染物排放标准》（GB 31570—2015，含 2024 年修改单）、《石油化学工业污染物排放标准》（GB 31571—2015）、《合成树脂工业污染物排放标准》（GB 31572—2015，含 2024 年修改单）或地方污染物排放标准，如山东省《区域性大气污染物综合排放标准》（DB 37/2376—2019）、江苏省《大气污染物综合排放标准》（DB 32/4041—2021）等。根据全国排污许可证管理信息平台统计数据，超过 70% 的石化企业执行国家行业排放标准中大气特别排放限值要求。

2．污染治理技术

（1）颗粒物治理技术

颗粒物治理技术主要包括清洁燃料、袋式除尘、静电除尘（ESP）、湿式文丘里洗涤器或组合技术。

一是使用脱硫后的低硫燃料气或天然气作为燃料可以降低颗粒物的产生量。目前该技术普遍应用于石化行业，颗粒物出口浓度一般低于 10 mg/m³，可以满足排放标准中 20 mg/m³ 的要求。

二是袋式除尘技术，适用于催化裂化装置等废气中颗粒物的治理，在设计与管理符合《袋式除尘工程通用技术规范》（HJ 2020—2012）要求的情况下，通常该技术颗粒物去除率可大于 99%，可以满足特殊排放限值 30 mg/m³ 的要求。根据全国排污许可证管理信息平台统计数据，约有 20 家企业的催化裂化装置废气颗粒物治理技术采用袋式除尘技术。

三是静电除尘技术，适用于催化裂化装置等废气中颗粒物的处理，在设计与管理符合《电除尘工程通用技术规范》（HJ 2028—2013）要求的情况下，通常该技术颗粒物去除率可大于 99%，可以满足特殊排放限值 30 mg/m³ 的要求。根据全国排污许可证管理信息平台统计数据，约有 30 家企业的催化裂化装置废气颗粒物治理技术采用静电除尘技术。湿式静电除尘（WESP）为静电除尘器的一种，其除尘原理与干式静电除尘器相似，适用于去除含湿气体中的尘、酸雾、水滴、气溶胶等有害物质，通常置于脱硫脱硝除尘的最后一段，用于去除粒径更小的颗粒物（如 $PM_{2.5}$）。根据全国排污许可证管理信息平台统计，超过 10 家企业的催化裂化装置废气颗粒物治理技术采用湿式静电除尘技术。

四是湿式文丘里洗涤器技术，适用于催化裂化装置废气中颗粒物的治理，通常对于 0.1～10 μm 的颗粒物具有较高的去除率，在设计与管理应符合《环境保护产品技术要求 工业粉尘湿式除尘装置》（HJ/T 285—2006）要求的情况下，通常该技术颗粒物去除可以满足特殊排放限值 30 mg/m³ 的要求。根据全国排污许可证管理信息平台统计，约有 20 家企业的催化裂化装置废气颗粒物治理技术采用湿式文丘里洗涤器技术。

（2）二氧化硫治理技术

二氧化硫治理技术主要包括低硫燃料、湿法脱硫、静电除尘、湿式文丘里洗涤器或组合技术。

一是使用低硫燃料技术，脱硫后的低硫燃料气或天然气作为燃料，可以降低 SO_2 的产生量。目前该项技术普遍应用于石化行业，二氧化硫排放浓度普遍低于 20 mg/m³，可以满足特别排放限值 30 mg/m³ 的要求。

二是湿法脱硫技术，包括氢氧化钠法、氨法等，适用于催化裂化装置废气中 SO_2 的处理，氨法脱硫工艺的设计与管理满足《氨法烟气脱硫工程通用技术规范》（HJ 2001—2018）

要求，石灰石/石灰—石膏工艺的设计与管理满足《石灰石/石灰—石膏湿法烟气脱硫工程通用技术规范》（HJ 179—2018）的要求，其他湿法脱硫工艺的设计与管理应满足《工业锅炉烟气治理工程技术规范》（HJ 462—2021）的要求，通常该技术颗粒物的去除率可大于90%，可以满足特殊排放限值 50 mg/m³ 的要求。根据全国排污许可证管理信息平台统计，约有 50 家企业采用氢氧化钠法治理催化裂化装置废气二氧化硫，有 4 家企业采用氨法。

（3）氮氧化物治理技术

氮氧化物治理技术主要包括低氮燃烧法、选择性催化还原法（SCR）。

一是低氮燃烧法，适用于降低加热炉废气中的 NO_x 的产生浓度。目前，国内使用的低氮燃烧技术主要有空气分级低氮燃烧技术，该技术对应的 NO_x 产生浓度约为 100 mg/m³；燃料分级低氮燃烧技术，该技术对应的 NO_x 产生浓度约为 80 mg/m³；分级燃烧+烟气再循环技术，该技术对应的 NO_x 产生浓度约为 50 mg/m³。目前，低氮燃烧技术普遍应用于国内炼化行业的加热炉，其中超过 5 家企业使用了分级燃烧+烟气再循环技术。

二是选择性催化还原法，适用于加热炉、催化裂化装置废气中 NO_x 的处理，主要利用脱硝还原剂（液氨、氨水、尿素等）在催化剂作用下选择性地将烟气中的 NO_x 还原成氮气和水，从而达到脱除 NO_x 的目的，通常 NO_x 去除率为 70%～90%。目前，SCR 工艺的设计与管理参照《火电厂烟气脱硝工程技术规范　选择性催化还原法》（HJ 562—2010）执行。根据全国排污许可证管理信息平台统计，约有 58 家企业的催化裂化装置废气 NO_x 治理技术采用 SCR，超过 10 家企业的加热炉装置废气 NO_x 治理技术采用 SCR。

（4）挥发性有机物治理技术

一是直接燃烧或引入炉膛内部燃烧。直接燃烧（TO 炉）对于 VOCs 的去除率可以达99%以上，满足特别排放限值 97% 的去除率要求。如加热炉或者锅炉的炉膛温度大于或等于 TO 炉，且废气停留时间更长，去除率可进一步提高。

根据全国排污许可证管理信息平台统计，近 50 家企业采用 TO 炉或者引入锅炉、加热炉等炉膛区域充分燃烧治理技术处理储罐废气，超过 100 家企业采用 TO 炉（热力焚烧）或者引入锅炉、加热炉等炉膛区域充分燃烧治理技术处理装载废气。

二是蓄热燃烧（RTO）技术。RTO 技术对于 VOCs 的去除率可以达 98% 以上，可以满足特别排放限值 97% 的去除率要求。根据全国排污许可证管理信息平台统计，约有 35 家企业采用 RTO 技术处理储罐废气和装载废气。

三是催化燃烧（CO）或蓄热催化燃烧（RCO）技术。RCO 技术对于 VOCs 的去除率可以达 98% 以上，可以满足特别排放限值 97% 的去除率要求。根据全国排污许可证管理信息平台统计，约有 28 家企业采用 RCO 技术处理储罐废气，约有 70 家企业采用 RCO 技术处理装载废气。

四是油气回收技术。油气回收技术是吸收、冷凝技术的单独或组合技术的统称，常与吸附、膜分离等技术联合使用。油气回收技术常用于储罐和装载油气回收，吸收技术的处理效率可达 95%以上，吸附技术的处理效率可达 90%以上，组合技术的处理效率可达 97%以上。根据全国排污许可证管理信息平台统计，有 128 家企业采用含吸收工艺的组合技术处理储罐废气，有 58 家企业采用含冷凝工艺的组合技术处理储罐废气；有 134 家企业采用含吸收工艺的组合技术处理装载废气，有 22 家企业采用含冷凝工艺的组合技术处理装载废气。

五是生物（滴滤）技术。生物（滴滤）技术适用于去除具有一定可生化性的低浓度 VOCs 废气以及低浓度硫化氢废气，VOCs 的去除率为 60%～99.9%。根据全国排污许可证管理信息平台统计，有 47 家企业采用生物（滴滤）技术处理污水处理厂的废气。

3. 污染物排放量

本书对全国排污许可证管理信息平台中石化行业有效废气污染物排放数据进行评估。

（1）石化行业废气污染物主要集中在原油加工及石油制品制造和有机化学原料制造行业

2023 年石化行业 3 835 家企业的二氧化硫、氮氧化物、颗粒物排放量分别为 17 059.67 t、93 452.05 t、17 913.12 t（表 1-1）。其中，原油加工及石油制品制造业企业数量约占石化行业企业总数的 13.79%，二氧化硫、氮氧化物、颗粒物排放量分别约占石化行业的 57.22%、61.39%、25.24%，趋势与 2022 年大致相同。

表 1-1   2023 年石化行业废气主要污染物排放情况   单位：t

行业类别	企业数/家	SO_2 排放量	NO_x 排放量	颗粒物排放量
原油加工及石油制品制造	529	9 761.89	57 368.56	4 520.56
有机化学原料制造	1 923	4 077.12	24 649.71	9 890.40
初级形态塑料及合成树脂制造	1 256	3 122.45	11 294.48	3 384.44
合成橡胶制造	122	91.77	107.04	101.85
合成纤维单（聚）体制造	5	6.44	32.26	15.87
合计	3 835	17 059.67	93 452.05	17 913.12

（2）山东、辽宁、浙江等省级行政区石化行业废气主要污染物排放量占比较大

从各省（区、市）废气污染物排放情况分析，2023 年石化行业二氧化硫排放主要分布在山东、辽宁、内蒙古、新疆、浙江和广东 6 省（区），占全国二氧化硫排放总量的 54%；氮氧化物排放主要分布在山东、辽宁、浙江、新疆、广东和江苏 6 省（区），占全国氮氧化物排放总量的 56%；颗粒物排放主要分布在山西、山东、内蒙古和浙江 4 省

（区），占全国颗粒物排放总量的 48%（图 1-6）。

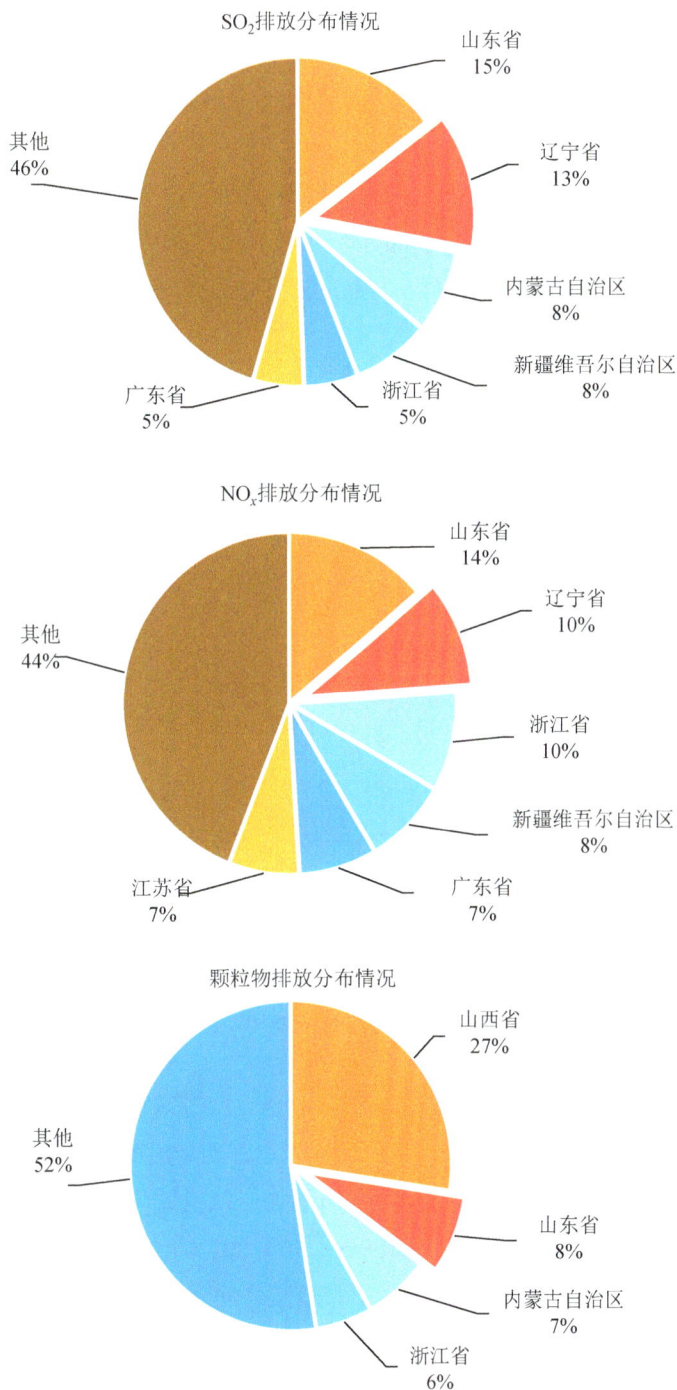

SO₂排放分布情况

山东省
15%

其他
46%

辽宁省
13%

内蒙古自治区
8%

新疆维吾尔自治区
8%

广东省
5%

浙江省
5%

NOₓ排放分布情况

山东省
14%

其他
44%

辽宁省
10%

浙江省
10%

新疆维吾尔自治区
8%

江苏省
7%

广东省
7%

颗粒物排放分布情况

山西省
27%

其他
52%

山东省
8%

内蒙古自治区
7%

浙江省
6%

图 1-6 全国各省（区、市）石化行业废气主要污染物排放情况

（3）石化行业废气主要污染物排放量整体呈下降趋势，个别行业个别污染物有所增加

本书对全国排污许可证管理信息平台 2022 年和 2023 年石化行业均有废气污染物排放量有效数据的企业废气污染物排放情况进行评估。通过分析发现，石化行业各污染因子排放量均呈下降趋势，二氧化硫、氮氧化物、颗粒物减排比例分别为 11.85%、8.13%、12.72%。

从石化行业类别排放量分析，合成橡胶制造业和合成纤维单（聚合）体制造业二氧化硫排放量有小幅增长，主要由于部分企业产品的产量增加；合成橡胶制造业颗粒物排放量有小幅增长，主要由于个别企业产品的产量增加（表 1-2）。

表 1-2　石化企业废气污染物实际排放情况　　　　　　单位：t

行业类别	年份	SO_2 排放量	NO_x 排放量	颗粒物排放量
原油加工及石油制品制造	2022	10 414.27	56 586.20	4 797.21
	2023	9 502.26	55 891.28	4 273.08
有机化学原料制造	2022	4 206.44	30 324.26	3 805.75
	2023	3 729.23	23 528.83	3 479.16
初级形态塑料及合成树脂制造	2022	3 860.58	11 639.35	4 100.23
	2023	3 056.78	11 240.64	3 316.14
合成橡胶制造	2022	9.23	238.62	47.95
	2023	10.44	103.30	65.82
合成纤维单（聚合）体制造	2022	0.52	7.74	9.23
	2023	1.30	3.98	3.17
合计	2022	18 491.04	98 796.17	12 760.36
	2023	16 300.02	90 768.03	11 237.36

从二氧化硫排放量分析，辽宁、吉林、山西、江苏等 20 个省（区、市）2023 年二氧化硫排放量低于 2022 年；2023 年，河北、甘肃、江西、河南、云南、青海、北京、广西、新疆 9 个省（区、市）二氧化硫排放量有所增加。从氮氧化物排放量分析，广东、山东、辽宁、宁夏、黑龙江、江苏等 22 个省（区、市）2023 年的氮氧化物排放量低于 2022 年；青海与 2022 年基本持平；内蒙古、新疆、浙江、河南、甘肃、云南、河北 7 个省（区）2023 年氮氧化物排放量有所增加。从颗粒物排放量分析，四川、广东、江苏、安徽、辽宁等 23 个省（区、市）2023 年颗粒物排放量低于 2022 年；贵州、重庆 2 个省（市）与 2022 年基本持平；内蒙古、河南、江西、甘肃、山西、北京 6 个省（区、市）2023 年颗

粒物排放量有所增加。通过分析发现，污染物排放量增加主要由于个别企业投产和部分企业产量增加。

二、废水污染物

1. 污染治理措施

石化企业污水处理技术大致可分为装置区（局部）预处理技术和污水处理厂处理技术。

装置区（局部）预处理技术主要针对生产装置产生的含有较高浓度不易生物降解有机物的污水，含有较高浓度生物毒性物质的污水，高温污水，酸、碱污水，含有易挥发的有毒、有害物质的污水进行有针对性的预处理，以期满足回用要求或降低对污水处理厂水质的冲击。

污水处理厂处理技术可分为预处理技术、生化处理技术、深度处理/回用技术三类。预处理技术包括沉淀、除油、混凝、中和等工艺；生化处理技术包括缺氧—好氧生物处理（A/O）生化池、沉淀池、催化氧化曝气生物滤池、砂滤池、监控池等；深度处理/回用技术包括超滤、渗透、反渗透等工艺。

（1）生化处理技术

A/O 利用厌氧水解（酸化）进行厌氧反应中的水解和产酸阶段，使污水中大分子、难降解的有机物分解，转化为易降解的有机酸、醇等，从而提高污水的可生化性。厌氧—缺氧—好氧（A^2/O）通过厌氧过程使污水中的部分难以降解的有机物，在水解酸化作用下得到降解，改善污水的可生化性能并为后续的缺氧段提供适用于反硝化过程的碳源，最终达到高效去除有机物的目的，适合处理高浓度 COD 和氨氮污水。根据全国排污许可证管理信息平台统计，约有 100 家企业采用 A/O 或 A^2/O 工艺治理废水。

序批式活性污泥法（SBR）对污染物的去除机理与传统活性污泥法的机理基本相同。根据全国排污许可证管理信息平台统计，约有 7 家企业采用 SBR 治理废水。

氧化沟不同于传统的活性污泥法，其曝气池呈封闭的沟渠设计，构建首尾相连的循环流曝气沟渠系统。根据全国排污许可证管理信息平台统计，约有 5 家企业采用氧化沟工艺治理废水。

接触氧化法一般由池体、载体和曝气系统等部分组成。载体为微生物提供了附着生长的场所，完全浸没在水中。采用与曝气池相同的曝气方法，能够为微生物氧化有机物提供所需的氧气量。同时，曝气过程还起到了搅拌和混合的作用，使污水中的有机污染物与附着于载体上的微生物接触。根据全国排污许可证管理信息平台统计，约有 36 家企业采用接触氧化法治理废水。

厌氧处理工艺主要有活性污泥法、生物膜法。反应器的类型有上流式厌氧污泥床反应器（UASB）、膨胀颗粒污泥床反应器（EGSB）、内循环厌氧反应器（IC）、厌氧过滤反应器（AF）、厌氧复合床反应器（UBF）、厌氧折流板反应器（ABR）。根据全国排污许可证管理信息平台统计，有32家企业采用UASB治理废水；有3家企业采用EGSB治理废水；有9家企业采用IC治理废水；有1家企业采用AF治理废水；有7家企业采用ABR治理废水。

（2）深度处理/回用技术

目前，常用方法主要包括芬顿（Fenton）法、高级氧化（AOP）法和化学氧化法等。化学氧化法主要是对生化处理工艺处理后出水中含难降解的有机物、COD较高的废水进行处理。化学氧化法可采用臭氧、高锰酸钾、过氧化氢和二氧化氯等作为氧化剂。根据全国排污许可证管理信息平台统计，有44家企业采用芬顿法治理废水；有5家企业采用高级氧化法治理废水；有22家企业采用化学氧化法治理废水，其中有17家企业采用臭氧氧化法，有2家企业采用过氧化氢氧化法。

活性炭吸附工艺主要用于处理深度处理后的废水，采用粒状活性炭进一步去除污水中残留的有机物。根据全国排污许可证管理信息平台统计，约有11家企业采用活性炭吸附工艺治理废水。

膜分离技术包括微滤（MF）、超滤（UF）、纳滤（NF，部分除盐）和反渗透（RO），其中以超滤和反渗透结合的双膜系统应用较多。根据全国排污许可证管理信息平台统计，约有4家企业单独采用超滤（UF）技术治理废水，有13家企业单独采用超滤（UF）+反渗透（RO）技术治理废水，有1家企业单独采用纳滤（NF）+反渗透（RO）技术治理废水。

2．污染物排放量

本书对全国排污许可证管理信息平台中石化行业3 856家企业许可证年度执行报告中的有效废水污染物排放数据进行评估。

（1）污染物排放主要集中在有机化学原料制造业，长江和黄河流域排放量约占总排放量的1/4

2023年石化行业2 376家企业的废水污染物化学需氧量、氨氮、总氮和总磷实际排放量分别为80 787.20 t、2 121.93 t、8 952.53 t和449.50 t。其中，有机化学原料制造业企业数量占石化行业企业总数的51.98%，化学需氧量、氨氮、总氮和总磷的排放量分别占石化行业的61.29%、47.73%、50.76%和71.18%，占比与2022年基本持平（表1-3）。

表 1-3　2023 年石化行业废水污染物排放情况　　　　　　　　　　单位：t

行业类别	企业数量/家	COD 排放量	NH₃-N 排放量	TN 排放量	TP 排放量
原油加工及石油制品制造	331	18 217.90	765.51	3 687.97	94.12
有机化学原料制造	1 235	49 510.94	1 012.71	4 544.34	319.96
初级形态塑料及合成树脂制造	738	11 612.88	282.25	588.75	30.67
合成橡胶制造	68	1 360.06	61.09	97.35	4.75
合成纤维单（聚合）体制造	4	85.43	0.37	34.13	0.00
合计	2 376	80 787.20	2 121.93	8 952.53	449.50

2023 年长江流域石化行业废水化学需氧量、氨氮、总氮、总磷污染物排放量分别为 14 983.60 t、388.42 t、2 666.77 t、73.21 t，分别占全国石化行业排放总量的 18.55%、18.31%、29.79%、16.29%；黄河流域石化行业废水化学需氧量、氨氮、总氮、总磷污染物排放量分别为 6 964.10 t、341.71 t、1 056.44 t、20.09 t，分别占全国石化行业排放总量的 8.62%、16.11%、11.80%、4.47%（图 1-7）。

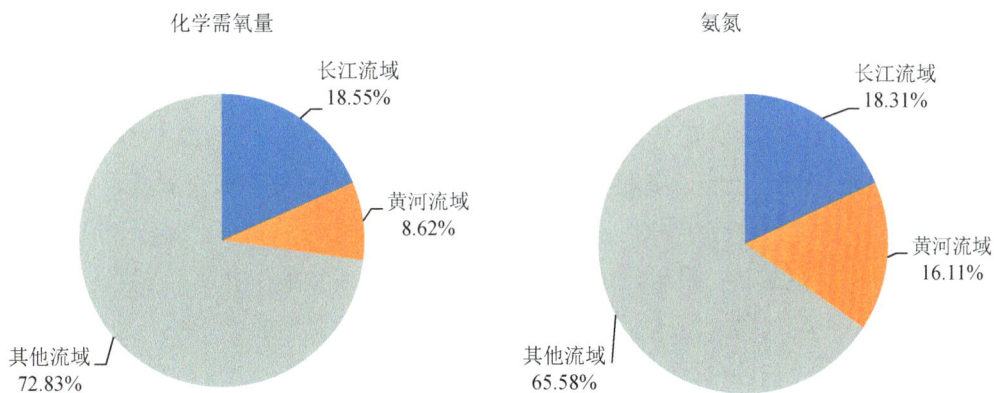

化学需氧量

长江流域 18.55%
黄河流域 8.62%
其他流域 72.83%

氨氮

长江流域 18.31%
黄河流域 16.11%
其他流域 65.58%

总氮

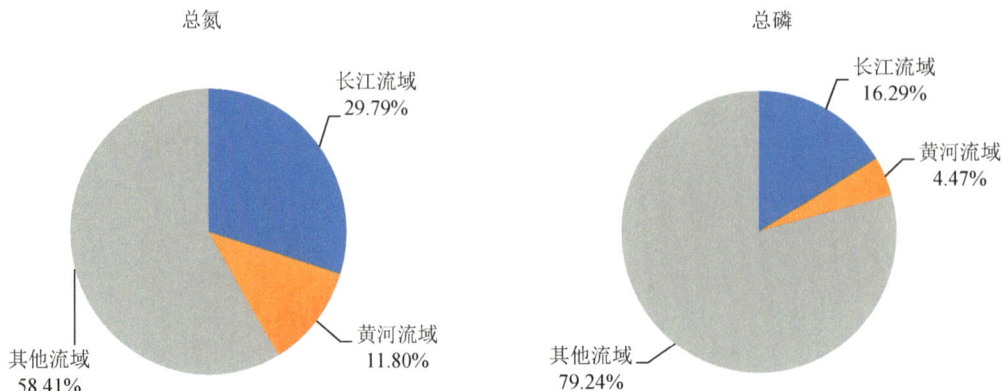

长江流域
29.79%

黄河流域
11.80%

其他流域
58.41%

总磷

长江流域
16.29%

黄河流域
4.47%

其他流域
79.24%

图 1-7　重点流域石化行业废水主要污染物排放情况

（2）石化行业废水主要污染物总体呈下降趋势，个别行业的个别污染物排放量有所增加

本书对全国排污许可证管理信息平台 2022 年和 2023 年石化行业均有废水污染物排放量有效数据的 1 776 家企业的废水污染物排放情况进行评估。通过分析发现，2023 年石化企业化学需氧量、氨氮、总氮和总磷的排放量整体低于 2022 年，分别较 2022 年下降21.94%、27.56%、18.79%和 4.12%。从行业类别分析，有机化学原料制造业和合成橡胶制造业总磷排放量较 2022 年有所增加，主要增量分别为山东泓达生物科技有限公司、台橡（南通）实业有限公司的贡献；合成纤维单（聚合）体制造业的化学需氧量和氨氮排放量较 2022 年有所增加，主要增量为恒力石化（惠州）有限公司的贡献（表 1-4）。

从化学需氧量排放量分析，上海、天津、广东、辽宁、浙江等 23 个省（区、市）2023 年化学需氧量排放量均低于 2022 年；重庆化学需氧量排放量与 2022 年基本持平；四川、河北、云南、甘肃、北京、新疆 6 省（区、市）2023 年化学需氧量排放量较 2022 年有所增加。从氨氮排放量分析，广东、上海、江苏、辽宁、浙江等 21 个省（区、市）2023 年氨氮排放量均低于 2022 年；贵州、甘肃 2 省与 2022 年基本持平；宁夏、吉林、湖北、四川、山东等 8 省（区）氨氮排放量较 2022 年有所增加。从总氮排放量分析，山东、江苏、辽宁、湖南等 14 省（区、市）2023 年总氮排放量均低于 2022 年；重庆、贵州 2 省（市）排放量与 2022 年基本持平；广东、安徽、浙江、湖北、河北、四川、云南、新疆、广西、宁夏等 14 省（区、市）以及新疆生产建设兵团 2023 年总氮排放量较 2022 年有所增加。从总磷排放量分析，江西、重庆、福建、宁夏等 19 个省（区、市）2023 年总磷排放量均低于2022 年；北京、云南、海南、广东 4 省（市）排放量与 2022 年基本持平；山东、安徽、广东、四川、湖北、河北、新疆 7 省（区）总磷排放量较 2022 年有所增加。通过分析发现，污染物排放量变化主要由于个别企业投产和部分企业产量增加。

表 1-4　石化企业废水污染物实际排放情况　　　　　　　单位：t

行业类别	年份	企业数量/家	COD排放量	NH₃-N排放量	TN排放量	TP排放量
原油加工及石油制品制造	2022	298	20 716.61	825.41	3 504.06	97.56
	2023		17 573.41	701.57	3 504.64	89.21
有机化学原料制造	2022	881	47 271.43	893.60	3 353.61	290.16
	2023		37 992.62	878.63	2 690.72	301.38
初级形态塑料及合成树脂制造	2022	545	17 044.19	773.91	1 453.06	47.86
	2023		10 651.14	220.73	545.00	25.66
合成橡胶制造	2022	50	390.97	30.53	77.52	2.39
	2023		382.70	26.81	72.14	3.72
合成纤维单（聚合）体制造	2022	2	2.86	0.04	0.41	0.05
	2023		85.43	0.37	0.12	0.00
合计	2022	1 776	85 426.07	2 523.50	8 388.65	438.01
	2023		66 685.30	1 828.11	6 812.61	419.98

注：①剔除数据包括 2022 年、2023 年排放数据填报不全、排放数据明显异常等。
②由于排污许可中废水间接排放量为企业出厂界的污染物排放量，因此废水污染物排放量统计数据不是行业最终排入外环境的污染物排放量。

三、固体废物

石化企业固体废物主要有废催化剂、废瓷球、废分子筛、炉渣、灰渣、油泥和污水处理厂产生的污泥等。常用的处理处置方法包括综合回收利用、填埋、焚烧。其中，一般固体废物处理处置通常优先考虑综合回收利用或填埋，如污水处理厂产生的污泥、油泥和浮渣经脱水后送装置回炼，炉渣、灰渣、废瓷球、废保护剂等；装置产生的废催化剂一般由厂家回收再利用；危险废物采用焚烧技术或填埋，或者委托有资质的危险废物处置单位进行处置。

2023 年《国家先进污染防治技术目录（固体废物和土壤污染防治领域）》，其中涉及石化行业固体废物处理的有两项：一是有机工业固体废物湍动床气化焚烧技术。有机工业固体废物经预处理后，分级送入湍动床气化焚烧炉内，焚烧炉炉膛采用变截面设计，引起床速变化，从而将固体物料留在流化床底部。物料在炉内先经中低温汽化，再经高温燃烧。燃烧产生的高温烟气通过余热锅炉回收能量，产生的蒸汽供用户使用；作为传热介质的软化水循环使用。焚烧后产生的炉渣进入渣循环系统，冷却筛分出的粗渣外运处置，细渣返回焚烧炉循环使用。烟气经收集处理后达标排放。二是有机废盐资源化利用技术。有机废盐在碱性金属盐催化、低氧或无氧的环境中，低温热解去除有机污染物得到热解废盐，产生的挥发性有机废气经除尘、RTO 蓄热式焚烧处理后达标排放。热解废盐溶解得到亚饱和废盐溶液，经复相催化氧化、脱氮、除磷、除氟、除重金属等工序得到亚饱和精制盐溶液，再经二次氧化蒸发结晶得到再生工业盐。氧化除杂和过滤产生的废渣需安全处置，冷凝水经过滤后应回用于热解废盐的溶解。

《国家工业资源综合利用先进适用工艺技术设备目录（2023 年版）》中石化行业含油污泥热萃取处理工艺适用于储油罐底泥、隔油池底泥、除油罐底泥浮渣、剩余活性污泥的无害化处置，主要是通过破坏污泥内部的水化膜，将水汽化分离，油和固体物溶解到馏分油中，最终将污泥分离成油、水和固体 3 种产物。利用炼油废催化剂以及工业废酸生产聚合硫酸铁铝，可将聚合硫酸铁铝的催化制备时间由 10 h 以上缩短至 1 h 以内，实现聚合硫酸铁铝环保絮凝剂的快速、高效制备。

第三节　环境管理

一、主要环境管理政策

1. 绿色低碳发展持续深化，推动新旧动能转换

2023 年 10 月，国家发展改革委等部门联合发布了《国家发展改革委等部门关于促进炼油行业绿色创新高质量发展的指导意见》（发改能源〔2023〕1364 号），提出新建炼油及扩建一次炼油项目应纳入经国家批准的相关规划，实行产能减量置换和污染物总量控制，能效达到标杆水平，环保满足重污染天气重点行业绩效分级 A 级指标要求；新建炼厂的常减压装置规模不得低于 1 000 万 t/a。强化安全生产、生态环保、碳排放等指标约束，原则上不再新增燃煤自备电厂（锅炉）。2023 年 8 月，工信部等七部门联合印发了《石化化工行业稳增长工作方案》，提出实施重点行业能效、污染物排放限额标准，瞄准能效标杆和环保绩效分级 A 级水平，推进炼油、乙烯等行业加大节能、减污、降碳改造力度。鼓励石化化工企业实施老旧装置综合技改、高危工艺改造和污染物不能稳定达标设施升级改造，提升装置运行效率和高端化、绿色化、安全化水平。各地要加快推动不符合国家产业政策的 200 万 t/a 及以下常减压装置等落后产能淘汰退出。

《产业结构调整指导目录（2024 年本）》鼓励类以推动行业高端化、绿色化为导向，如用于生产乙烯等产品的电加热蒸汽裂解技术，乙烯-乙烯醇共聚树脂等高性能阻隔树脂，聚异丁烯、乙烯-辛烯共聚物、茂金属聚乙烯等特种聚烯烃及高碳 α-烯烃等关键原料的开发与生产；淘汰类作了调整，青海格尔木及符合有关条件的 200 万 t/a 及以下常减压装置未被列入淘汰类。

2024 年 2 月，国家发展改革委等部门印发《绿色低碳转型产业指导目录（2024 年版）》，提出以提高生产效率、降低资源消耗、减少污染物和温室气体排放等为目的，开展工艺改进和流程优化活动，如绿色能源及原燃料替代、资源循环利用、环保减排改造、流程优化再造、低碳产品开发、原料低碳加工、冶炼技术突破、产品结构优化、绿色低碳产业链建设等，须达到国家强制性能耗限额标准先进值和《工业重点领域能效标杆水平和基准水平》规定的能效标杆水平的要求。

2023 年 12 月，国家市场监督管理总局、国家标准化管理委员会正式批准发布 9 项碳排放核算与报告国家标准，并于 2024 年 7 月 1 日正式实施，其中包括《碳排放核算与报告要求　第 10 部分：化工生产企业》（GB/T 32151.10—2023）和《碳排放核算与报告要求　第 15 部分：石油化工企业》（GB/T 32151.15—2023）。

2．明确石化行业纳入"两高"的具体范围

截至 2023 年底，贵州、海南、上海、广西、安徽、湖北等省（区、市）发文明确将石化行业列为"两高"范围，9 个省（区）明确了石化行业纳入"两高"建设项目的具体工艺或产品范围，以炼油、乙烯及部分下游化工产品为主（表 1-5）。

表 1-5　部分省（区）石化行业纳入"两高"建设项目范围情况

省（区）	文件	石化行业纳入"两高"建设项目范围
山东	《关于"两高"项目管理有关事项的补充通知》（鲁发改工业〔2023〕34 号）	汽油、煤油、柴油、燃料油、石脑油、溶剂油、石油气、沥青及其他相关产品（不含一、二次炼油之外的质量升级油品）；乙烯、对二甲苯（PX）
江西	《江西省"两高"项目管理目录（2023 年版）》	石化、化工行业年综合能源消费（增）量 10 000 t 标准煤（当量值）及以上的固定资产投资项目，包括但不限于以下产品和工序：炼油产品和工序；乙烯（石脑油烃类）
河南	《关于印发河南省"两高"项目管理目录（2023 年修订）的通知》（豫发改环资〔2023〕38 号）	第一类：石化行业年综合能耗量 5 万 t 标准煤（等价值）及以上项目。第二类：年综合能耗 1 万～5 万 t 标准煤（等价值）的原油加工及石油制品制造（2511）、醋酸（2614）项目
安徽	《安徽省节能减排及应对气候变化工作领导小组关于印发安徽省"两高"项目管理目录（试行）的通知》（皖节能〔2022〕2 号）	炼油、醋酸、乙烯、对二甲苯、丁二醇、二苯基甲烷二异氰酸酯、乙酸乙烯酯
宁夏	《宁夏回族自治区"两高"项目管理目录（2022 年版）》（宁发改规发〔2022〕1 号）	汽油、煤油、柴油、燃料油、石脑油、溶剂油、润滑脂、液体石蜡、石油气、沥青及其他相关产品，醋酸、对二甲苯、乙烯（石脑烯烃类）

省（区）	文件	石化行业纳入"两高"建设项目范围
广东	《广东省"两高"项目管理目录（2022 年版）》的通知（粤发改能源函〔2022〕1363 号）	炼油、对二甲苯（PX）、甲苯二异氰酸酯（TDI）、二苯基甲烷二异氰酸酯、苯乙烯、乙二醇、丁二醇、乙酸乙烯酯、聚丙烯、聚乙烯醇、聚氯乙烯树脂、精对苯二甲酸（PTA）
河北	《关于加强新建"两高"项目管理的通知》（冀发改环资〔2022〕691 号）	炼油，包括汽油、煤油、柴油、燃料油、石脑油、溶剂油、润滑脂、液体石蜡、石油气、石油焦、石油沥青及其他相关产品；乙烯、丙烯、对二甲苯、丁二醇、醋酸（利用捕集的二氧化碳为原料生产的醋酸除外）
陕西	《陕西省"两高"项目管理暂行目录（2022 年版）》（陕发改环资〔2022〕110 号）	炼油、乙烯、对二甲苯、丙烯、丁二醇、醋酸
内蒙古	《内蒙古自治区坚决遏制"两高"项目低水平盲目发展管控目录》的通知（内发改环资字〔2022〕1127 号）	炼油

3．持续完善污染物排放管理

一是强化挥发性有机物全过程、全环节治理。2023 年 11 月 30 日，国务院印发《空气质量持续改善行动计划》，"（二十一）强化 VOCs 全流程、全环节综合治理。鼓励储罐使用低泄漏的呼吸阀、紧急泄压阀，定期开展密封性检测。汽车罐车推广使用密封式快速接头。污水处理场高浓度有机废气要单独收集处理，含 VOCs 的有机废水储罐、装置区集水井（池）有机废气要密闭收集处理。重点区域石化、化工行业集中的城市和重点工业园区，2024 年年底前建立统一的泄漏检测与修复信息管理平台。企业开停工、检维修期间，及时收集处理退料、清洗、吹扫等作业产生的 VOCs 废气。企业不得将火炬燃烧装置作为日常大气污染治理设施"。

二是强化固体废物全过程管理。《关于进一步加强危险废物规范化环境管理有关工作的通知》（环办固体〔2023〕17 号），深化危险废物规范化环境管理评估，强化危险废物全过程信息化环境管理，严密防控危险废物环境风险。

二、建设项目环境影响评价情况

1．甘肃、新疆调整石化项目环评文件审批权限

2023 年 8 月，甘肃省生态环境厅印发《甘肃省生态环境厅审批环境影响评价文件的建设项目目录（2023 年本）》，上收了有机化学原料制造（丙烯、丁二醇）、甲苯二异

氰酸酯（TDI）、精对苯二甲酸（PTA）、醋酸的审批权限至省级，同时将原赋予兰州市、兰州新区生态环境局的石化化工项目省级环评审批权限上收至省级生态环境主管部门。

2023 年 8 月，新疆维吾尔自治区生态环境厅印发《新疆维吾尔自治区建设项目环境影响评价文件分级审批目录（2023 年本）》，下放基本化学原料制造（261）和合成材料制造（265）建设项目审批权限。

截至 2023 年底，除山东省正在考虑将该行业纳入省级生态环境主管部门审批以外，其他省份均考虑将炼油、乙烯、对二甲苯（PX）、二苯基甲烷二异氰酸酯（MDI）项目等石化行业建设项目全部或部分纳入省级生态环境主管部门进行审批。

2．石化项目数量有所减少、投资有所上升

2023 年，全国共审批石化项目 1 112 个，同比下降 5.28%，石化项目审批量占全国审批项目数量的 0.89%；虽然数量有所减少，但总投资额达 9 083.0 亿元，同比上升 2.27%，占全国审批项目总投资的 4.02%，石化行业项目投资强度较大。

从地域分布来看，山东、河北、江苏、辽宁 4 省审批的石化项目数量位居前列，合计占全国石化项目总体的 39.48%。从投资额来看，浙江、山东、新疆、广东 4 省（区）审批项目的总投资额较大，合计占全国总额的 52.06%。

从项目审批级别来看，建设项目以市级、县级审批为主，主要审批下游精细化工和合成材料相关项目，其中地市级审批项目 580 个，占项目总数的 52.2%；区县级审批项目 477 个，占项目总数的 42.9%。省级审批数量较少，主要针对大型高投资的炼厂改造、乙烯、MDI 等项目进行把关，审批项目 55 个，仅占项目总数的 4.9%，但投资占全国总额的 20.1%（表 1-6）。

表 1-6　2023 年石化行业建设项目环评审批情况　　　　　　　　　　单位：个

行业类别	审批数量	项目总投资/亿元	环保投资/亿元	项目类型			审批层级			环评文件类型	
				新建	改扩建	技术改造	省级	地市级	区县级	报告书	报告表
精炼石油产品制造	143	423.8	21.7	68	39	37	10	46	87	56	87
有机化学原料制造	657	7 096.5	283.1	312	251	96	35	370	252	600	57
合成材料制造	312	1 562.7	68.5	167	107	35	10	164	138	259	53
合计	1 112	9 083.0	373.3	547	397	168	55	580	477	915	197

从建设内容分析，以延链补链强链为主，其中走烯烃路线的 3 个企业共 5 个项目新增乙烯或配套炼油改造项目，独山子石化塔里木 120 万 t/a 二期乙烯项目，仅涉及新增乙烯规模 120 万 t/a；洛阳石化包括百万吨乙烯项目和炼油配套工程 2 个项目；岳阳石化包括100 万 t/a 乙烯和炼油配套改造 2 个项目；走芳烃路线的乌鲁木齐石化为炼油转型升级高效发展项目，项目实施后全厂汽油、柴油产量减少，增产对二甲苯、聚丙烯、精苯二甲酸等化学品；其余项目以工艺优化调整或产业链延伸为主。

从项目投资额分析，投资额超百亿元的项目有 16 个。其中投资额超过千亿元的石化项目仅 1 个，为浙江省年产 1 000 万 t 高端化工新材料项目，项目内容包括建设 8 条产业链，分别为高端聚烯烃项目、工程塑料项目、可降解塑料项目、碳减排绿色循环经济链项目、高性能树脂项目、特种橡胶及弹性体项目、特种聚酯项目、精细化学品项目；其他投资额超过百亿元的石化项目共 15 个（10 个新建、4 个改扩建、1 个技改项目），同比降低 28.57%，其中浙江 2 个，新疆 3 个，宁夏 2 个，山东、河南、福建、湖南、广东、江西、内蒙古、广西各 1 个。

石化行业涉及二氧化碳回收或综合利用的项目共 24 个，总投资 68.93 亿元，环保投资 5.82 亿元，其中 8 个项目为二氧化碳制化学品，包括醋酸、碳酸二甲酯（DMC）、碳酸乙烯酯、乙二醇、纯碱、碳酸氢铵化肥等，分别位于安徽（1 个）、山东（1 个）、陕西（1 个）、湖南（1 个）、新疆（1 个）、江苏（2 个）和内蒙古（1 个）等省（区）；16 个项目为仅回收或生产液态二氧化碳的项目；不涉及二氧化碳地下封存的项目。

3. 建设项目竣工环保验收情况

根据全国建设项目竣工环境保护验收信息系统，2023 年全国共 702 个石化项目上传了自主验收信息，同比下降 5.5%；实际总投资 4 176.58 亿元，其中环保投资 305.43 亿元，占比 7.3%。从建设性质来看，新建、改扩建、技改项目分别为 354 个、208 个、127 个，分别占总数的 50.4%、29.6%、18.1%。从项目审批级别来看，部级、省级、地市级、区县级审批的项目数分别为 3 个、39 个、376 个、283 个，分别占总数的 0.4%、5.6%、53.6%、40.3%（表 1-7）。

通过统计企业上报情况，591 个验收项目建设内容与环评批复一致（含 56 家分期建设企业），69 个项目建设内容少于环评批复，10 个项目建设内容与环评不一致，变更内容主要为生产装置变更或规模扩大、部分产品产量增加、产品变更等。

表 1-7 2023 年石化行业建设项目竣工环保验收情况　　　　单位：个

行业类型	验收数量	实际总投资/亿元	环保投资/亿元	项目类型		审批层级			环评文件类型	
				新建	改扩建、技改	省部级	地市级	区县级	报告书	报告表
精炼石油产品制造	125	1 876.04	154.96	70	54	8	55	62	58	67
有机化学原料制造	330	1 447.49	92.12	154	169	22	196	112	262	68
合成材料制造	247	853.06	58.35	130	112	12	125	109	179	68
合计	702	4 176.58	305.43	354	335	42	376	283	499	203

三、排污许可制度全面实施

1. 排污许可证核发情况

（1）总体情况

根据全国排污许可证管理信息平台统计，2023 年全国石化行业共计核发排污许可证 5 323 张，较 2022 年增长 1.8%。从行业类别分析，有机化学原料制造业排污许可证核发数最多，共计 2 924 张，占比 54.9%；其次为初级形态塑料及合成树脂制造业，共 1 534 张，占比 28.8%；原油加工及石油制品制造业，共 691 张，占比 13.0%（表 1-8）。

表 1-8 2023 年石化行业排污许可证核发情况　　　　单位：张

行业类别	行业代码	许可证核发总数	重点管理	进入园区企业
原油加工及石油制品制造	C2511	691	686	447
有机化学原料制造	C2614	2 924	2 848	2 296
初级形态塑料及合成树脂制造	C2651	1 534	1 533	1 137
合成橡胶制造	C2652	127	126	101
合成纤维单（聚合）体制造	C2653	47	47	42
合计	—	5 323	5 240	4 023

从管理角度分析，2023 年核发的排污许可证中重点管理 5 240 张、简化管理 83 张；4 023 家排污单位位于园区内，排污单位入园比例为 75.6%；3 354 家排污单位位于大气重点控制区域，占总数的 63.01%；851 家排污单位位于总磷控制区，占比 16.0%；2 418 家排污单位位于总氮控制区，占总数的 45.4%。从区域分布分析，石化行业核发的排污许可证主要分布在山东、江苏、广东、河北、浙江 5 省，占全国发证数量的 51.8%。从流域分布分析，长江流域核发石化企业排污许可证 1 234 张，占全国石化行业发证数量的 23.2%，较 2022 年上升了 4.2%；黄河流域核发石化企业排污许可证 676 张，占全国石化行业发证数量的 12.7%，较 2022 年上升了 1.7%。

（2）重点区域许可证分布情况

根据《空气质量持续改善行动计划》，重点区域包括京津冀及周边地区、长三角地区和汾渭平原。其中京津冀及周边地区核发排污许可证 1 785 张，长三角地区核发排污许可证 929 张，汾渭平原核发排污许可证 142 张，占全国石化行业排污许可证发证核发总数的 53.7%（表 1-9）。

表 1-9　重点区域石化行业排污许可证核发情况　　　　　　　　单位：张

行业类别	京津冀及周边地区	长三角地区	汾渭平原
原油加工及石油制品制造	344	63	8
有机化学原料制造	1 072	447	109
初级形态塑料及合成树脂制造	320	378	24
合成橡胶制造	43	27	1
合成纤维单（聚合）体制造	6	14	
合计	1 785	929	142

（3）排放口及许可排放量

根据全国排污许可证管理信息平台统计，2023 年石化行业共有大气排放口 31 551 个，其中主要大气排放口 22 728 个，一般大气排放口 7 152 个；共有废水排放口 5 647 个，其中直接排放口 548 个，间接排放口 5 099 个。

根据全国排污许可证管理信息平台统计，2023 年全国石化行业废水污染物化学需氧量、氨氮、总氮、总磷许可排放量分别为 209 215.8 t/a、16 770.5 t/a、27 602.1 t/a、825.2 t/a，废气污染物二氧化硫、氮氧化物、颗粒物（烟尘）、挥发性有机物许可排放量分别为 170 515.5 t/a、292 419.7 t/a、71 520.6 t/a、228 033.9 t/a。

（4）固体废物纳入排污许可证比例超过 90%

根据全国排污许可证管理信息平台统计，截至 2023 年底，4 873 家石化企业将固体废物纳入排污许可证，约占石化行业核发排污许可证总数的 91.5%，相比 2022 年提高了 26.5%。从行业类型分析，产生固体废物的企业中以有机化学原料制造业最多，共计 2 684 家，占比 55.1%；其次为初级形态塑料及合成树脂制造业，共计 1 395 家，占比 28.6%；原油加工及石油制品制造业次之，共 633 家，占比 13.0%（表 1-10）。从固体废物类型分析，仅产生危险废物的企业共 1 498 家，仅产生一般固体废物的企业共 288 家，两种固体废物均产生的企业共 3 087 家（表 1-10）。

表 1-10　各行业类别纳入固体废物排污许可证核发情况

行业类别	许可证核发总数/张	占比/%
原油加工及石油制品制造	633	13.0
有机化学原料制造	2 684	55.1
初级形态塑料及合成树脂制造	1 395	28.6
合成橡胶制造	119	2.4
合成纤维单（聚合）体制造	42	0.9
合计	4 873	—

（5）噪声纳入排污许可证比例超 1/3

根据全国排污许可证管理信息平台统计，截至 2023 年底，1 809 家石化企业将噪声纳入排污许可证，约占石化行业核发排污许可证总数的 34.0%（表 1-11）。

表 1-11　各行业类别噪声纳入排污许可证核发情况

行业类别	许可证核发总量/张	占比/%
原油加工及石油制品制造	240	13.3
有机化学原料制造	1 035	57.2
初级形态塑料及合成树脂制造	475	26.3
合成橡胶制造	45	2.5
合成纤维单（聚合）体制造	14	0.8
合计	1 809	—

2．排污许可证执行情况

（1）许可证年度执行报告提交率有所上升

根据全国排污许可证管理信息平台统计，全国石化行业已发证企业共计 5 323 家，考虑到 135 家企业 2023 年首次申领排污许可证和持证不足 3 个月可不上报年度执行报告的情况，应提交 2023 年度执行报告的企业数为 5 188 家，实际已提交的企业数共 5 138 家，占比 99.0%，较 2022 年（96.0%）提交比例上升 3.0%。未提交的 50 家企业中有 17 家企业提交的执行报告由于质量不符合要求被管理部门退回，有 33 家企业未提交执行报告。

从行业类别分析，与 2022 年相比，原油加工及石油制品制造、有机化学原料制造、初级形态塑料及合成树脂制造、合成橡胶制造、合成纤维单（聚合）体制造等行业执行报告提交比例均有所上升，其中合成橡胶制造业、合成纤维单（聚合）体制造业执行报告提交率均达到 100%。

从各地区提交情况分析，各省（区、市）提交比例均高于 95%，其中黑龙江、江西、吉林、陕西、海南、青海、江苏、四川、云南、北京、西藏等 11 个省（区、市）及新疆生产建设兵团提交比例为 100%。与 2022 年相比，仅湖南、湖北、天津 3 个省（市）的执行报告提交率有所下降；海南、青海、北京和西藏 4 省（区、市）执行报告提交率无变化；其他 25 省（区、市）执行报告提交率均有所提高。

（2）执行报告填报情况

根据全国排污许可证管理信息平台统计，5.5% 的排污单位未填报废气实际排放量统计表，7.5% 的排污单位未填报基本信息表，13.1% 的排污单位未填报废气污染物排放浓度监测数据；超过 1/4 的排污单位未填报废水污染物排放浓度监测数据和废水实际排放量统计表；从行业类别分析，原油加工及石油制品制造业和合成橡胶制造业执行报告填报情况较好，合成纤维单（聚合）体制造业执行报告填报情况较差。各个省份填报情况差距较大，其中云南、贵州、山西、甘肃、青海、陕西、河北等省填报完整度有待提高。与 2022 年相比，执行报告填报完整性有所下降。

第四节　行业及典型企业绿色发展水平评价

一、石油炼制行业

1．绿色发展水平评价指标体系

石油炼制行业绿色发展水平评价指标体系共分 2 层，包含一级指标 5 项和二级指标 22 项，其中一级指标包含生产工艺与装置、资源能源消耗、绿色低碳与污染物排放绩效、污染防治技术水平和环境管理水平（表 1-12）。

表 1-12　石油炼制行业绿色发展水平评价指标体系

一级指标	二级指标
生产工艺与装置	清洁燃料使用比例
	原油一次加工装置政策符合性
资源能源消耗	综合能耗（kg 标油/t 原油）
	吨原油新鲜取水量（m³/t 原油）
绿色低碳与污染物排放绩效	加工吨原油二氧化碳排放量（t/t 原油）
	加工吨原油 COD 排放量（kg/t 原油）
	加工吨原油氨氮排放量（kg/t 原油）
	加工吨原油 SO_2 排放量（kg/t 原油）
	加工吨原油 NO_x 排放量（kg/t 原油）
	加工吨原油颗粒物排放量（kg/t 原油）
	加工吨原油挥发性有机物排放量（kg/t 原油）
污染防治技术水平	加热炉氮氧化物治理技术水平
	储罐无组织 VOCs 源头防控水平
	污水处理厂废气分质处理占比
	进入工业园区比例
环境管理水平	年度排污许可执行报告按时提交比例
	排污许可证执行报告质量达标情况
	污染物达标排放情况
	实际排放量满足许可证要求比例
	突发环境事件发生情况
	环境处罚情况
	群众投诉举报情况

2．评价标准

评价指标体系将行业绿色发展水平划分为先进水平、较好水平、一般水平三级，绿色发展水平等级对应的综合评价指标值应符合表 1-13 的规定。

表 1-13　石油炼制行业绿色发展水平综合评价指标值

行业绿色发展水平	综合评价指标值（P）
先进水平	P≥90
较好水平	80≤P＜90
一般水平	70≤P＜80

3．评价对象

综合考虑行业特点及数据可得性，本书选取 125 家石油炼制企业作为行业绿色发展水平评价的数据基础样本来开展石油炼制行业绿色发展水平评价。

据统计，125 家样本企业的原油一次加工能力为 8.38 亿 t，约占行业总加工能力（9.25 亿 t）的 90.59%。通过统计，目前样本数据库中，原油一次加工装置规模大于等于 1 000 万 t/a 的企业共计 32 家，约占总数的 25.60%，72 家企业规模介于 200 万～1 000 万 t/a，约占总数的 57.60%，规模小于等于 200 万 t/a 的共计 21 家，约占总数的 16.80%。从企业性质来看，国有企业 61 家，占 48.80%，其中中石油 26 家、中石化 26 家、中海油 5 家、中化 4 家；民营（含合资）企业 64 家，占 51.20%。

4．数据来源

本书数据主要来源于全国排污许可证管理信息平台、碳排放系统、执法及投诉举报系统等。

5．评价结果

（1）行业总体评价结果

受数据限制，本书主要对数据样本较多的 11 个省份的炼油行业绿色发展水平进行评价。评价发现，4 个省份处于绿色发展先进水平，5 个省份处于绿色发展较好水平，2 个省份为绿色发展一般水平。其中 8 个省份石油炼制行业的绿色发展水平高于全行业绿色发展水平，3 个省份石油炼制行业的绿色发展水平低于全行业绿色发展水平。从评价结果来看，各省份之间的差异主要体现在资源能源消耗、绿色低碳与污染物排放绩效及环境管理水平 3 项指标上（图 1-8）。

（2）生产工艺与装置指标

生产工艺与装置指标主要体现石油炼制企业的生产工艺及装置的绿色水平，主要包括清洁燃料使用比例和原油一次加工装置政策符合性指标两项二级指标。从结果来看，7 个省份的水平高于行业平均水平，4 个省份的水平低于行业平均水平。其中 6 个省份的清洁燃料使用比例高于行业平均水平；5 个省份的清洁燃料使用比例低于行业平均水平；4 个省份的原油一次加工装置符合产业政策，7 个省份存在不符合产业政策的原油一次加工装置（图1-9）。

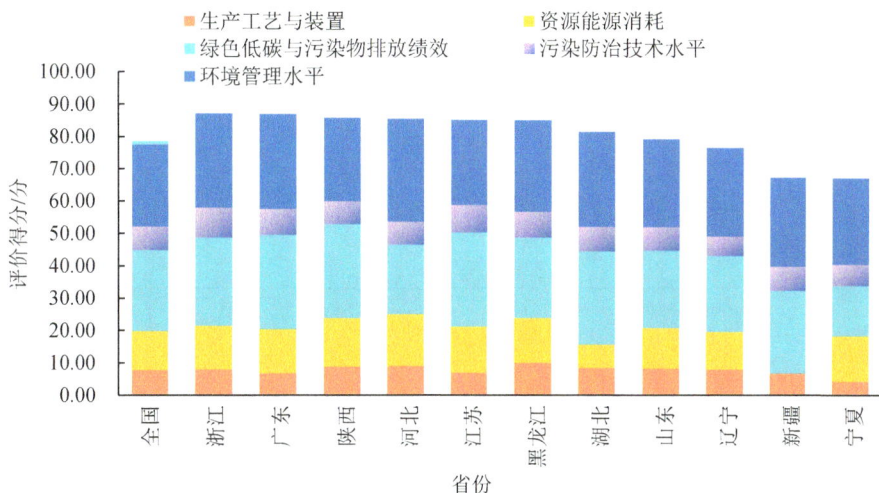

图1-8 石油炼制行业全国及各省份绿色发展水平对比分析

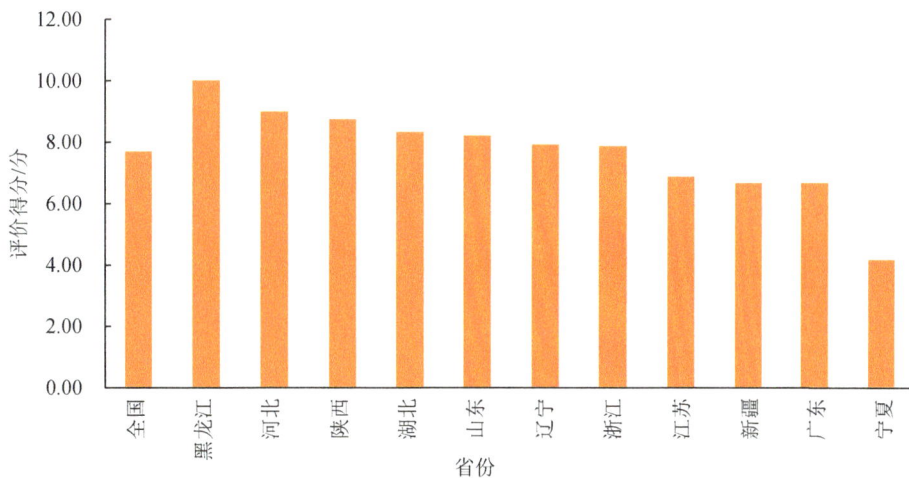

图1-9 石油炼制行业全国及各省份生产工艺与装置指标水平分析

（3）资源能源消耗指标

根据统计分析，8个省份资源能源消耗水平高于行业平均水平，3个省份的指标得分低于全行业指标得分，其中5个省份的综合能耗水平高于行业平均水平，6个省份的综合能耗水平低于行业平均水平；10个省份的吨原油新鲜取水量高于行业平均水平，仅1个省份的吨原油新鲜取水量低于行业平均水平（图1-10）。

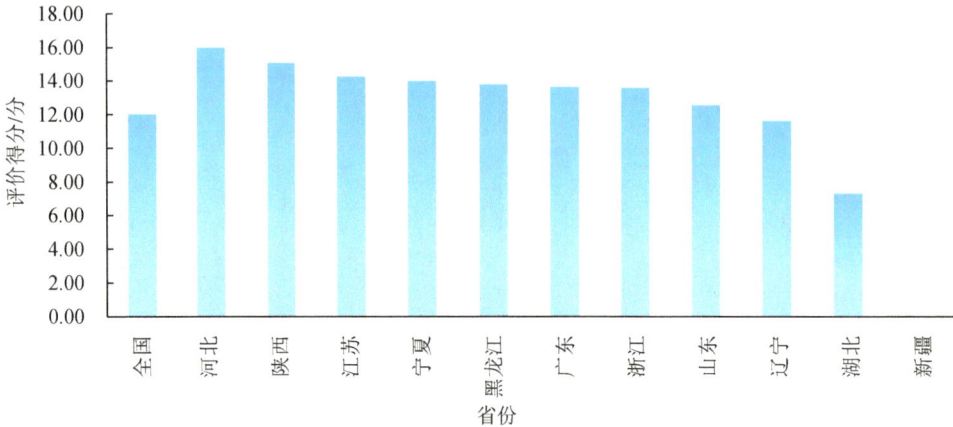

图 1-10   石油炼制行业全国及各省份资源能源消耗指标水平分析

（4）绿色低碳与污染物排放绩效指标

根据统计分析，各省份石油炼制行业绿色低碳与污染物排放绩效指标水平情况见图 1-11。

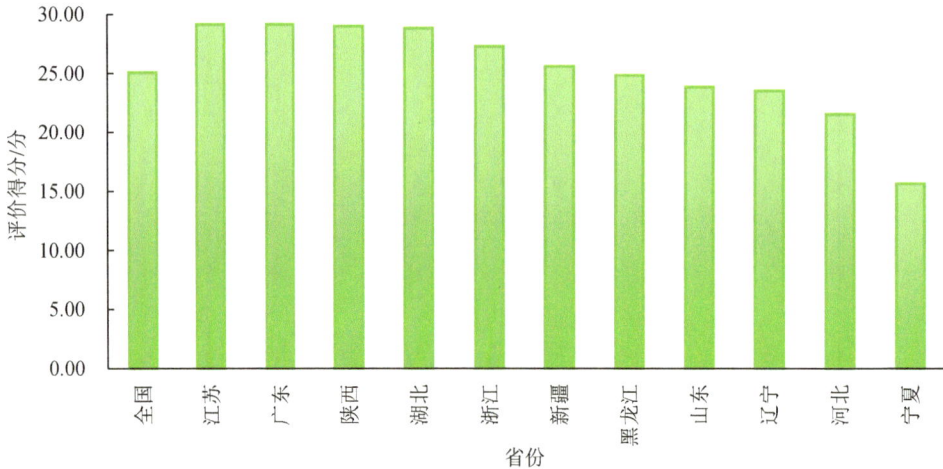

图 1-11   石油炼制行业全国及各省份绿色低碳与污染物排放绩效指标水平分析

从绿色低碳与污染物排放绩效指标来看，6 个省份绿色低碳与污染物排放绩效高于行业平均水平，5 个省份低于行业平均水平，差距主要体现在加工吨原油二氧化碳排放量和加工吨原油污染物排放量水平，其中差异较大的指标主要为加工吨原油 COD 排放量、加工吨原油颗粒物排放量及加工吨原油挥发性有机物排放量。从加工吨原油二氧化碳排放量来看，5 个省份高于行业平均水平，6 个省份低于行业平均水平。从加工吨原油 COD 排放量来看，9 个省份高于行业平均水平，2 个省份低于行业平均水平。从加工吨原油氨氮排放量来看，9 个省份高于行业平均排放水平，2 个省份低于行业平均水平。从加工吨原油二氧化硫排放量来看，9 个省份高于行业平均水平；2 个省份低于行业平均水平。从加工吨原油 NO$_x$ 排放量来看，10 个省份高于行业平均水平；1 个省份低于行业平均水平。从加工吨原油颗粒物排放量来看，8 个省份高于行业平均水平；3 个省份低于行业平均水平。从加工吨原油挥发性有机物排放量来看，6 个省份高于行业平均水平，5 个省份低于行业平均水平。

（5）污染防治技术水平指标

根据统计分析，6 个省份污染防治技术水平高于行业平均水平，5 个省份的污染防治技术水平低于行业平均水平。从二级指标来看，5 个省份中加热炉采用超低氮燃烧、SCR 或 SNCR 氮氧化物治理技术的比例高于行业平均水平；8 个省份轻质油品储罐罐型不达标比例低于行业不达标比例，3 个省份轻质油品储罐罐型不达标比例高于行业不达标比例；6 个省份污水处理厂废气未进行分质处理的比例低于行业平均水平，5 个省份污水处理厂废气未进行分质处理的占比高于行业平均水平（图 1-12）。

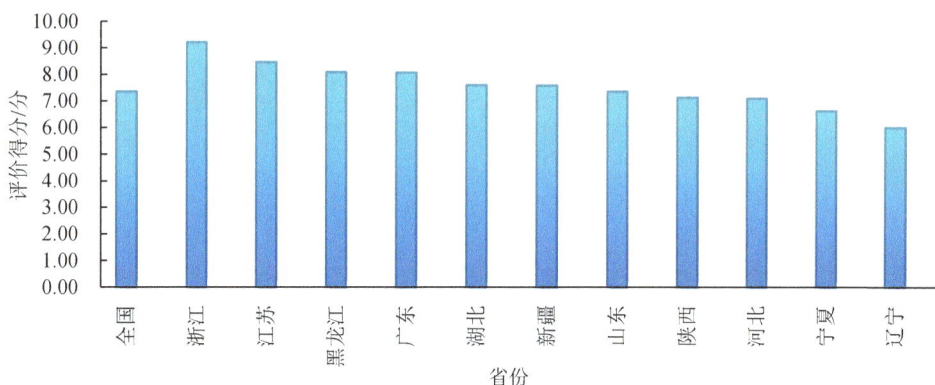

图 1-12　石油炼制行业全国及各省份污染防治技术指标水平分析

（6）环境管理水平指标

根据统计分析，不同省份之间环境管理水平存在一定的差异，其差异性主要体现在进入工业园区比例、排污许可执行报告质量达标情况及群众投诉举报情况等方面。从进入工业园区比例情况来看，5 个省份的石油炼制企业进入工业园区的比例高于行业平均水平，6 个省份的石油炼制企业进入工业园区的比例低于行业平均水平。从年度排污许可执行报告按时提交比例情况来看，10 个省份年度执行报告按时提交率均为 100%，高于行业按时提交比例，1 个省份年度排污许可执行报告按时提交比例低于行业平均水平。从排污许可证执行报告质量达标情况来看，4 个省份的排污许可证执行报告质量达标比例高于行业平均水平，7 个省份的排污许可证执行报告质量达标比例低于行业平均水平。从突发环境事件发生情况来看，8 个省份的石油炼制企业未发生突发环境事件，2 个省份各发生 1 起一般性突发环境事件，1 个省份发生 2 起一般性突发环境事件。从环境处罚情况来看，8 个省份的石油炼制企业未受到环境处罚，3 个省份的环境处罚比例高于行业平均处罚比例。从群众投诉举报情况来看，7 个省份投诉比例低于全行业平均比例，4 个省份的群众投诉比例高于全行业平均比例（图 1-13）。

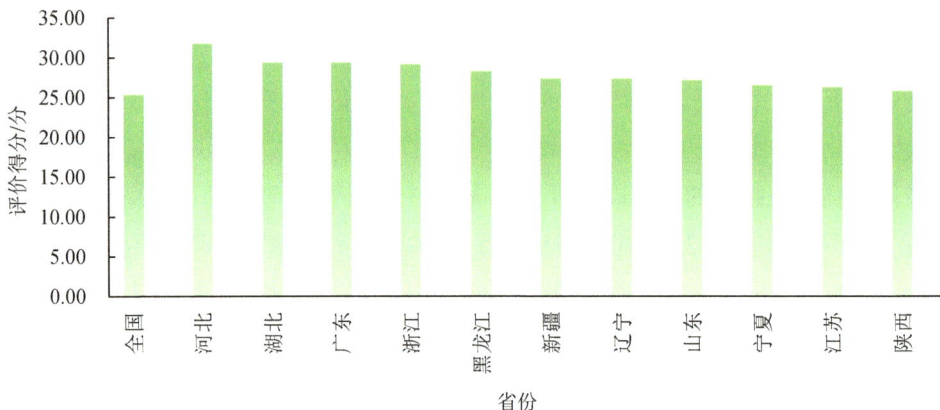

图 1-13　石油炼制行业全国及各省份环境管理指标水平分析

二、典型石油炼制企业绿色发展水平评价

1. 绿色发展水平评价指标体系

典型石油炼制企业绿色发展水平评价指标体系分 2 层，包含 5 项一级指标和 21 项二级指标，其中一级指标包含资源能源消耗、生产工艺与装置、企业执行情况、加工吨原油污染物排放量、与环境保护的公众关系（表 1-14）。

表 1-14　石油炼制企业绿色评价指标体系

一级指标	二级指标
资源能源消耗	综合能耗（kgoe/t 原煤）
	吨原油新鲜取水量（m³/t 原油）
	加工吨原油二氧化碳排放量（t/t 原油）
生产工艺与装置	原油一次加工装置政策符合性
企业执行情况	排污许可年度、季度执行报告是否按时提交
	排污许可执行报告年报上报质量
	污染物排放浓度是否符合许可证要求

一级指标	二级指标
企业执行情况	污染物排放量是否符合许可证要求
	环境处罚情况
加工吨原油污染物排放量	加工吨原油 COD 排放量（kg/t 原油）
	加工吨原油氨氮排放量（kg/t 原油）
	加工吨原油总磷排放量（kg/t 原油）
	加工吨原油总氮排放量（kg/t 原油）
	加工吨原油二氧化硫排放量（kg/t 原油）
	加工吨原油氮氧化物排放量（kg/t 原油）
	加工吨原油颗粒物排放量（kg/t 原油）
	加工吨原油挥发性有机物排放量（kg/t 原油）
与环境保护的公众关系	信息公开情况
	突发环境事件发生情况
	是否进入工业园区
	群众投诉

2．评价标准

评价指标体系将企业绿色发展水平划分为先进水平、较好水平、一般水平三级，绿色发展水平等级对应的综合评价指标值应符合表 1-15 的规定。

表 1-15　石油炼制企业绿色发展水平综合评价指标值

企业绿色发展水平	综合评价指标值（P）
先进水平	$P \geqslant 90$
较好水平	$80 \leqslant P < 90$
一般水平	$70 \leqslant P < 80$

同时，评价采取一票否决制，选取的石油炼制生产企业应满足基础合规性要求，具体要求如下：

一是应依法取得环评审批及排污许可证。

二是近 3 年（含成立不足 3 年）应无较大及以上安全事故和突发环境事件。

三是企业未被列入严重违法失信企业名单。

3．评价对象

评价对象主要为常减压规模≥800 万 t 的石油炼制企业。评价对象共计 42 家，较 2022 年新增 1 家，其中炼化一体化企业（含乙烯生产装置的企业）16 家，石油炼制企业（不含乙烯生产装置的企业）26 家，总炼油能力为 5.56 亿 t，占全国炼油行业总产能的 59.41%。从企业性质来看，国有企业 35 家，占 83.33%，其中中石油 12 家、中石化 20 家、中海油 2 家、中化 1 家；民营（含合资）企业 7 家，占 16.67%。

4．数据来源

本书数据主要来源于全国排污许可证管理信息平台、碳排放系统、执法及投诉举报系统等，部分平台中缺失或异常的数据通过相关企业进行数据补充。

5．评价结果

为更好地对同类型企业进行对比分析，本书分别对 16 家炼化一体化企业及 26 家石油炼制企业进行绿色发展水平评价。

（1）炼化一体化

从 2023 年评价结果来看，16 家炼化一体化企业中，绿色发展水平处于先进水平（得分≥90 分）的企业有 4 家，占比 25%；绿色发展水平处于较好水平（80 分≤得分＜90 分）的企业有 10 家，占比 62.5%；绿色发展水平处于一般水平（70 分≤得分＜80 分）的企业有 2 家，占比 12.5%。

通过 2023 年评价发现，纳入评价范围的 16 家炼化一体化企业均申领了排污许可证，进行了信息公开，大多数企业污染物排放量满足许可证要求，不同企业之间差异较大的指标主要为资源能源消耗、环境管理制度落实情况和加工吨原油的污染物排放量。

从资源能源消耗情况来看，差异主要体现在综合能耗方面。随着我国炼化一体化企业下游化工产业链的不断延伸，其综合能耗水平也相对提高。受数据可得性限制，目前以加工吨原油（产品）作为综合性能源评价指标难以体现绿色 GDP，后续会随着指标体系及数据来源的扩展不断完善评价标准。

从生产工艺和装置指标来看，16 家炼化一体化企业生产工艺及装置水平较好，普遍无淘汰类生产装置，其差异主要体现在装置规模上。在评价范围内的炼化一体化企业中，7 家企业单套常减压装置规模均大于或等于 1 000 万 t/a，9 家企业含有至少一套限制类常减压装置（常减压装置规模为 200 万～1 000 万 t/a）。

从企业执行情况来看，其差异主要体现在排污许可年度、季度执行报告是否按时提交及排污许可证执行报告年报上报质量情况。

从加工吨原油污染物排放量情况来看，差异主要体现在加工吨原油 COD 排放量和加工吨原油中的颗粒物、挥发性有机物排放量上。

从与环境保护的公众关系指标来看，6 家炼化一体化企业该项指标均得到满分，差异主要体现在是否进入工业园区、突发环境事件发生情况、群众投诉方面。

通过对比 2022 年、2023 年炼化一体化企业绿色发展水平评价结果发现，7 家企业 2023 年绿色发展水平评价得分较 2022 年有所提升，8 家企业 2023 年绿色发展水平评价得分低于 2022 年绿色发展水平评价得分。

（2）石油炼制企业

在 26 家统计范围内的石油炼制企业中，绿色发展水平处于先进水平（得分≥90 分）的企业有 13 家；绿色发展水平处于较好水平（80 分≤得分＜90 分）的企业有 13 家。

从评价结果来看，炼油能力≥800 万 t/a 的石油炼制企业的绿色发展水平整体较好，其中绿色发展水平处于先进水平的占比达 50%。从企业性质来看，与民营企业相比，国有企业的绿色发展水平普遍较高。

从资源能源消耗情况来看，差异主要体现在综合能耗和吨原油新鲜取水量方面。

从生产工艺和装置指标来看，多数石油炼制企业的生产工艺及装置水平较好，但不同企业之间生产工艺及装置规模存在一定的差异，其中 7 家企业单套常减压装置规模均大于或等于 1 000 万 t/a；19 家企业至少含有 1 套限制类的常减压装置（常减压装置规模为 200 万～1 000 万 t/a），2 家企业常减压装置规模不符合产业政策要求。

从环境管理制度落实情况来看，多数石油炼制企业环境管理制度落实情况较好，其中 12 家企业环境管理制度落实情况为满分，多数企业按时提交排污许可年度、季度执行报告，未受到环境处罚，其差异性主要体现在执行报告填报质量方面。

从加工吨原油污染物排放量情况来看，差异性主要体现在加工吨原油挥发性有机物和加工吨原油中总磷、总氮的污染物排放量上。

从与环境保护的公众关系指标来看，有 12 家企业该项指标为满分，均进行了信息公开、进入工业园区、未发生突发性环境事件、未受到群众投诉；有 4 家企业该项指标得分在 14 分以下，发生过突发性环境事件或受到两次及两次以上群众投诉，其差异主要体现在突发环境事件发生情况、群众投诉方面。

通过对比分析 2022 年和 2023 年典型石油炼制企业绿色发展水平评价结果，20 家企业 2023 年绿色发展水平评价得分较 2022 年有所提升，6 家企业 2023 年绿色发展水平评价得分低于 2022 年绿色发展水平评价得分。

第五节　石化基地大气环境质量变化情况

本书对国家规划的石化基地近几年大气环境质量变化情况进行了分析，由于曹妃甸工业区尚未发展石化项目，本书仅分析其余 6 个石化基地。

一、惠州大亚湾石化产业园

广东惠州大亚湾石化产业园区位于惠州大亚湾，以中海油惠州石化有限公司炼油项目和中海壳牌石油化工有限公司乙烯项目为龙头，重点发展下游精细化工产业，已经形成了上下游产业链，后续拟进一步扩大规模。根据当地环境质量公报和监测站数据，2019—2023 年惠州大亚湾石化工业区大气环境质量均符合《环境空气质量标准》（GB 3095—2012）二级浓度限值要求，大气环境质量持续好转，各项污染物指标均呈下降趋势（图 1-14）。

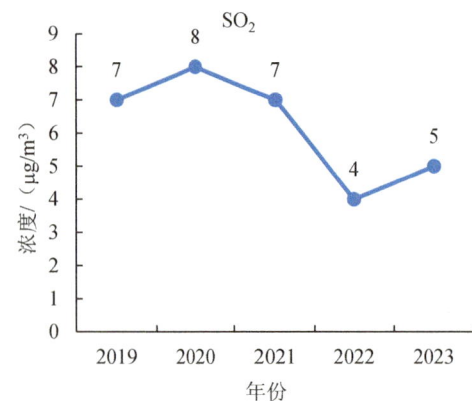

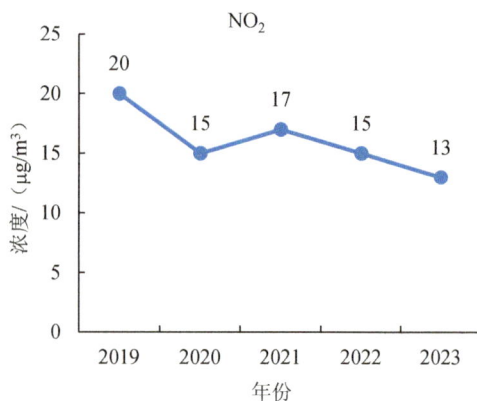

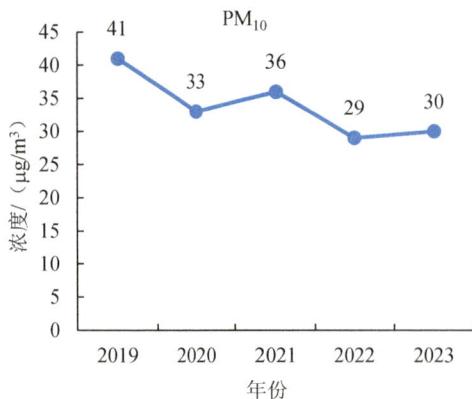

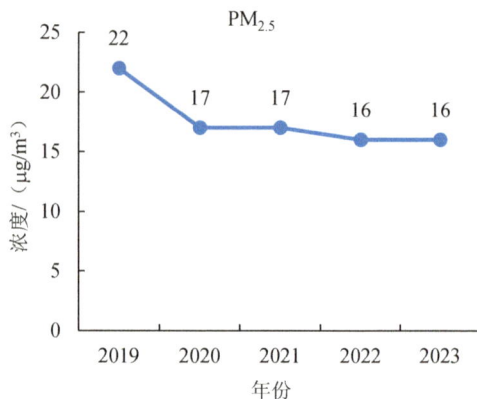

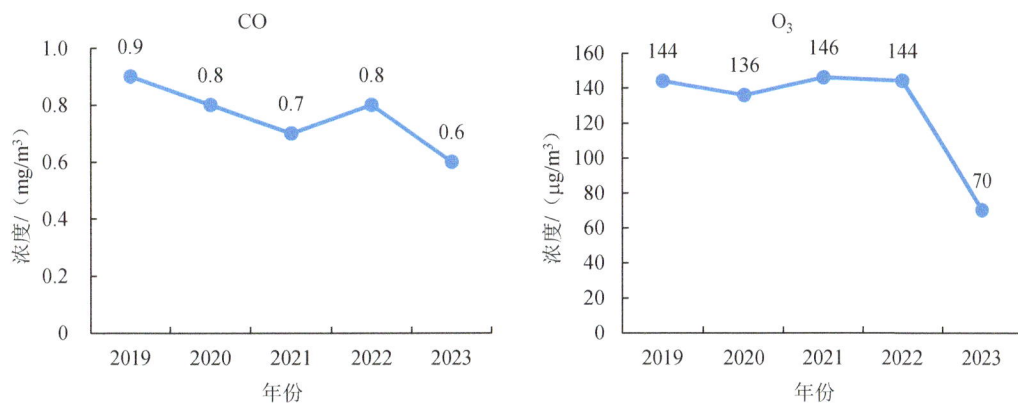

图 1-14 惠州大亚湾石化产业园大气环境质量变化趋势

二、漳州古雷石化基地

漳州古雷石化基地位于福建省漳州市古雷镇，目前没有炼油，以福建古雷石化有限公司和福建中沙石化有限公司的乙烯为龙头发展下游产业，后续拟新建炼油项目向下游产业延伸。根据古雷监测站数据，2019—2023 年漳州古雷石化基地大气环境质量符合《环境空气质量标准》（GB 3095—2012）二级浓度限值要求，总体呈好转趋势，且占标率偏低，其中 SO_2、NO_2、CO 持续下降，PM_{10}、$PM_{2.5}$、O_3 总体呈下降趋势，但 2023 年 PM_{10}、$PM_{2.5}$ 较 2022 年有所上升（图 1-15）。

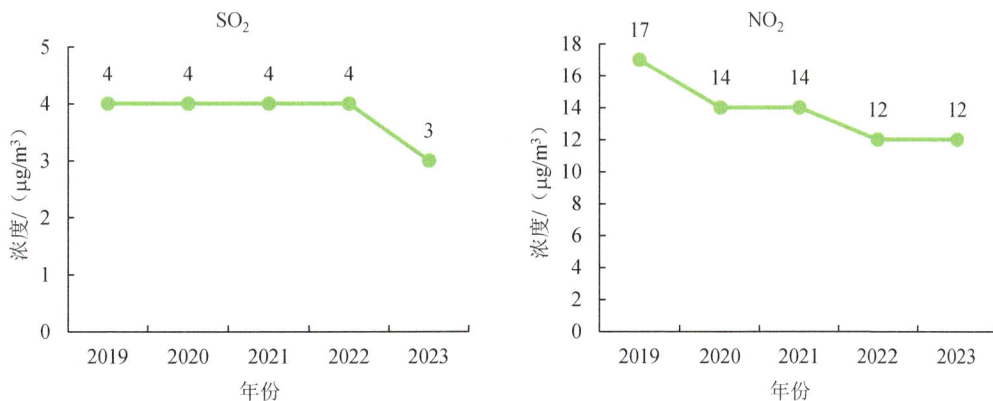

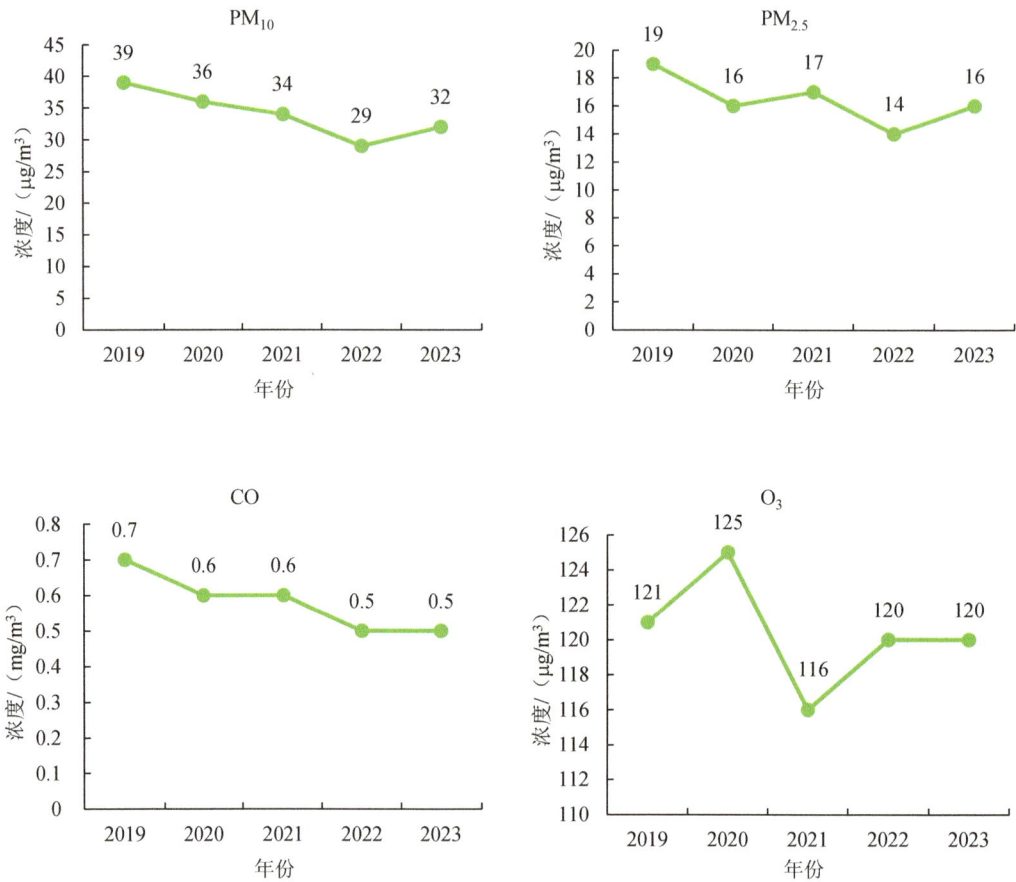

图 1-15　漳州古雷石化基地大气环境质量变化趋势

三、宁波石化经济技术开发区

宁波石化经济技术开发区位于杭州湾南岸，目前以中国石油化工股份有限公司镇海炼化分公司的炼油、乙烯为支撑，发展下游有机化工，形成了上下游一体化的石化产业链，后续拟进一步扩大发展规模。根据监测站数据，2019—2023 年宁波石化区空气质量指标符合《环境空气质量标准》（GB 3095—2012）二级浓度限值要求，大气环境质量有所好转，SO_2、NO_2、$PM_{2.5}$、CO 整体呈下降趋势，PM_{10}、O_3 略有上升（图 1-16）。

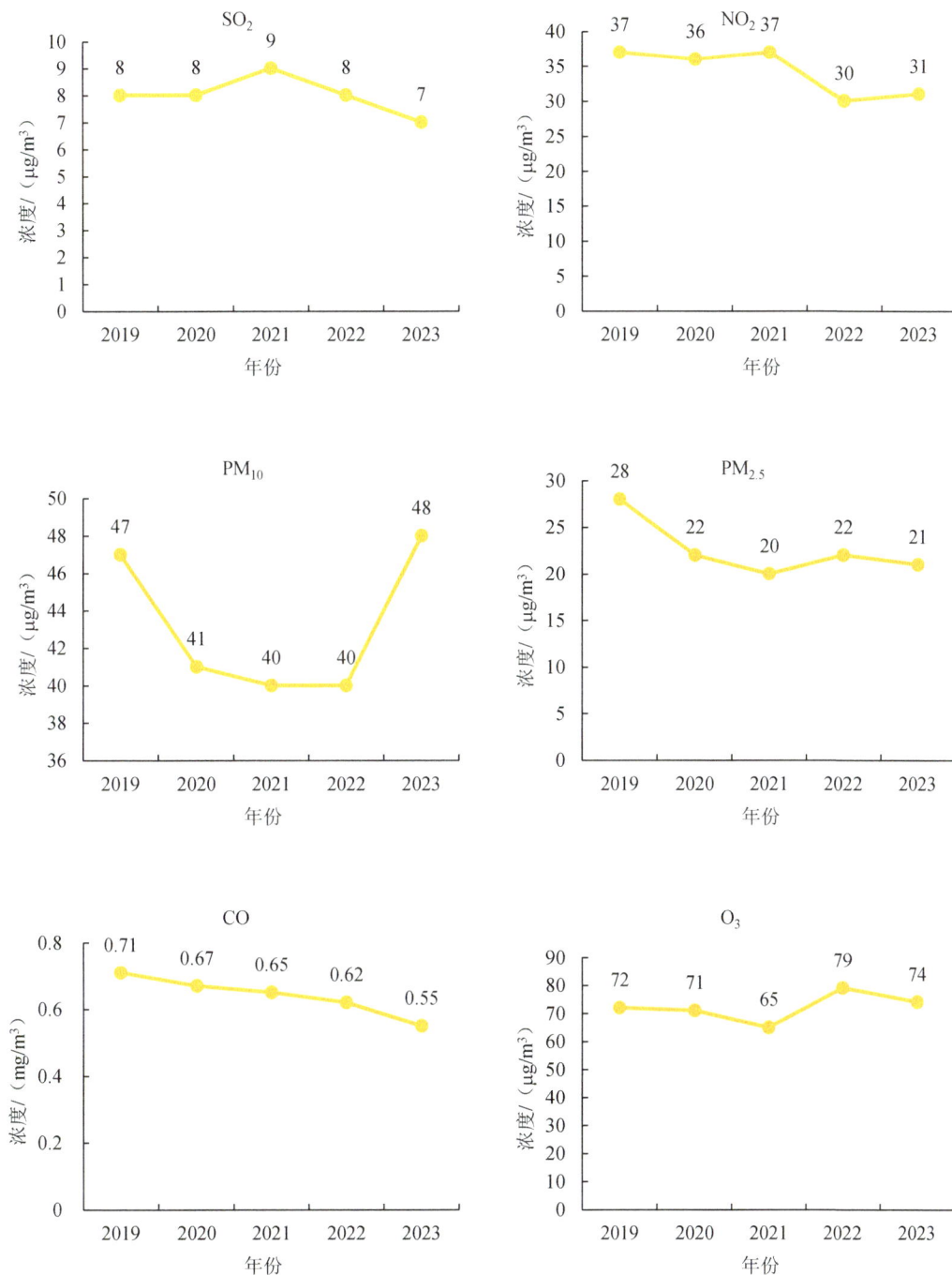

图 1-16　宁波石化经济技术开发区大气环境质量变化趋势

四、连云港石化产业基地

江苏连云港石化产业基地位于连云港徐圩新区，以盛虹炼化（连云港）有限公司炼油、乙烯、芳烃一体化为基础，发展下游新材料和精细化工，后续拟进一步延伸产业链。根据当地环境质量公报和监测站数据，2019—2023 年江苏连云港石化产业基地 $PM_{2.5}$、O_3 由超标转为达标，SO_2、NO_2、PM_{10}、CO 整体呈下降趋势，但 2023 年的 NO_2、O_3、PM_{10} 年均浓度高于 2022 年（图 1-17）。

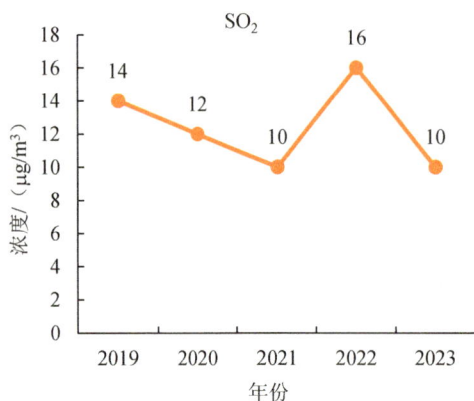

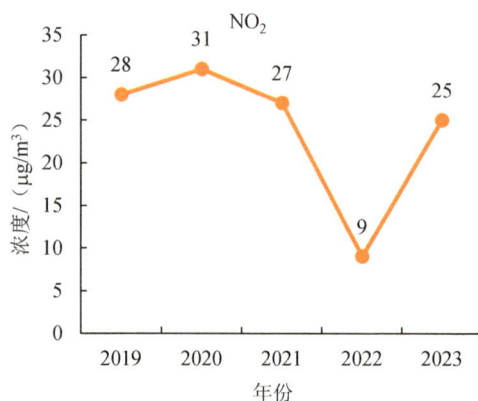

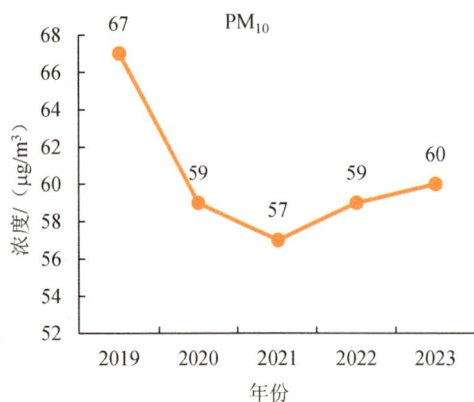

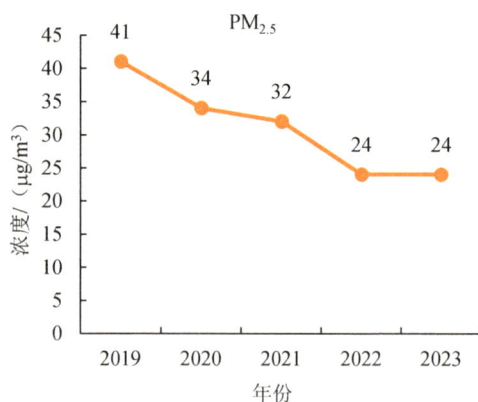

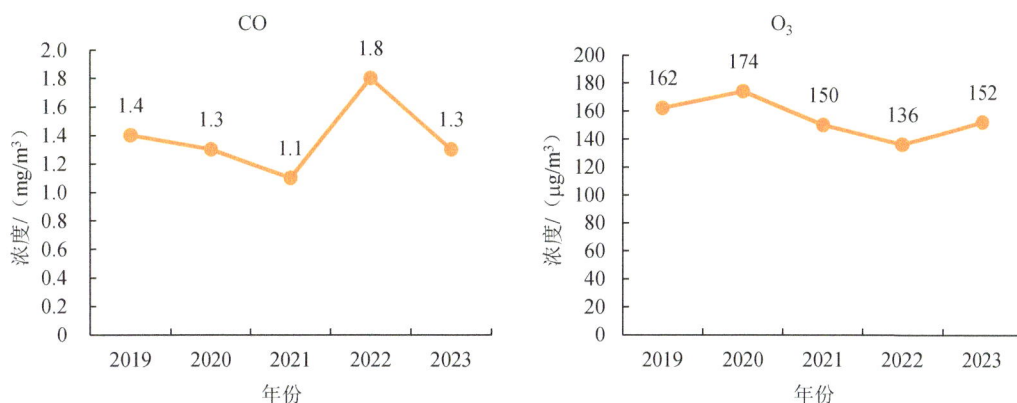

图 1-17　连云港石化产业基地大气环境质量变化趋势

五、上海化学工业区

上海化学工业区位于杭州湾北岸，目前无炼油企业，以乙烯为龙头，以化工新材料为主导产业集群，后期规划形成以炼化为龙头，烯烃和芳烃及精细化工为中下游的产业链。根据监测站数据，2019—2023 年上海化学工业区大气环境中 $PM_{2.5}$、O_3 年均浓度由超标转为达标，且 O_3 下降幅度较大，SO_2 年均浓度基本持平，NO_2、CO、PM_{10} 年均浓度整体呈下降趋势，但 2023 年的 SO_2、NO_2、PM_{10}、$PM_{2.5}$ 年均浓度高于 2022 年（图 1-18）。

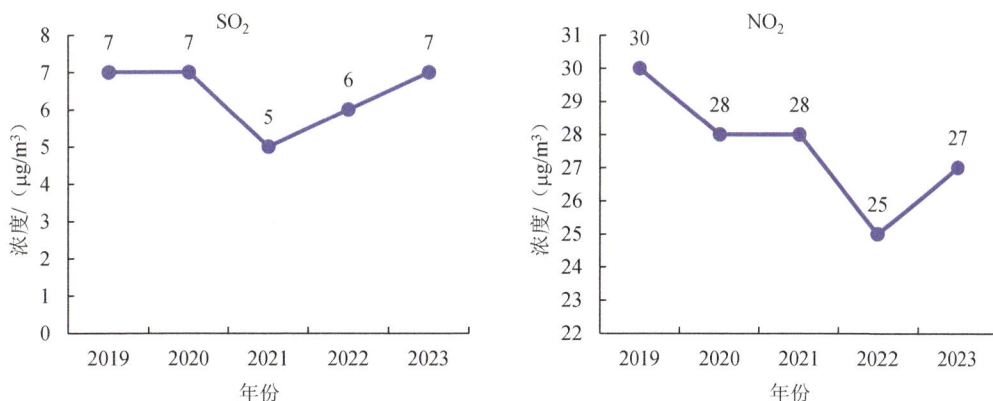

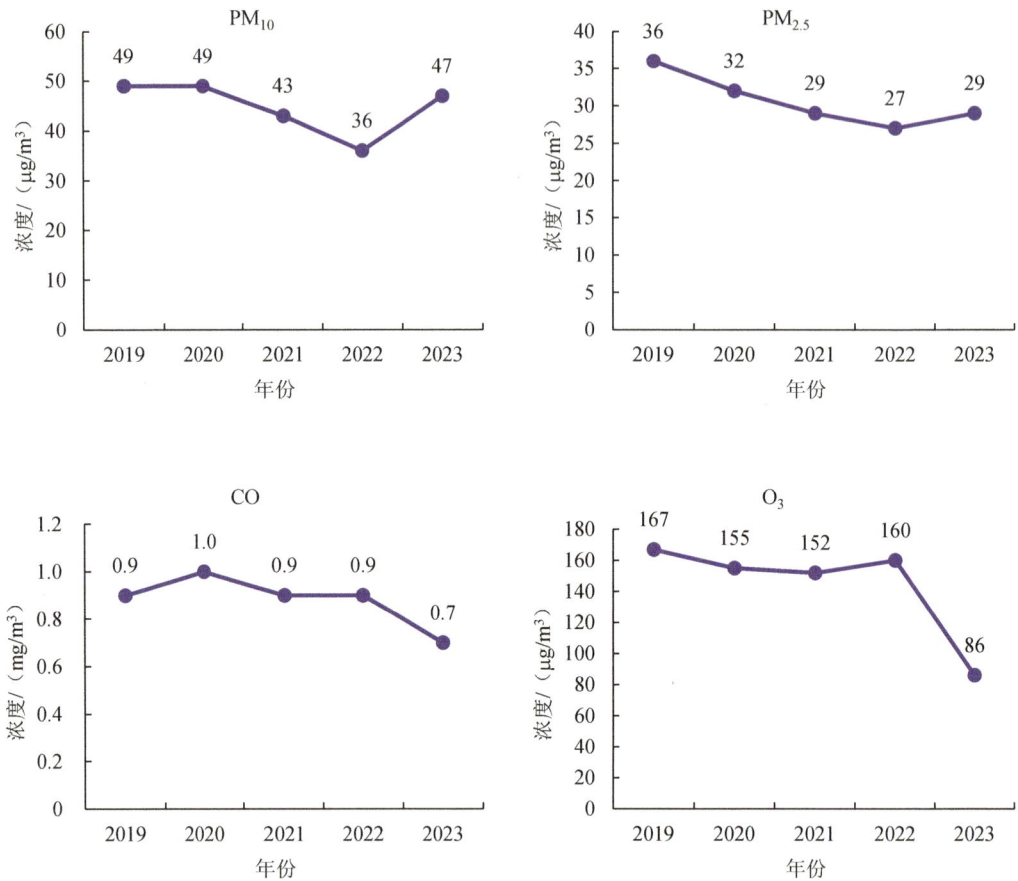

图 1-18　上海化学工业区大气环境质量变化趋势

六、大连长兴岛（西中岛）石化产业基地

大连长兴岛（西中岛）石化产业基地位于大连长兴岛，以恒力石化（大连）炼化有限公司炼油、乙烯、对二甲苯、精对苯二甲酸为支撑，构建炼化一体化格局，拟进一步扩大发展规模。根据当地环境质量公报数据，2018—2022 年，长兴岛（西中岛）石化产业基地空气质量指标大部分符合《环境空气质量标准》（GB 3095—2012）二级浓度限值要求，细颗粒物略有超标。大气环境质量持续好转，PM_{10}、$PM_{2.5}$ 整体呈下降趋势；SO_2、NO_2 波动中有所下降；O_3 整体呈下降趋势，但仍超标，且 2022 年年均浓度较 2021 年有所上升；CO 整体呈增加趋势（图 1-19）。

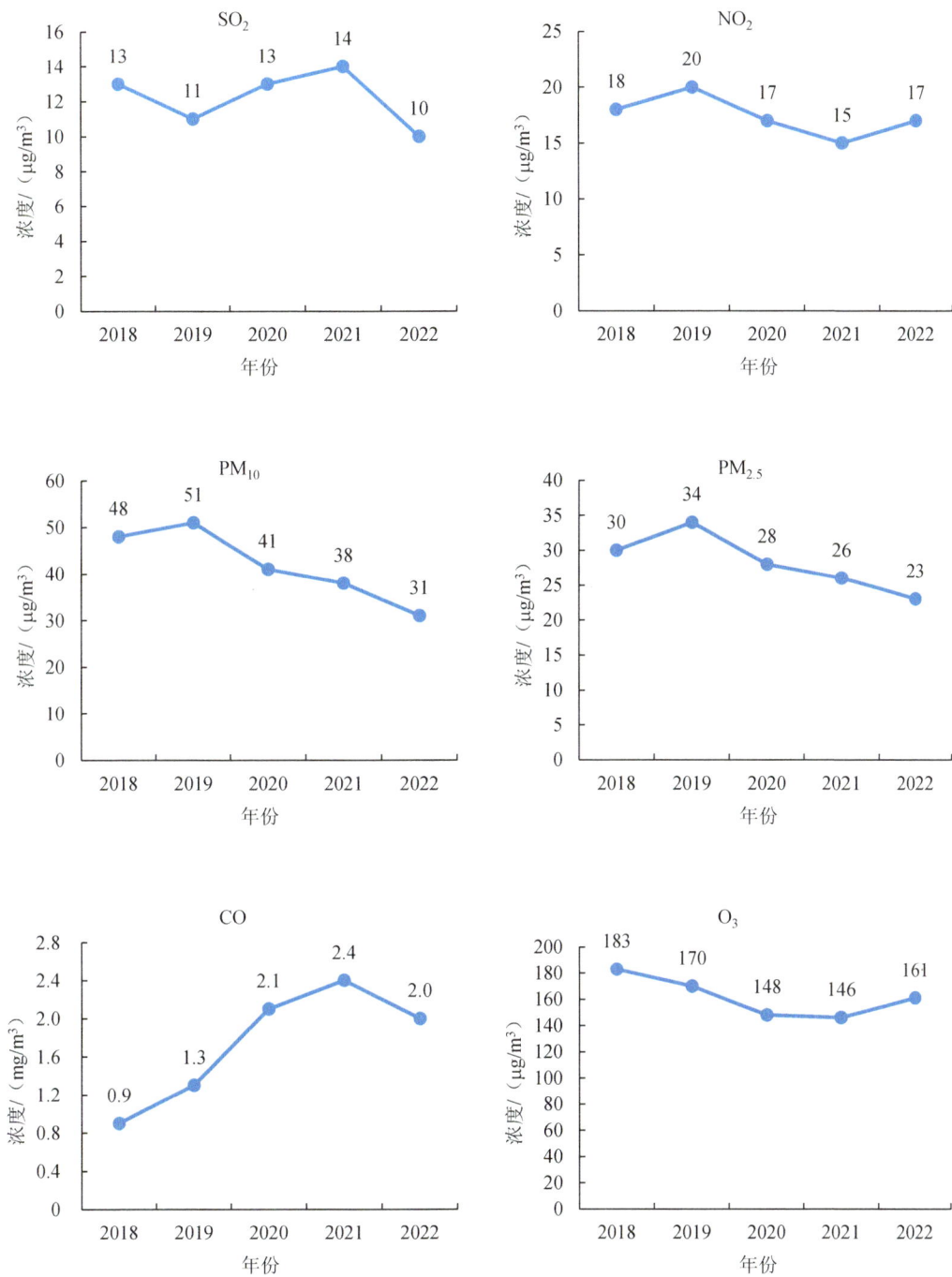

图 1-19　大连长兴岛（西中岛）石化基地大气环境质量变化趋势

七、小结

通过分析各石化产业基地近年来环境空气质量变化情况发现：

（1）各地石化产业基地建设投产后，虽然新增了污染源，但由于企业采取污染防治措施和当地采取的减排防控措施，未对当地大气环境产生明显负面影响，环境空气质量整体在改善，基本能符合《环境空气质量标准》的要求。如大连长兴岛（西中岛）石化产业基地、连云港石化产业基地细颗粒物超标的状况转为达标。

（2）部分石化基地环境空气质量改善进入"瓶颈"期。惠州大亚湾石化产业区、漳州古雷石化基地、宁波石化经济技术开发区、上海化学工业区大气环境质量整体持续改善，但大连长兴岛（西中岛）石化产业基地 O_3 浓度虽然整体呈下降趋势，但 2022 年较 2021 年出现了反弹，且略有超标；连云港石化产业基地 O_3 浓度偏高，2023 年占标率达 95%，需要引起重视。

第二章　水泥行业环境评估报告

第一节　行业发展现状

一、产能产量

1. 全国水泥产量呈持续下降态势

我国水泥产量自 1985 年以来一直稳居世界第一位，近年来，水泥产量稳定维持在 20 亿 t 以上。2023 年是新冠肺炎疫情防控结束后的首个年份，水泥行业受房地产行业深度调整、基建项目施工进度缓慢、华东和华南两大核心消费区域需求大幅下滑等因素影响，行业总体呈现"需求持续萎缩、价格深度下跌、效益严重下滑"的运行特征，全国水泥产量为 20.23 亿 t，水泥产量占全球的 50%，较 2022 年有所下降，同比下降 4.5%（图 2-1）。

图 2-1　2012—2023 年全国水泥产量变化情况

资料来源：中国水泥协会。

2. 行业利润继续大幅度下滑

2023 年水泥行业利润约为 320 亿元，下滑较为严重，较 2022 年的 680 亿元继续较大幅度下降，同比下降 53%，行业利润总额为 2013—2023 年的最低值，行业销售利润率也远低于工业企业平均水平（图 2-2）。

图 2-2   2013—2023 年全国水泥行业利润情况

资料来源：中国水泥协会。

二、规模布局

1. 水泥行业布局总体较为均衡

根据全国排污许可证管理信息平台统计，截至 2024 年 4 月底，水泥制造企业（含独立粉磨站企业）共 3 212 家，在全国 31 个省（区、市）均有分布（图 2-3）。2023 年水泥产量超过 1 亿 t 的省份有 6 个，依次为广东、江苏、安徽、山东、浙江、四川，产量合计为 7.96 亿 t，约占全国水泥产量的 39.4%。与 2022 年相比，水泥产量超过 1 亿 t 的省份由 9 个减少为 6 个［河南、广西、湖北 3 个省（区）近 8 年来首次产量跌至 1 亿 t 以下］；西藏、新疆、上海、青海、吉林等 12 个省（区、市）水泥产量均有增长，其中西藏增长幅度最大，同比增长 51.18%，其余 19 个省（区、市）水泥产量均减少，福建下降幅度最大，同比下降 16.76%（图 2-4）。从区域来看，与 2022 年相比，西北、东北产量略有增长，同比增长比例分别为 3.30%、5.06%，华北、华东、华南、西南产量均减少，华南减幅最大，为 8.57%；2019—2023 年水泥主产地华东、华南、西南合计产量均在水泥总产量的 70% 以上，各年份产量有一定波动，但总体较为均衡（表 2-1）。

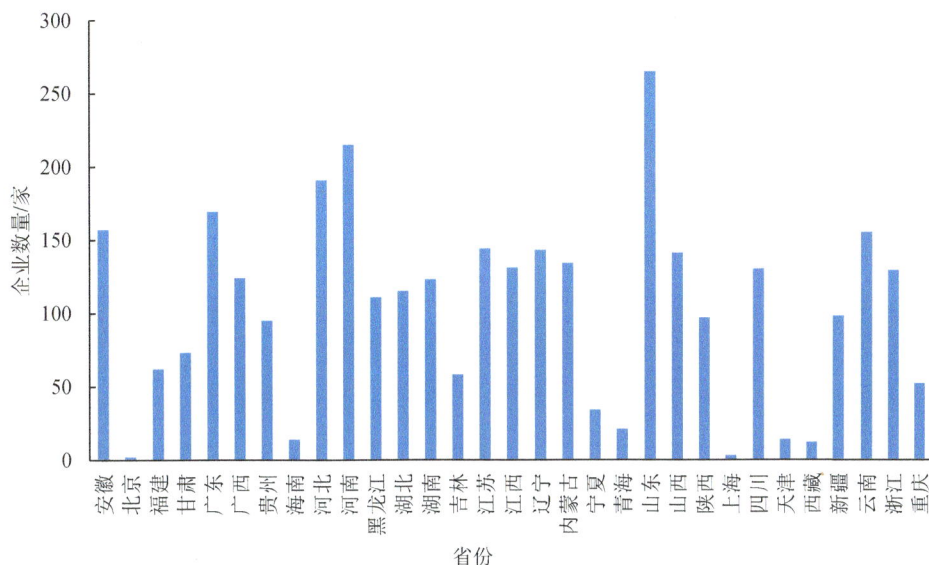

图 2-3 全国各省份水泥制造企业分布情况

资料来源：全国排污许可证管理信息平台。

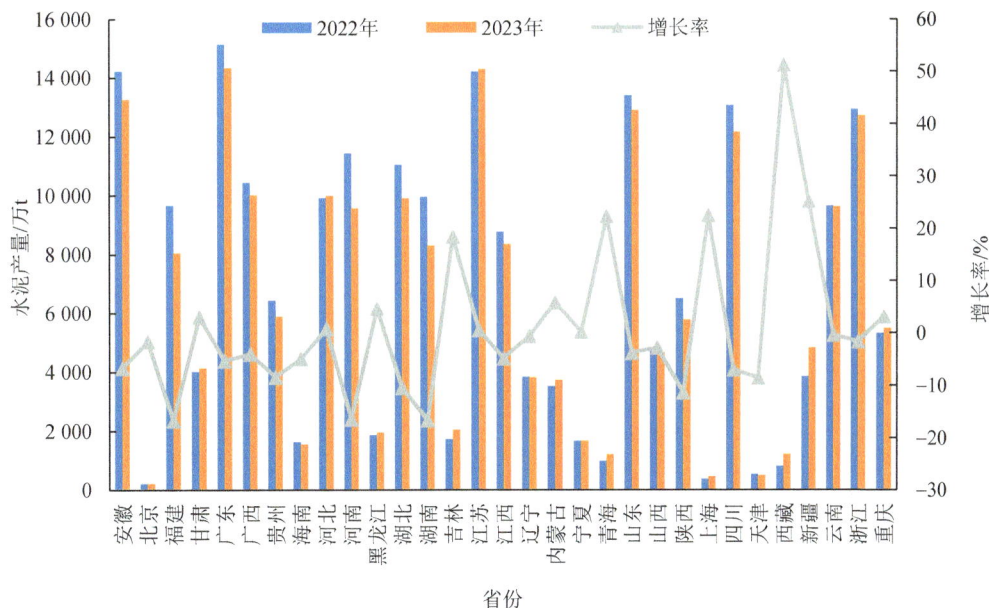

图 2-4 2022—2023 年全国各省份水泥产量变化情况

表 2-1　2019—2023 年我国分区域水泥产量占比变化情况

地区	2019 年		2020 年		2021 年		2022 年		2023 年	
	产量/ （万 t/a）	占全国 比例/ %	产量/ （万 t/a）	占全国 比例/ %	产量/ （万 t/a）	占全国 比例 /%	产量/ （万 t/a）	占全国 比例/ %	产量/ （万 t/a）	占全国 比例/ %
华北	29 951.78	12.85	33 197.25	13.97	32 479.66	13.75	30 401.61	14.35	28 609.93	14.14
华东	77 291.45	33.17	78 356.35	32.97	81 078.07	34.31	73 542.70	34.72	69 958.65	34.58
华南	53 468.32	22.94	52 194.93	21.96	52 695.13	22.30	48 173.58	22.75	44 045.18	21.77
西北	18 095.80	7.77	18 613.27	7.83	18 744.14	7.93	17 005.55	8.03	17 566.55	8.68
西南	45 841.85	19.67	45 868.13	19.30	42 136.78	17.83	35 255.78	16.65	34 321.79	16.97
东北	8 386.49	3.60	9 461.19	3.98	9 147.48	3.87	7 415.68	3.50	7 790.89	3.85
合计	233 035.70	100.00	237 691.10	100.00	236 281.26	100.00	211 794.90	100.00	202 292.99	100.00

2. 西藏、广西等省（区）水泥熟料设计产能增幅较大，西藏、青海、吉林等省（区）水泥熟料产量增长

根据全国排污许可证管理信息平台统计，截至 2024 年 4 月底，全国水泥熟料企业共计 1 155 家、生产线 1 566 条，除上海市无水泥熟料企业分布以外，其余各省份均有分布（图 2-5）。从水泥熟料设计产能来看，根据中国水泥协会数据，2023 年安徽、山东、四川、广东、广西和云南 6 省（区）水泥熟料设计产能超过 1 亿 t，约占全国水泥熟料总产能的 36.5%。

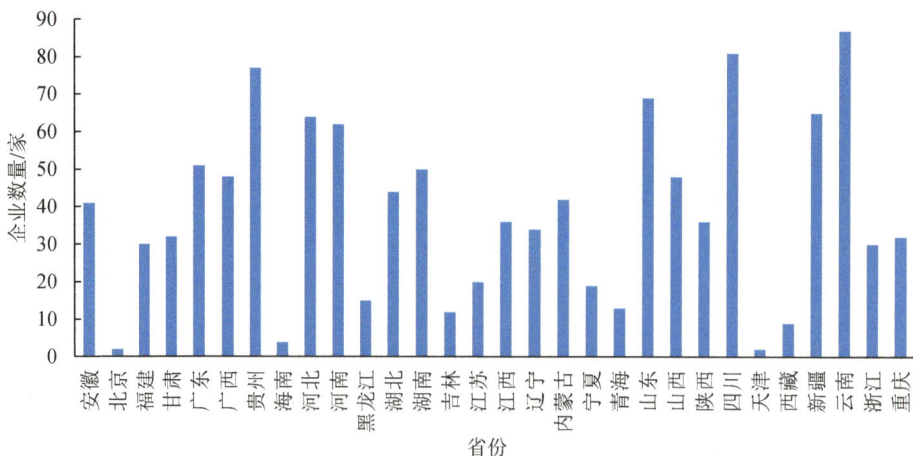

图 2-5　全国各省份水泥熟料企业分布情况

资料来源：全国排污许可证管理信息平台。

2023 年三大重点区域 82 个城市中，54 个城市分布有水泥熟料企业，合计企业数、生产线条数和产能分别为 290 家、418 条和 1 506 933 t/d，占全国的比例分别为 25.11%、26.69% 和 27.34%（表 2-2）。

表 2-2 2023 年我国三大重点区域水泥熟料企业分布情况

地区	企业数		生产线		产能	
	数量/家	占全国比例/%	数量/条	占全国比例/%	产能/（t/d）	占全国比例/%
京津冀及周边地区（2+36）	166	14.37	233	14.88	761 896	13.83
汾渭平原（13）	61	5.28	72	4.60	261 270	4.74
长三角地区（31）	63	5.45	113	7.22	483 767	8.78
重点区域合计	290	25.11	418	26.69	1 506 933	27.34
全国	1 155	100.00	1 566	100.00	5 510 873	100.00

注：表中水泥熟料产能根据许可证副本中企业填报的生产线规模获取。

从各省份来看，与 2022 年相比，安徽、广东、广西、江西、青海、西藏、新疆、重庆 8 个省（区、市）水泥熟料设计产能有所增加，其中西藏同比增加最多，为 8.97%；北京、福建、黑龙江、内蒙古等 16 个省（区）水泥熟料设计产能降低，黑龙江、内蒙古同比下降幅度位居前列，分别为 3.87%、3.28%；甘肃、海南、河南、陕西、天津、浙江 6 个省（市）基本持平（图 2-6）。

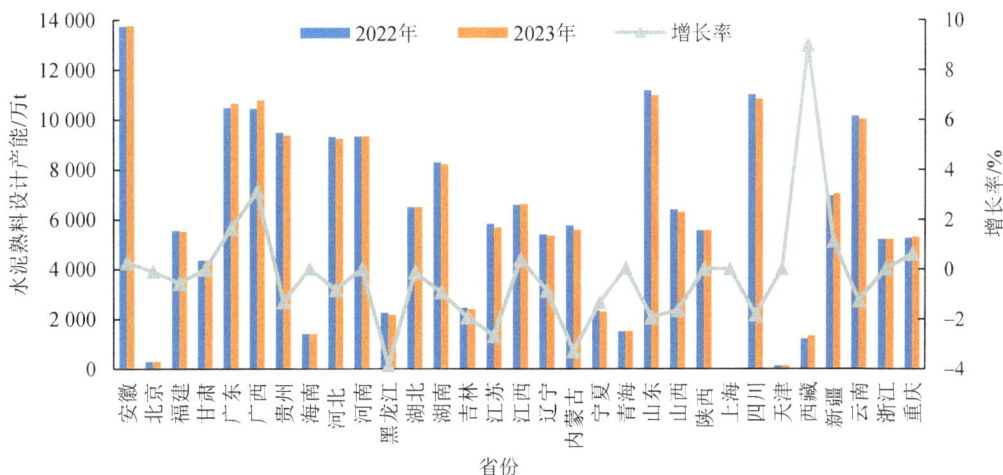

图 2-6 2022—2023 年全国各省份水泥熟料设计产能变化情况

资料来源：中国水泥协会。

本书梳理了 2020—2023 年各省（区、市）水泥熟料建设项目产能置换公告（可跨省置换，主要省内置换）。与 2022 年相比，2023 年新增江西、四川、江苏、甘肃、安徽、陕西、河北、湖北、湖南、宁夏、新疆 11 个省（区）新发布的产能置换公告，涉及 12 个建设项目，产能均在省内进行置换。公告显示，4 年间涉及 25 个省（区、市）的 128 个水泥熟料建设项目，建设项目产能为 635 177 t/d（折 1.969 亿 t/a，含补齐产能项目），置换产能为 720 736 t/d（折 2.234 亿 t/a）；从全国层面来看，水泥熟料产能实现了减量化。25 个省（区、市）中建设项目产能来源于 25 个省（区、市）；从置换情况来看，置换产能中，85% 的产能（612 016 t/d）来自省内自身调配，跨省置换了 15% 的产能（108 720 t/d），广西、福建、重庆、湖南、安徽、广东、宁夏、云南、贵州 9 个省（区、市）进行了产能跨省置换，其产能来源于内蒙古等 24 个省（区、市），其中广西产能置换涉及 14 个外省（区、市）；其余 16 个省（区、市）产能均来自本省。从产能变化情况来看，广西、湖南、福建、广东、宁夏共 5 个省（区）产能净增长，其中广西净增长最大，增加 43 735 t/d；其余 20 个省（区、市）中整体产能减少，内蒙古产能减少量最大，为 36 400 t/d，产能被置换至 6 个外省（区、市）（图 2-7）。

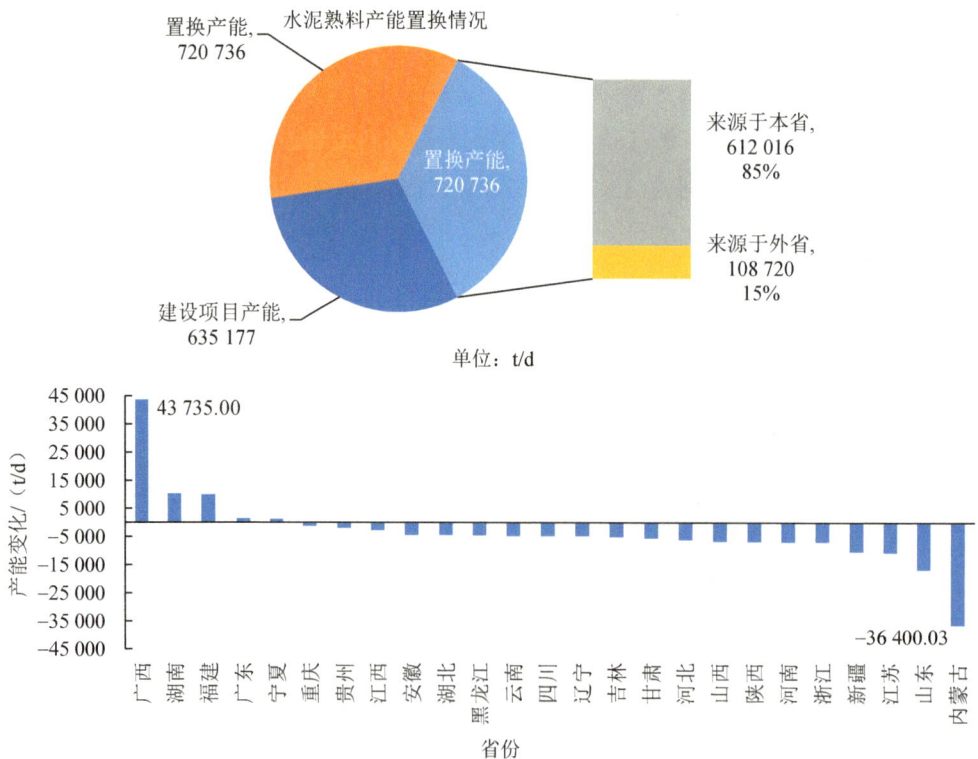

图 2-7 全国水泥熟料产能置换和涉及省份的产能变化情况

资料来源：各省（区、市）工信/经信部门官网。

从水泥熟料产量来看，2023 年安徽省水泥熟料产量呈断层式领先，水泥熟料产量超过 0.5 亿 t 的有 11 个省份，依次为安徽、广东、四川、广西、山东、河北、云南、江西、湖北、河南、浙江，产量合计 8.246 亿 t，约占全国水泥熟料产量的 62.8%；三大重点区域水泥熟料产量约占全国的 29.03%。与 2022 年相比，2023 年全国水泥熟料产量总体下降，但广西、吉林、青海、天津、西藏、新疆 6 个省（区）水泥熟料产量增长；其余 24 个省（区、市）水泥熟料产量均下降，黑龙江、山西和北京 3 个省（市）水泥熟料产量下降幅度排在前 3 位，分别为 34.14%、23.13% 和 21.35%（图 2-8）。

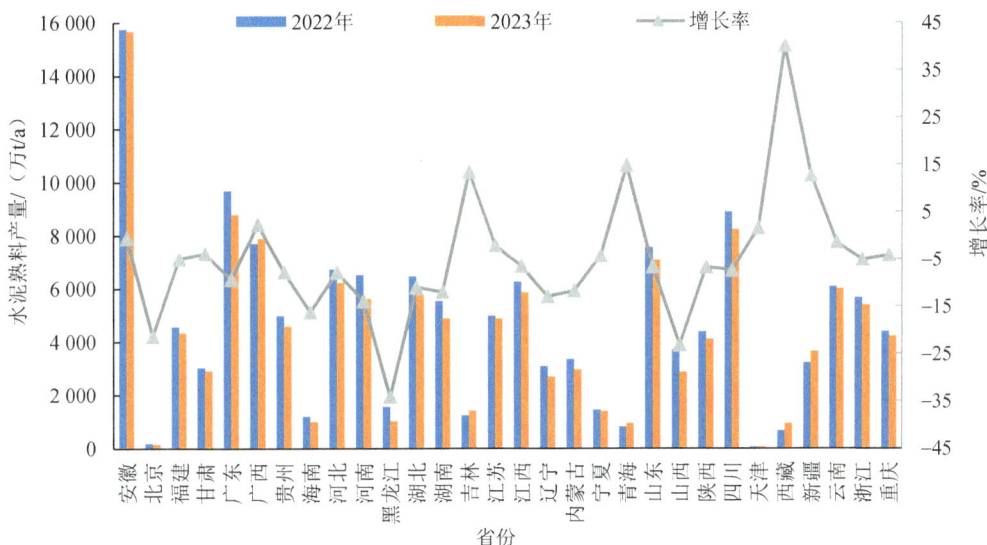

图 2-8　2022—2023 年全国各省份水泥熟料产量变化情况

资料来源：全国排污许可证管理信息平台。

从水泥熟料产能利用率（水泥熟料产量/水泥熟料设计产能）来看，2023 年全国水泥熟料产能利用率为 71.70%，安徽、福建、广东、广西、湖北、江苏、江西、陕西、四川、浙江、重庆 11 个省（区、市）水泥熟料产能利用率高于全国平均水平，安徽、浙江 2 个省水泥熟料产能得以充分发挥；其余 19 个省（区、市）水泥熟料产能利用率均低于全国平均水平，其中山西、北京、天津、黑龙江、贵州 5 个省（市）水泥熟料产能利用率均低于 50%。与 2022 年相比，全国水泥熟料产能利用率由 76% 降至 71.70%，除吉林、江苏、青海、天津、西藏、新疆 6 个省（区、市）增长以外，其余 24 个省（区、市）均下降，黑龙江、山西 2 个省降幅较大（图 2-9、图 2-10）。

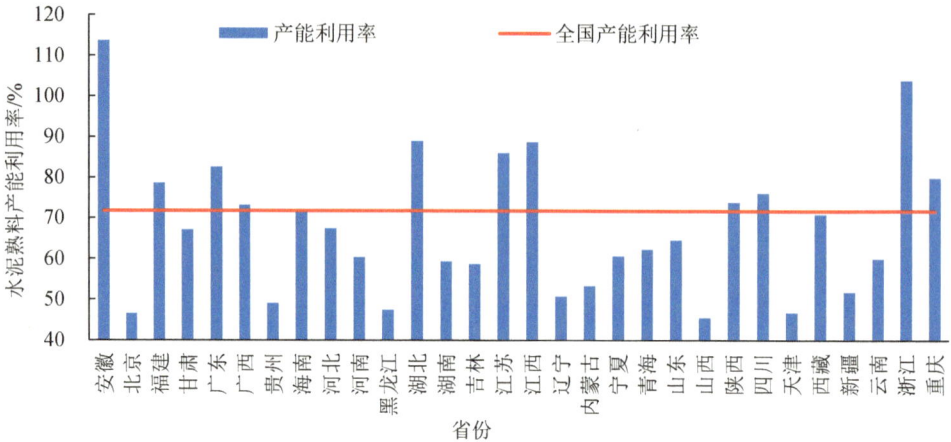

图 2-9　2023 年全国各省份水泥熟料产能利用率情况

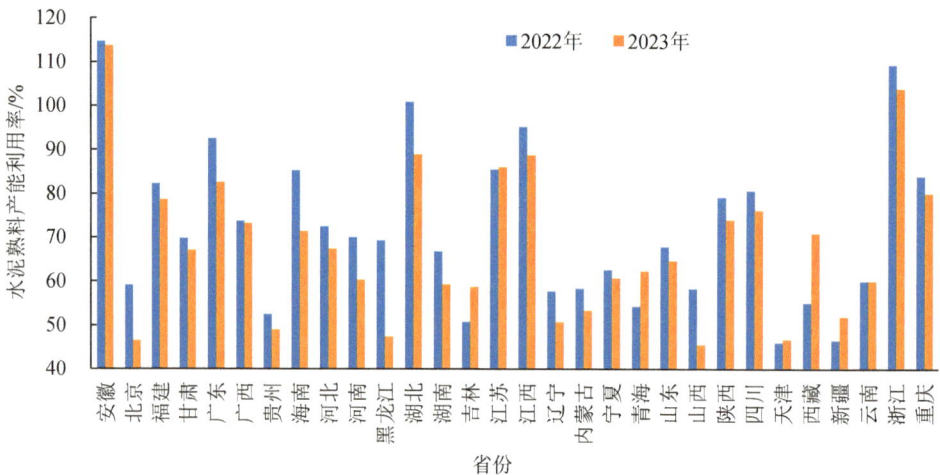

图 2-10　2022—2023 年全国各省份水泥熟料产能利用率变化情况

3. 产业集中度基本保持稳定

近年来，水泥行业兼并重组工作取得了显著成效，水泥熟料产业集中度进一步提升。从 2013 年前 10 家企业（集团）水泥熟料产能集中度 50%，到 2023 年前 10 家水泥熟料产能集中度提升至 57.86%，水泥产业组织结构得到了进一步优化，但始终未达到行业规划确定 60% 的目标要求。2017—2023 年，前 10 家企业（集团）一直位居前十。2023 年水泥熟料产能前 10 强中，中国建材集团和海螺水泥熟料产能占比超过 30%，与 2022 年相比，海螺水泥、华润水泥、华新水泥、红狮水泥熟料产能增大，台泥水泥、天瑞水泥、亚洲水泥熟料产能保持不变，中国建材集团有限公司、冀东发展集团有限责任公司（金隅冀东）、山水集团水泥熟料产能有所减少（表 2-3）。

表2-3　2017—2023年水泥熟料产能前10企业（集团）情况

序号	企业	2017年		2018年		2019年		2020年		2021年		2022年		2023年	
		产能/万t	占比/%	产能/万t	占比/%	产能/万t	占比/%	产能/万t	占比/%	产能/万t	占比/%	产能/万t	占比/%	产能/万t	占比/%
1	中国建材集团	39 376	21.63	39 020	21.45	40 071	22.04	39 116	21.32	39 026	21.20	38 451	20.90	37 873	20.67
2	海螺水泥	20 736	11.39	21 077	11.59	20 906	11.50	21 551	11.75	22 094	12.00	22 094	12.01	22 218	12.13
3	金隅冀东	10 432	5.73	10 481	5.76	10 528	5.79	10 528	5.74	10 915	5.93	10 915	5.93	10 869	5.93
4	华润水泥	6 526	3.58	6 495	3.57	6 495	3.57	6 687	3.64	6 470	3.51	6 702	3.64	6 718	3.67
5	华新水泥	6 417	3.52	6 231	3.43	6 092	3.35	6 299	3.43	6 299	3.42	6 299	3.42	6 315	3.45
6	山水集团	5 419	2.98	5 342	2.94	5 534	3.04	5 457	2.97	6 077	3.30	5 425	2.95	5 385	2.94
7	红狮水泥	4 644	2.55	4 852	2.67	5 375	2.96	5 721	3.12	5 425	2.95	6 722	3.65	6 737	3.68
8	台泥水泥	4 067	2.23	4 067	2.24	4 083	2.25	4 083	2.23	4 269	2.32	4 269	2.32	4 269	2.33
9	天瑞水泥	3 395	1.86	3 395	1.87	3 519	1.94	3 519	1.92	3 395	1.84	3 395	1.85	3 395	1.85
10	亚洲水泥	2 062	1.13	2 063	1.13	2 235	1.23	2 235	1.22	2 235	1.21	2 235	1.21	2 235	1.22
	全国	182 081	100	181 923	100	181 774	100	183 488	100	184 090	100	183 974	100.00	183 220	100.00
	前10合计	103 022	56.58	103 073	56.66	104 838	57.67	105 194	57.33	106 205	57.69	106 507	57.89	106 014	57.86

资料来源：中国水泥协会。

三、工艺装备

1. 行业先进产能占比进一步提升

全国1 155家企业1 566条生产线中，除硫（铁）铝酸盐水泥和铝酸盐水泥熟料等特种水泥熟料生产线和少许建通窑生产线以外，基本均为新型干法生产线。其中，近76%的水泥熟料产能来自2 500 t/d 以上的生产线，70.54%水泥熟料产能来自4 000 t/d 及以上生产线（对应《水泥行业清洁生产评价指标体系》中Ⅰ级基准值）。与2020年、2021年、2022 年相比，工艺规模有一定的大型化趋势，2 500 t/d 以下水泥熟料生产线数量和产能均有所减少（图2-11、表2-4）。

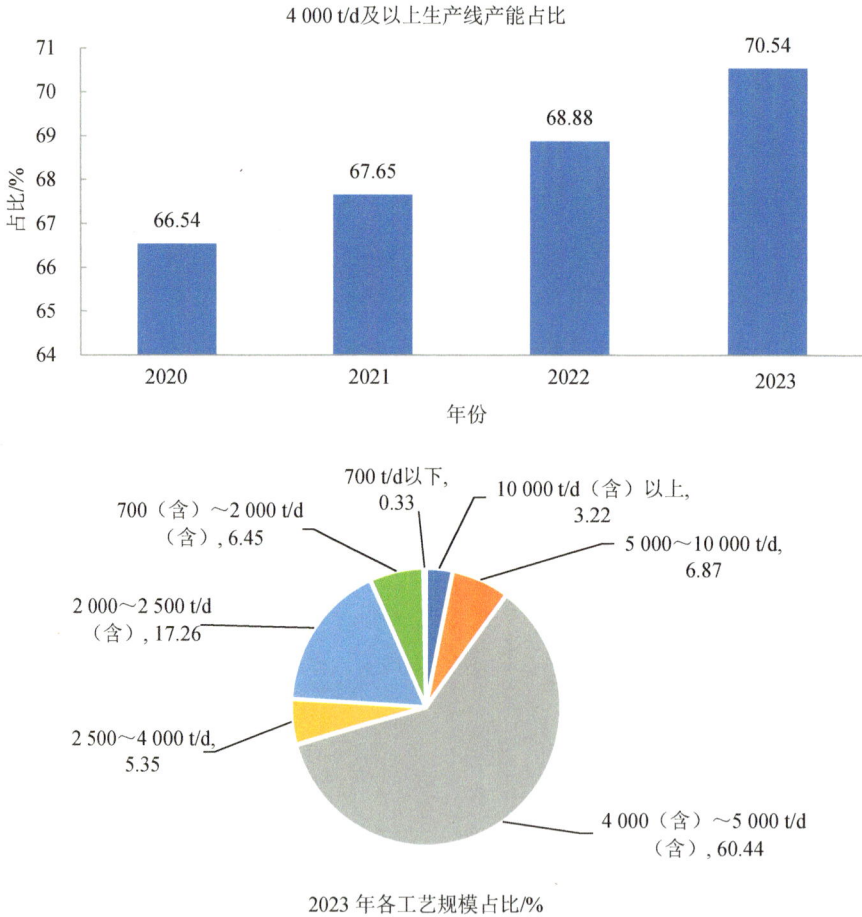

4 000 t/d及以上生产线产能占比

2023 年各工艺规模占比/%

图2-11　水泥熟料生产线规模情况

表 2-4 我国水泥熟料生产线规模统计

工艺规模/ (t/d)	生产线/条				产能/（万 t/a）				产能占比/%			
	2020 年	2021 年	2022 年	2023 年	2020 年	2021 年	2022 年	2023 年	2020 年	2021 年	2022 年	2023 年
10 000（含）以上	16	16	17	17	5 192.50	5 192.5	5 502.50	5 502.50	3.01	3.03	3.21	3.22
5 000~10 000	45	50	53	62	8 441.30	9 362	10 099.80	11 742.80	4.89	5.47	5.89	6.87
4 000（含）~5 000（含）	725	728	736	742	101 190.20	101 268	102 475.77	103 256.97	58.64	59.15	59.78	60.44
2 500~4 000	102	100	100	96	9 729.97	9 545.52	9 542.42	9 133.22	5.64	5.58	5.57	5.35
2 000~2 500（含）	429	412	403	381	33 191.70	31 892.8	31 195.30	29 490.30	19.23	18.63	18.20	17.26
700（含）~2 000（含）	278	247	230	206	14 065.76	13 051.71	12 059.71	11 019.82	8.15	7.62	7.04	6.45
700 以下（不含建通窑）*	47	56	52	58	287.35	468.145	447.64	568.68	0.17	0.27	0.26	0.33
建通窑	21	20	3	4	462.52	434.31	93	122.76	0.27	0.25	0.05	0.07
合计	1 663	1 629	1 593	1 566	172 561.30	171 215	171 416.14	170 837.05	100.00	100.00	100.00	100.00

注：1. 相较于 2020 年、2021 年、2022 年、2023 年水泥熟料生产线数量分别减少 35 条、70 条、97 条，主要是按照国家产能置换政策，置换项目建成投产前被置换项目关停并完成拆除退出。因此，被置换联酸产水泥熟料生产许可证管理信息平台进行了注销或拆除水泥窑成为独立粉磨站排污单位的变更登记。

2. 2020 年、2021 年石膏制硫酸联产水泥熟料生产线（3 家企业 5 条生产线），2022 年、2023 年石膏制硫酸联产水泥熟料生产线（4 家企业 9 条生产线），为特殊生产线，均计入生产线及产能。

3. 表中水泥熟料产能根据许可证副本中企业填报的生产线规模，按照年生产 310 d 计算，与中国水泥协会的统计口径不一致，本表仅用于核算各产能规模占比情况。

*：为特殊水企业。

资料来源：全国排污许可证管理信息平台。

2020—2023 年各省（区、市）水泥熟料建设项目产能置换建设生产线情况表明，产能置换有利于水泥行业结构调整。置换建设的 128 个建设项目 130 条生产线中，14 条生产线规模在 4 000 t/d 以下（含 2 条特种水泥生产线）；其余均为 4 000 t/d 及以上规模，生产线及其产能占比分别为 89.23%、94.44%。被置换生产线中，共涉及 381 条生产线，其中建通窑 38 条，2 000 t/d 以下生产线 84 条，2 000～3 000 t/d 生产线 221 条（表 2-5）。

表 2-5　2020—2023 年水泥熟料建设项目产能置换产生的结构调整情况

建设项目情况			被置换生产线情况		
规模/ （t/d）	生产线数量/条	生产规模/ （t/d）	规模（或窑型）/ （t/d）	生产线数量/条	生产规模/ （t/d）
小于 2 000[①]	2	2 000	建通窑	38	24 054.9
2 500（含）～ 3 000	4	10 033	2 000 以下	84	72 648
3 000（含）～ 4 000	8	23 300	2 000（含）～ 3 000（含）	221	487 782.33
4 000（含）～ 5 000（含）	75	328 978	3 000～5 000 （含）	38	136 251
大于 5 000	41	270 866	—	—	—
合计	130	635 177	—	381	720 736.23

注：①为两条特种水泥生产线。
资料来源：各省（区、市）工业和信息化/经济和信息化部门官网。

2．水泥窑协同处置固体废物产能进一步增大，协同处置固体废物种类得到扩展

据不完全统计，截至 2024 年 4 月底，我国水泥窑协同处置固体废物（含危险废物、生活垃圾、城市和工业污水处理污泥、污染土壤等）企业共 404 家，涉及生产线 534 条，处置固体废物能力 6 133.139 14 万 t/a，协同处置企业、生产线占全国水泥熟料企业、生产线条数的比例分别为 34.98%、34.10%。从各省（区、市）分布来看，404 家企业中，除上海因无水泥熟料企业、无水泥窑协同处置固体废物企业以外，其余各省（区、市）均有协同处置固体废物企业分布，其中河北省企业数、生产线条数均居第一，广西、湖北、广东省（区）处置能力分别为第一、第二、第三（图 2-12）。

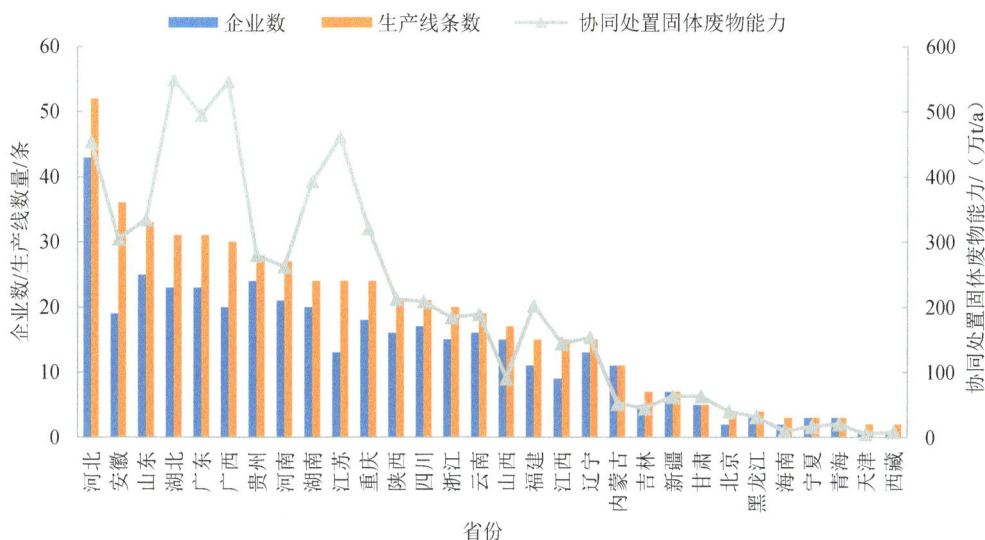

图 2-12　全国协同处置固体废物企业、生产线和处置能力情况

从各省（区、市）协同处置固体废物生产线占比来看，北京因其特殊的地理区位，其生产线均协同处置危险废物，安徽、北京、广东、广西、河北、湖北、湖南、吉林、江苏、山东、陕西、天津、浙江、重庆 14 个省（区、市）协同处置固体废物生产线占比高于全国平均水平，其余 16 个省（区、市）低于全国平均水平（图 2-13）。

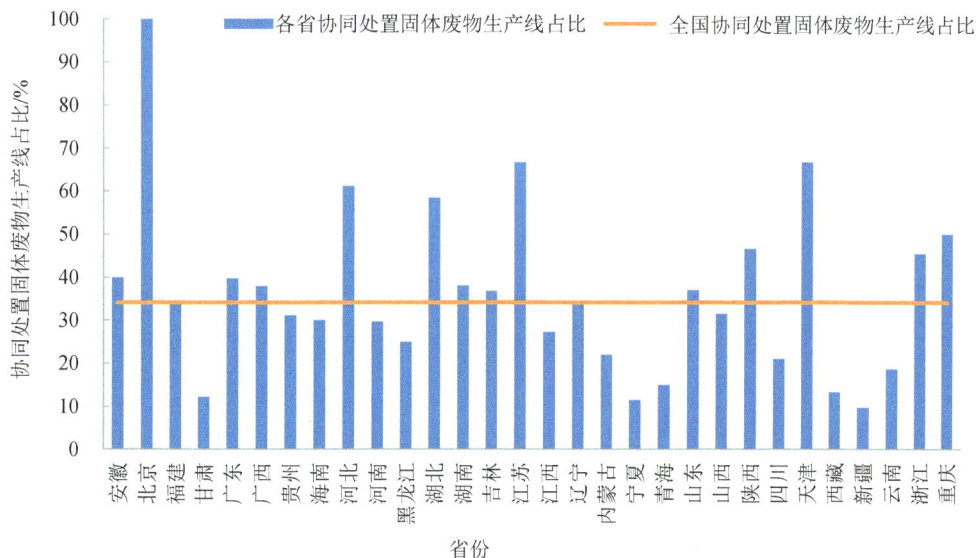

图 2-13　各省份协同处置固体废物生产线占比情况

协同处置固体废物种类在危险废物、生活垃圾、污泥、受污染土壤等种类基础上，在"双碳"目标推动下，2023 年新出现的情况主要表现为固体废物种类增加了替代燃料（生物质燃料、炭黑、废旧纺织品等）（表 2-6）。

表 2-6　2023 年全国水泥窑协同处置固体废物总体情况

协同处置固体废物种类	生产线数量/条	产能/（万 t/a）	产能占比/%
危险废物（含生活垃圾焚烧飞灰）	268	1 746.195 6	28.46
生活垃圾	74	726.854 5	11.85
污泥（生活污水处理污泥、工业污泥等）	226	1 432.617 1	23.35
受污染土壤	77	639.603 2	10.42
替代燃料（生物质燃料、RDF、废塑料、炭黑、废玻璃钢、废皮革、废旧纺织品等）	77	1 146.989 7	18.69
其他一般固体废物	62	443.879	7.23
合计	534①	6 136.139 14②	100.00

注：①生产线共计 534 条，其中包括 280 余条生产线协同处置多种固体废物的情况，在前述统计协同处置固体废物种类中，只要协同处置某一种类固体废物（如危险废物、生活垃圾等），则在生产线条数中均有统计。

②产能为根据排污许可证统计获得的产能，表示企业具备该生产能力。

本书通过各省（区、市）公开的危险废物经营许可证信息，对水泥窑协同处置危险废物企业危险废物经营许可证情况进行了梳理，有水泥窑协同处置固体废物企业的 30 个省（区、市）中，除西藏以外，其余 29 个省（区、市）共有 190 家企业具有危险废物经营许可证（含 3 家企业持有两张危险废物经营许可证），核准处置规模为 1 369.449 89 万 t/a，占水泥窑协同处置危险废物能力的 78.42%。从危险废物类别来看，除 17 家企业（占比 8.9%）处置大宗单一危险废物以外，剩余的 173 家危险废物经营类别较多，如浙江省共有 11 家水泥窑协同处置企业有危险废物经营许可证，其中 5 家企业危险废物经营类别仅为生活垃圾焚烧飞灰，飞灰处置量为 26.5 万 t/a，占全省危险废物经营类别仅为该类的处置量（共 7 家，合计 36 万 t/a）的 73.6%，这与《浙江省危险废物利用处置设施建设规划（2019—2022 年）》中鼓励水泥窑协同处置飞灰有关；广东共有 12 家水泥窑协同处置企业有危险废物经营许可证，其中 3 家危险废物经营类别仅为铝灰，处置量为 31 万 t/a，占全省危险废物经营类别仅为该类的处置量（共 7 家，合计 43 万 t/a）的 72.1%，这与《国家危险废物名录（2021 年版）》中明确铝灰为危险废物、广东省出现大量铝灰处置缺口后，广东省出台的《加强铝灰渣监管和利用处置能力建设专项工作方案》中支持水泥窑协同处置飞灰有关。陕西、河南共有 5 家企业经营类别仅为采用氰化物进行黄金选矿过程中产生的氰化尾渣，处置量合计 53.5 万 t/a。

水泥窑协同处置固体废物生产企业数量一直处于增长态势，2019—2023 年全国水泥窑协同处置固体废物生产线变化情况见表 2-7。

表 2-7　2019—2023 年全国水泥窑协同处置固体废物生产线变化情况

类别	主要内容	2019 年	2020 年	2021 年	2022 年	2023 年
协同处置固体废物	企业数量/家	209	227	308	335	404
	生产线条数/条	270	299	395	436	534
	产能/（万 t/a）	2 244.077	2 481.316	3 477.82	4 267.761	6 136.139
熟料生产	企业数量/家	1 234	1 213	1 189	1 169	1 155
	生产线条数/条	1 624	1 663	1 629	1 593	1 566
协同处置固体废物	企业数量占比/%	16.94	18.71	25.09	28.66	34.98
	生产线条数占比/%	16.63	17.98	24.25	27.37	34.10

资料来源：全国排污许可证管理信息平台。

四、资源储量

根据自然资源部官网公开的全国矿产资源储量统计表，2020 年、2021 年、2022 年我国水泥用灰岩储量（保有量，即现有存量）分别为 342.67 亿 t、421.06 亿 t 和 397.08 亿 t，除上海、黑龙江以外，在其余 29 个省（区、市）均有分布，主要分布在安徽、江西、四川、云南等省，与水泥熟料产量大省基本对应。以 2022 年全国各省份水泥熟料产能和水泥用灰岩储量来计算，参照《水泥行业规范条件（2015 年本）》（工信部公告 2015 年第 5 号）中"水泥熟料项目应有设计开采年限不低于 30 年的石灰岩资源保障"的要求，黑龙江、江苏、贵州、山西、河北等省水泥用灰岩储量明显不足，无法支撑行业持续发展（图 2-14、图 2-15）。

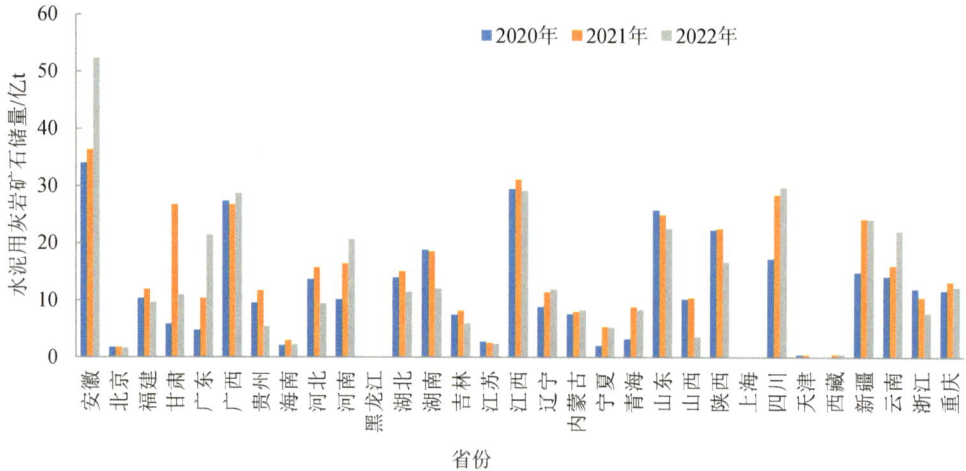

图 2-14　2020—2022 年全国各省份水泥用灰岩矿石储量分布情况

资料来源：自然资源部官网。

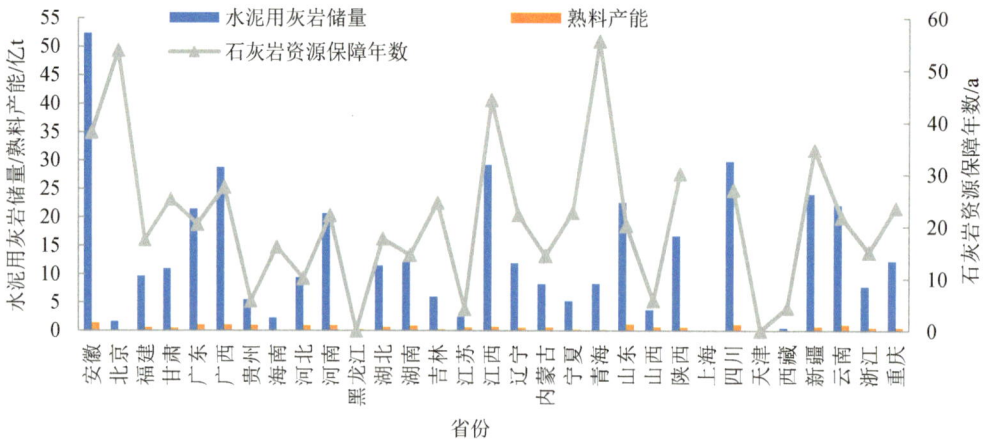

图 2-15　2022 年全国各省份水泥用灰岩资源保障情况

资料来源：自然资源部官网、中国水泥协会。

第二节　污染物排放

　　水泥行业为大气污染重点管控行业，且其氮氧化物和二氧化硫基本均由水泥熟料制造企业排放，本书课题组依托全国排污许可证管理信息平台，根据重点排污单位自动监控与数据库系统重点排污单位在线监测数据进行校核后，对 2023 年水泥熟料企业废气排放情况进行评估，污染物种类包括颗粒物、二氧化硫和氮氧化物，并与近年来的排放情况进行了比较；同时，结合 2022 年全国水泥熟料制造行业企业二氧化碳排放量情况，分析行业二氧化碳排放和能源消耗水平。由于上海市无水泥熟料企业，以下分析均基于全国 30 个省（区、市）的数据。

一、行业废气主要污染物排放量逐年下降，主要分布在广西、广东、云南、江西、贵州等省（区）

1．广西、广东、云南、江西、贵州等省（区）主要污染物排放量约占全国一半

根据全国排污许可证管理信息平台上 1 055 家（占 2023 年企业数的比例为 91.3%，除 84 家水泥窑停产企业以外，在产企业中 98% 以上填报了污染物排放量）水泥熟料制造排污单位执行报告年报（同时填报了 3 项主要污染物排放量），2023 年水泥熟料制造企业废气污染物中颗粒物、二氧化硫和氮氧化物的实际排放量分别为 33 725.64 t、34 460.14 t 和 389 175.4 t；其中，三大重点区域颗粒物、二氧化硫和氮氧化物实际排放量占全国排放量的比例分别为 13.68%、16.51% 和 11.22%（表 2-8）。氮氧化物排放主要集中在广西、广东、云南、江西、贵州、安徽、福建、甘肃、内蒙古等省（区），占全国排放量的58.95%；二氧化硫排放主要集中在广东、安徽、贵州、重庆、广西、湖北、福建、江西、湖南等省（区），占全国排放量的 58.64%；颗粒物排放主要集中在云南、广东、贵州、广西、湖北、福建、安徽、新疆、甘肃等省（区），占全国排放量的 52.94%。总体上，广西、广东和云南污染物排放量处于前 3 位（图 2-16）。

表 2-8　2023 年重点区域水泥熟料企业污染物排放情况

地区	颗粒物		二氧化硫		氮氧化物	
	排放量/（t/a）	占全国比例/%	排放量/（t/a）	占全国比例/%	排放量/（t/a）	占全国比例/%
京津冀及周边地区	2 039.73	6.05	1 810.868	5.25	17 629.04	4.53
汾渭平原	1 047.14	3.10	594.158 8	1.72	8 457.19	2.17
长三角地区	1 528.17	4.53	3 283.299	9.53	17 572.30	4.52
重点区域合计	4 615.04	13.68	5 688.326	16.51	43 658.53	11.22
全国	33 725.64	100	34 460.140	100	389 175.40	100

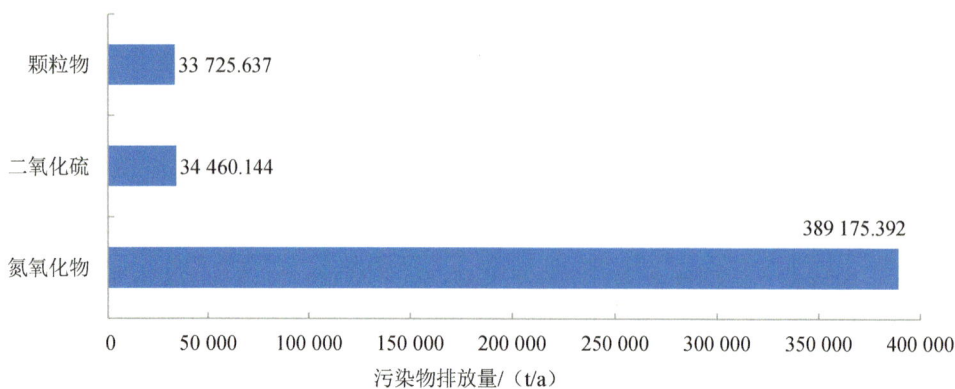

（a）主要污染物排放量

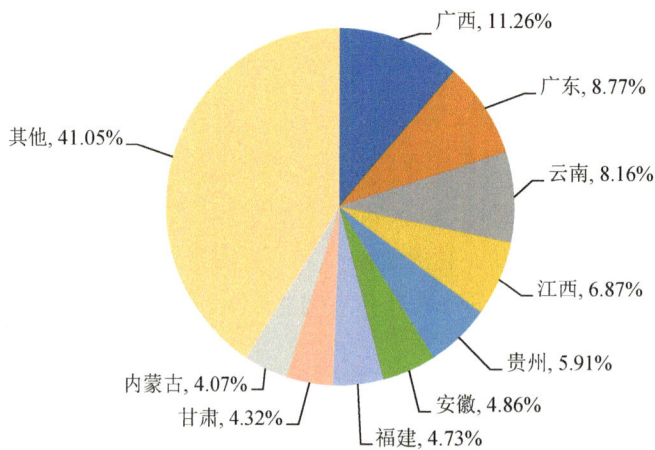

（b）氮氧化物排放分布情况

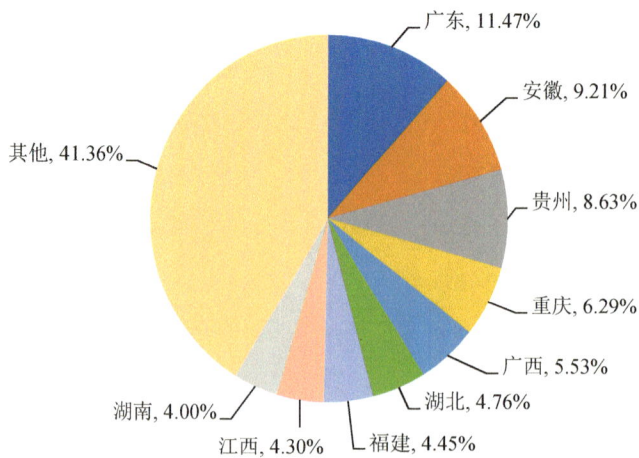

（c）二氧化硫排放分布情况

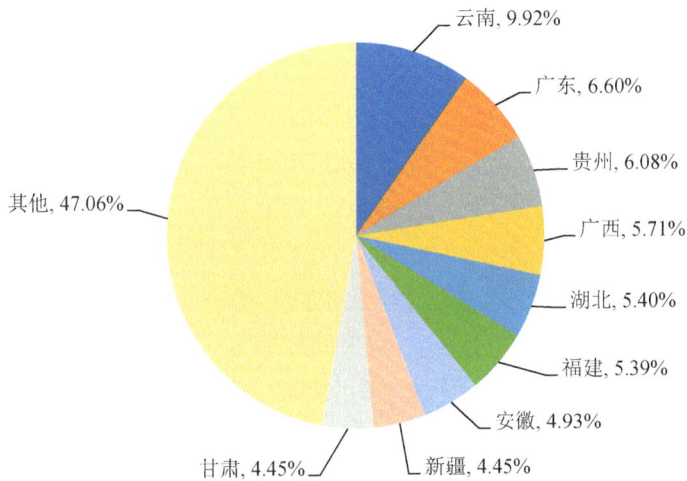

（d）颗粒物排放分布情况

图 2-16　全国水泥熟料行业废气主要污染物排放情况

资料来源：全国排污许可证管理信息平台。由于尚存在少数企业执行报告中无实际排放量内容，以及执行报告中颗粒物排放量填报口径不完全一致的情况，统计数据存在一定偏差。

2. 行业废气主要污染物排放量呈逐年下降趋势

本书对全国排污许可证管理信息平台 2020 年以来填报了废气污染物排放量的水泥熟料企业废气污染物排放情况进行评估。通过对比发现，3 种污染物均呈逐年下降趋势（表 2-9、图 2-17）。

表 2-9　四个年份污染物排放量总体变化趋势

年份	企业数/家①	填报了污染物排放量的企业数/家②	主要污染物排放量/t		
			氮氧化物	二氧化硫	颗粒物
2020	1 213	1 108	641 907.5	50 688.61	63 383.35
2021	1 189	1 122	546 181.9	42 022.49	51 933.35
2022	1 169	1 107	444 032.6	38 834.54	40 730.83
2023	1 155	1 055	389 175.39	34 460.144	33 725.637

注：①企业数，每年因为产能置换等情况，均有新增水泥熟料企业、原有水泥熟料企业注销或成为独立粉磨站企业，因此每年企业数均有变化，本次比较基于填报了污染物实际排放量的企业。

②填报了污染物排放量的企业数，为在全国排污许可证管理信息平台填报了执行报告年报且实际排放污染物的企业数，部分企业对应年度停窑未生产，如 2023 年全国共有 84 家水泥熟料企业回转窑未生产、未产生污染物排放，因此本列企业数与前 1 列企业数有差异。

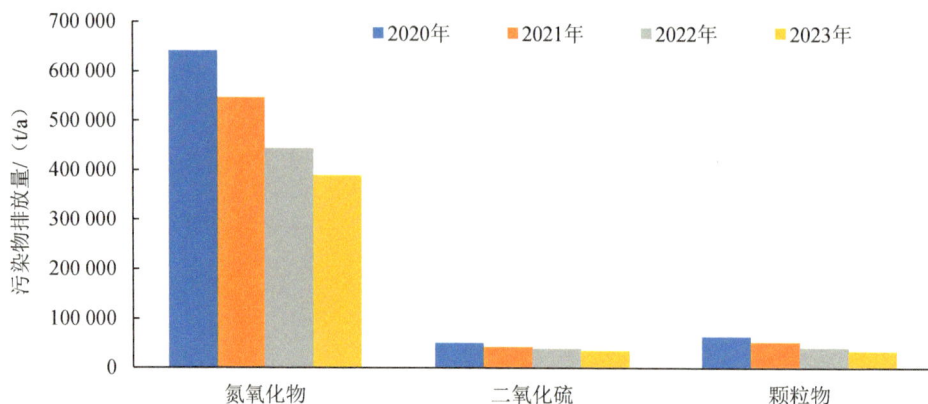

图 2-17　4 年来行业主要污染物排放量变化情况

从氮氧化物排放量来看，与 2022 年相比，除广西、吉林、青海、西藏、新疆等 9 个省（区）略有上升以外，其余 21 个省（区、市）均下降，其中北京、山西、浙江、湖北、湖南等省（区、市）降幅较大。4 年来，广东、山东、河北、四川、湖北、湖南、浙江、江苏、山西、贵州、陕西、江西、重庆、甘肃、海南、辽宁、内蒙古、宁夏等 19 个省（区、市）排放量持续下降（图 2-18）。

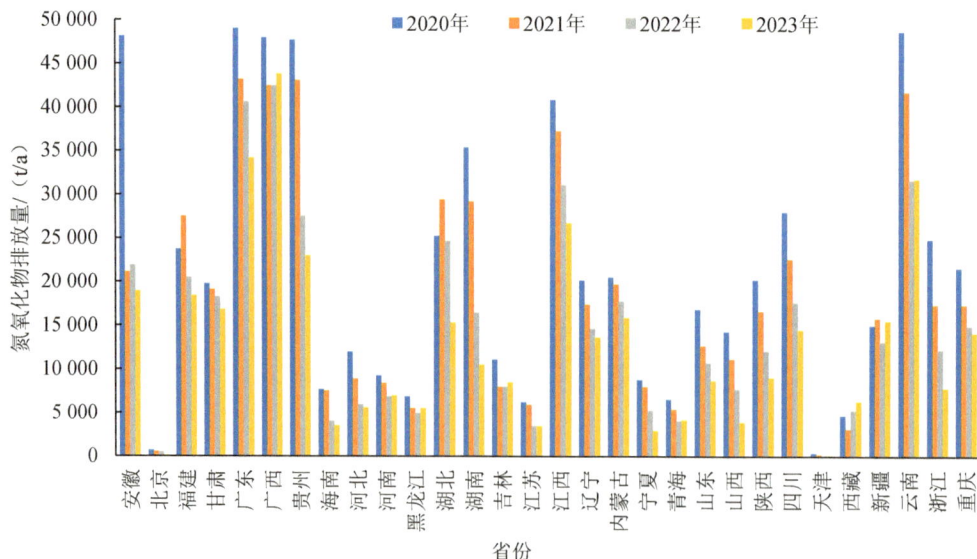

图 2-18　4 年来各省份氮氧化物排放量变化情况

由于水泥行业以氮氧化物排放量为主，本书以 2020 年以来发布了新水泥地标、水泥行业超低方案的河北、河南、山东、安徽、江苏、四川、浙江、重庆、山西、福建、宁夏以及水泥熟料产量较高的广东、广西、云南、湖北、江西共 16 个省（区、市）为基准，分析 4 年来氮氧化物排放量变化情况。可以看出，发布行业地标和超低方案的 11 个省（区、市）污染物排放量下降幅度较大。其余 5 个熟料大省中，湖北近两年来在省内重点行业深度治理专项提升行动方案、绩效提级专项提升行动方案等引领下，积极开展行业深度治理和绩效 AB 级创建工作，氮氧化物排放量降幅较大；广东、江西 4 年来持续下降，但总体体量仍较大；广西、云南 2023 年则有小幅上升。尤其是广西，近两年来排放量均为第一，2023 年以占全国熟料产量 6.00%（排名第四），但氮氧化物排放量占全国的 11.26%（排名第一），比水泥熟料产量排名第一的安徽（占全国比例 11.92%）氮氧化物排放量（排名第六）多约 2.5 万 t（表 2-10、图 2-19）。

表 2-10　15 个省（区）4 年来氮氧化物排放量情况

省（区）	水泥熟料产量/（万 t/a）				氮氧化物排放量/（t/a）			
	2020 年	2021 年	2022 年	2023 年	2020 年	2021 年	2022 年	2023 年
安徽	14 455.09	14 788.67	15 751.96	15 660.81	47 723.39	20 816.73	21 916.95	18 908.47
福建	4 198.67	5 395.45	4 555.41	4 328.03	22 856.2	26 770.28	20 491.44	18 416.58
河北	7 702.62	7 085.66	6 737.06	6 214.86	11 695.91	8 910.22	5 940.94	5 551.06
河南	6 820.51	7 288.82	6 520.25	5 617.31	9 241.46	8 432.12	6 888.09	6 975.76
江苏	5 312.67	5 437.24	4 975.15	4 872.70	6 197.14	5 889.62	3 483.14	3 428.90
宁夏	1 628.50	1 617.54	1 450.23	1 387.92	8 767.12	7 980.46	5 221.26	2 911.86
山东	9 038.10	8 694.02	7 554.36	7 066.28	16 695.09	12 656.60	10 670.70	8 669.85
山西	4 307.08	4 355.28	3 722.45	2 861.42	13 786.53	11 110.52	7 586.633 88	3 893.60
四川	9 861.54	9 703.08	8 888.94	8 237.58	26 957.01	22 552.03	17 253.07	14 460.04
浙江	5 232.63	5 399.64	5 664.42	5 377.56	22 978.85	15 225.41	11 714.239 9	7 745.89
湖北	5 965.79	6 619.61	6 542.79	5 761.80	25 276.51	29 428.50	24 678.06	15 289.69
江西	7 102.36	7 256.36	6 262.76	5 857.06	40 424.22	37 178.30	30 870.106 3	26 729.34
重庆	5 230.41	4 993.95	4 394.45	4 211.53	20 676.17	16 770.62	14 335.232 1	14 120.12
广东	11 220.48	10 235.09	9 682.82	8 782.96	49 027.88	43 199.10	40 649.86	34 148.42
广西	9 058.08	8 034.48	7 700.85	7 880.10	47 971.87	42 480.37	42 463.11	43 838.07
云南	8 421.55	7 832.72	6 084.57	6 002.10	47 505.85	41 724.59	31 628.42	31 753

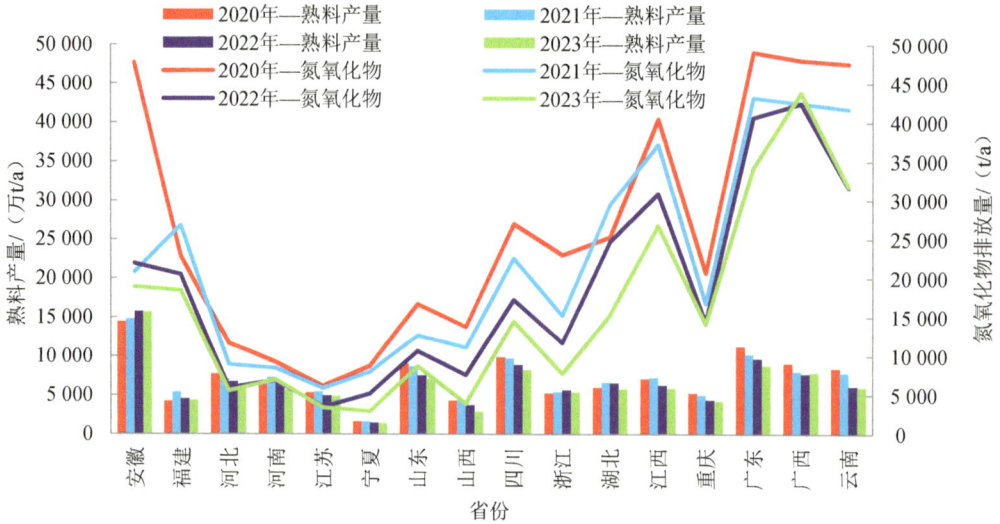

图 2-19　16 个省份 4 年来氮氧化物排放量变化情况

从二氧化硫排放量来看，与 2022 年相比，除广西、西藏、新疆共 8 个省（区）有所增加以外，其余 22 个省（区、市）均减少。4 年来，浙江、重庆、四川、陕西、山西等 18 个省（区、市）排放量持续下降（图 2-20）。

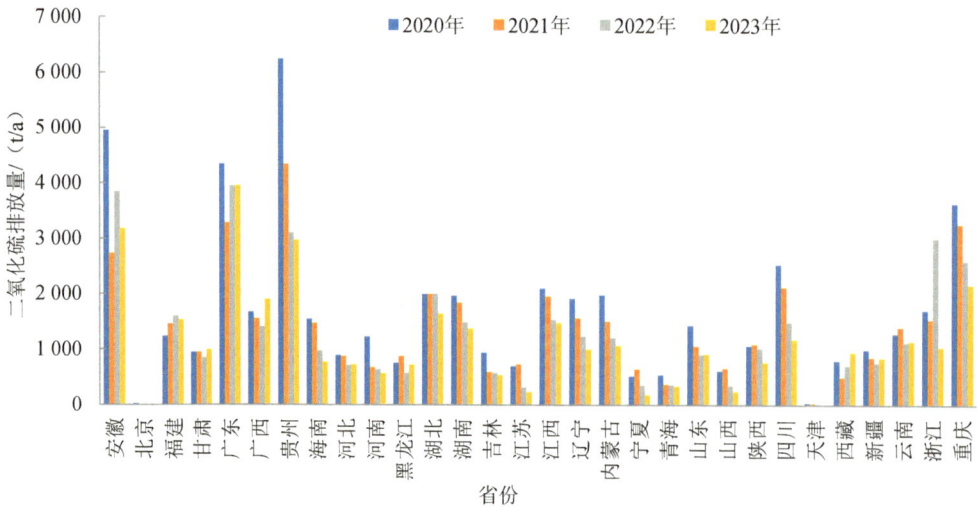

图 2-20　4 年来各省份二氧化硫排放量变化情况

从颗粒物排放量来看，与 2022 年相比，除西藏、新疆、山东、甘肃 4 个省（区）略有上升外，其余 26 个省（区、市）均减少。4 年来，河北、河南、四川、云南等省的排放量持续下降（图 2-21）。

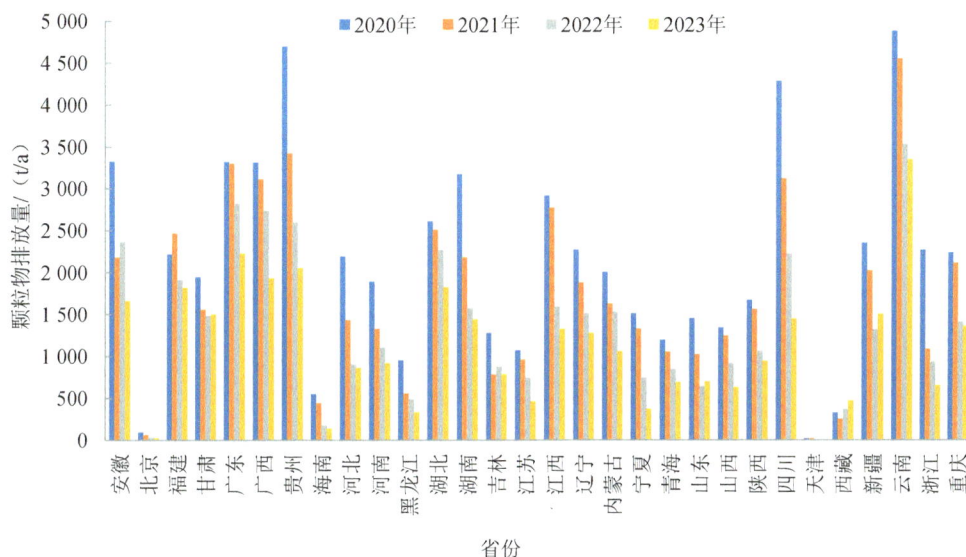

图 2-21　4 年来各省份颗粒物排放量变化情况

二、行业废气污染物排放强度整体呈下降趋势，安徽、河北、河南、江苏、山东等省级行政区污染物排放强度较低

1. 安徽、河北、河南、江苏、山东等省污染物排放强度均较低

根据全国排污许可证管理信息平台统计，2023 年均填报了水泥熟料产量和主要污染物实际排放量的水泥熟料企业共计 1 052 家（占比 91.1%，占在产企业比例的 98%以上），各省（区、市）3 项主要污染物排放强度见图 2-22。

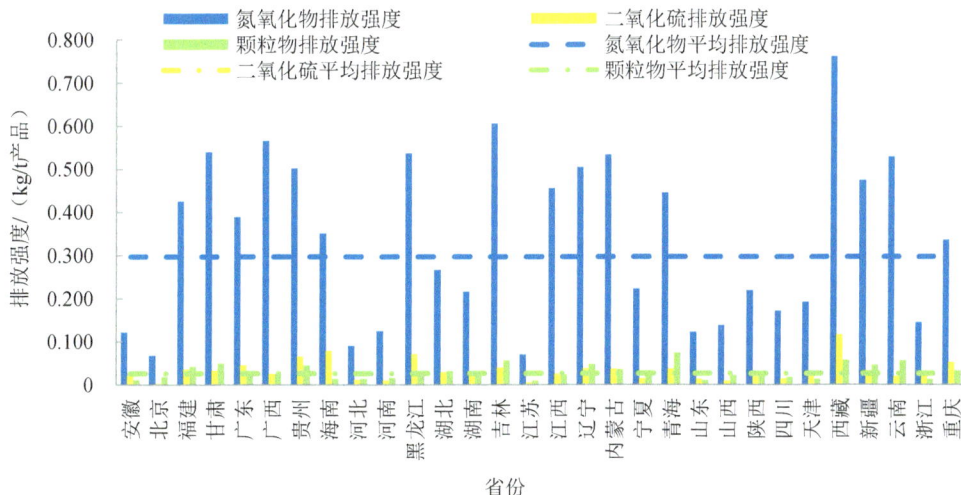

图 2-22　2023 年各省份水泥熟料企业大气污染物排放强度

从氮氧化物排放强度来看，全国各省（区、市）在 0.067～0.763 kg/t 熟料（按照《排污许可证申请与核发技术规范　水泥工业》（HJ 847）确定的窑尾烟气量 2 500 m³/t 熟料来计算，折合氮氧化物排放浓度在 26.8～305.2 mg/m³），平均排放强度为 0.297 kg/t 熟料（折合排放浓度为 118.8 mg/m³），均满足《水泥工业大气污染物排放标准》（GB 4915）中特排限值（320 mg/m³）要求。安徽、北京、河北、河南、湖北、湖南、江苏、宁夏、山东、山西、陕西、四川、天津、浙江等 14 个省（区、市）排放强度均低于全国平均水平，北京、河北、江苏、山东、山西、浙江、四川较低；西藏、吉林、内蒙古、贵州、广西等 16 个省（区、市）排放强度均高于全国平均水平，西藏最高。

从二氧化硫排放强度来看，全国在 0.003～0.116 kg/t 熟料（折合二氧化硫排放浓度在 1.2～46.4 mg/m³），平均排放强度为 0.026 kg/t 熟料（折合排放浓度为 10.4 mg/m³），均满足 GB 4915 中特排限值要求（100 mg/m³）。安徽、北京、广西、河北、河南、江苏、江西、宁夏、山东、山西、陕西、四川、天津、云南、浙江等 15 个省（区、市）均低于全国平均水平，北京、江苏、山西等较低；西藏、海南、重庆、贵州等 15 个省（区、市）排放强度均高于全国平均水平，二氧化硫排放强度除受地方标准、环境管理政策影响以外，还与所用石灰岩矿硫含量有关。

从颗粒物排放强度来看，全国排放强度为 0.009～0.074 kg/t 水泥，平均排放强度为 0.026 kg/t 水泥。安徽、北京、广东、广西、海南、河北、河南、江苏、江西、山东、山西、陕西、四川、天津、浙江等 15 个省（区、市）均低于全国平均水平，其中山东、安徽、浙江等较低；青海、吉林、贵州等 15 个省（区、市）排放强度均高于全国平均水平，而其他省（区、市）排放强度普遍偏低。

2．行业废气主要污染物排放强度呈整体下降趋势，少数省份部分污染物排放强度有所增加

与 2020 年、2021 年和 2022 年相比，氮氧化物、二氧化硫和颗粒物排放强度整体呈下降趋势（表 2-11）。

表 2-11　4 年来行业主要污染物排放强度变化情况

年份	主要污染物排放强度		
	氮氧化物/（kg/t 熟料）	二氧化硫/（kg/t 熟料）	颗粒物/（kg/t 水泥）
2020	0.404	0.032	0.040
2021	0.354	0.027	0.033
2022	0.316	0.028	0.029
2023	0.297	0.026	0.026

注：按照《排污许可证申请与核发技术规范　水泥工业》（HJ 847）确定的窑尾烟气量 2 500 m³/t 熟料来计算，2020 年、2021 年、2022 年和 2023 年全国氮氧化物平均排放浓度为 161.6 mg/m³、141.6 mg/m³、126.4 mg/m³ 和 118.8 mg/m³。

从氮氧化物排放强度来看，除黑龙江、新疆、广西等 11 个省（区、市）排放强度增加以外，其余 19 个省（区、市）污染物排放强度均降低，江苏与 2022 年基本持平，安徽、福建、广东、浙江等 14 个省（区、市）逐年下降。从二氧化硫排放强度来看，除广西、西藏等 12 个省（区、市）排放强度有所增加以外，其余各省份的污染物排放强度均降低。从颗粒物排放强度来看，有增有减（图 2-23～图 2-25）。

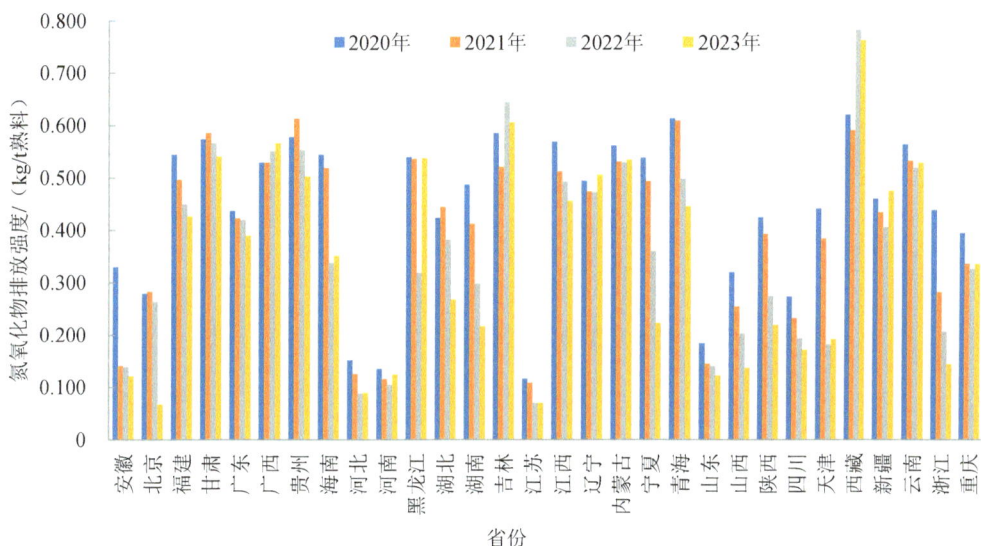

图 2-23　4 年来各省份水泥行业氮氧化物排放强度变化情况

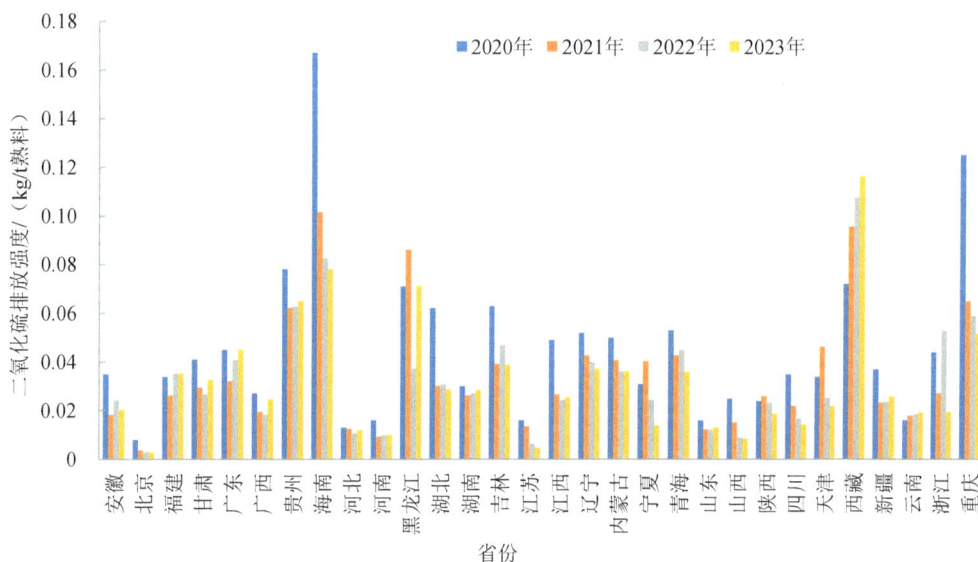

图 2-24　4 年来各省份水泥行业二氧化硫排放强度变化情况

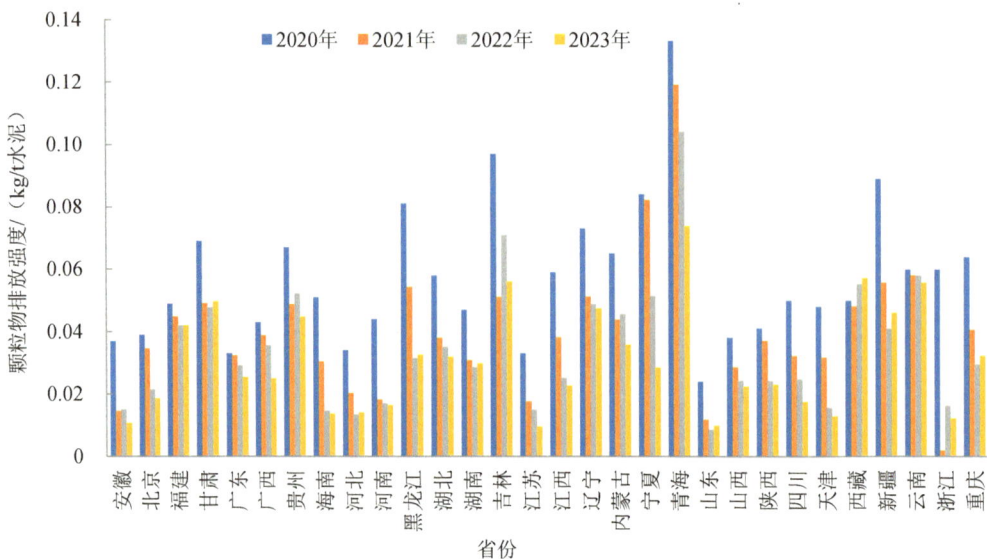

图 2-25　4 年来各省份水泥行业颗粒物排放强度变化情况

第三节　污染防治措施

　　水泥行业废气污染物主要为氮氧化物、颗粒物和二氧化硫，水泥行业已成为继火电行业之后的第二大氮氧化物排放源，行业污染控制的重点和难点是窑尾烟气脱硝。本书课题组依托全国排污许可证管理信息平台，对氮氧化物、颗粒物和二氧化硫污染控制技术现状进行评估；对标《关于推进实施水泥行业超低排放的意见》（环大气〔2024〕5 号，以下简称《意见》），说明重点区域和绩效 A 级企业废气治理技术现状；对废气超低排放技术相关规定进行梳理（重点针对有组织排放），并结合近两年配合生态环境部开展的超低排放相关工作，对窑尾典型废气治理技术效果进行评估，指出现行可行的超低有组织废气排放治理技术路线。

一、行业废气治理技术现状

1. 脱硝技术路线多样化，SCR 技术呈增长态势

　　目前，脱硝技术分为低氮氧化物燃烧技术和末端治理技术两类。其中，低氮氧化物燃烧技术包括低氮燃烧器和分解炉分级燃烧技术（空气分级、燃料分级），近年来在分解炉分级燃烧的基础上发展出德国洪堡烟气脱硝炉技术（切断原有窑尾烟室和分解炉锥部之间的连接部分，串联一条或两条外置管道形成强还原区）、热碳还原技术（对分解

炉进行改造，在原有分解炉主体结构内占用一部分炉体空间创造强还原区）等；末端治理技术则主要包括选择性非催化还原技术（SNCR）、选择性催化还原技术（SCR），部分企业采用 LCR 技术（液态催化剂脱硝技术）。

本书对 1 155 张排污许可证副本涉及的 1 566 条生产线污染防治技术进行了系统梳理。结果表明，除 9 条石膏制硫酸联产水泥熟料生产线（窑尾烟气直接进入硫酸装置制酸，与常规生产线不同，无须专门配置窑尾烟气脱硝设施）以外，其余 1 557 条生产线中，除 5 条生产线（4 条 JT 窑生产线、1 条特种水泥生产线）以外，其余生产线（1 552 条，占比 99.68%）均采用了脱硝技术，其中，83.94%的生产线（1 307 条）末端仍采用以 SNCR 为主体的脱硝技术，15.03%的生产线（234 条）末端配置了 SCR 脱硝技术（表 2-12）。

2023 年采用 SCR 技术的生产线主要分布在安徽、河南、河北、山西、江苏等 21 个省（区、市），云南、内蒙古、辽宁、黑龙江等 9 个省（区、市）尚无 SCR 技术的生产线。已发布地方标准、超低方案的安徽、河南、山西、河北和江苏采用 SCR 技术的生产线较多，安徽排名第一；天津、山西和安徽采用 SCR 技术的生产线占本省（市）生产线比例均在 50%及以上，均已开展了一半以上生产线的脱硝改造（图 2-26）。

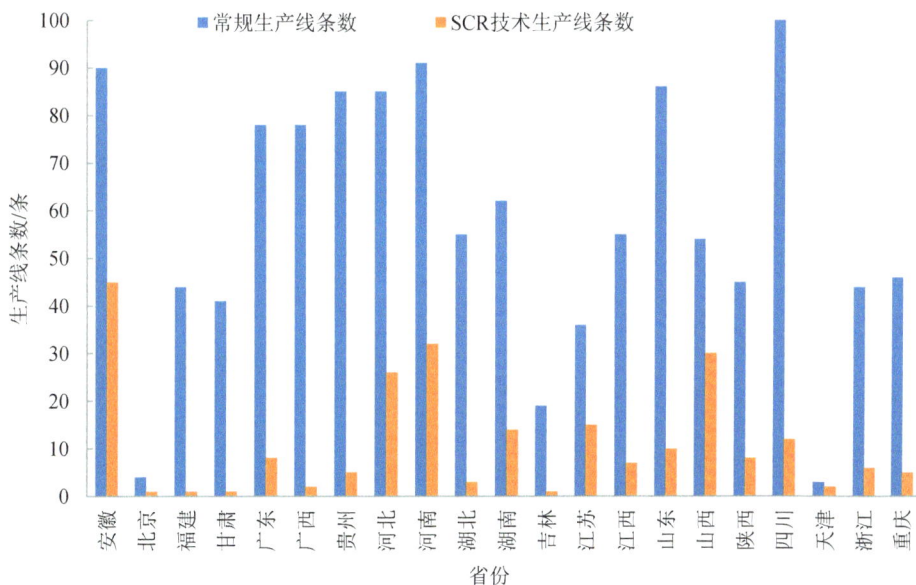

图 2-26　2023 年各省份水泥行业采用 SCR 技术的生产线分布情况

表 2-12　水泥熟料企业脱硝技术

脱硝技术		2020 年		2021 年		2022 年		2023 年	
		生产线	占比/%	生产线	占比/%	生产线	占比/%	生产线	占比/%
未采取脱硝工艺		33	1.99	28	1.72	3	0.19	5	0.32
源头控制技术	低氮燃烧器	9	0.54	6	0.37	5	0.32	4	0.26
	分解炉分级燃烧	1	0.06	1	0.06	0	0.00	0	0.00
	低氮燃烧器+分解炉分级燃烧	1 (0.66%)	0.06	7 (0.43%)	0.00	5 (0.32%)	0.00	4 (0.26%)	0.00
SNCR为主体	SNCR+低氮燃烧器+分解炉分级燃烧（含德国洪堡脱硝还原炉技术、热碳还原炉技术）、SNCR、SNCR+低氮燃烧器/分解炉分级燃烧①	1101	66.41	1060	65.27	1003	63.32	933	59.92
	SNCR	443 1546 (93.24%)	26.72	419 1485 (91.44%)	25.80	402 1414 (89.27%)	25.38	367 1307 (83.94%)	23.57
	LCR+SNCR+低氮燃烧器+分解炉分级燃烧/LCR	2	0.12	6	0.37	9	0.57	7	0.45
	SCR+SNCR+低氮燃烧、SCR+SNCR+低氮燃烧器+分解炉分级燃烧	53	3.20	94	5.79	152	9.60	234	15.03
其他技术②		15	0.90	10	0.62	10	0.63	7	0.45
合计②		1658	100.00	1624	100.00	1584	100.00	1557	100.00

注：①本部分技术均采自排污许可证，对企业实际排污表明，部分企业采用了精准 SNCR，部分企业实际同步采用了低氮燃烧技术（含低氮燃烧器、分解炉分级燃烧等），但部分许可证副本未完全区分完全体现，因此本书未再完全区分技术。②2020 年、2021 年石膏制硫酸联产水泥熟料生产线（3 家企业 5 条生产线），2022 年、2023 年石膏制硫酸联产水泥熟料生产线（4 家企业 9 条生产线），窑尾烟气直接进入硫酸装置制酸，与常规生产线不同，不需要专门配置窑尾烟气脱硝设施，因此未计入污染防治措施表。

与2022年相比，以SNCR为主体脱硝技术的生产线由89.27%降至83.94%，采用SCR技术的生产线由 9.60%增至 15.03%。在行业地方标准、高质量推进行业超低排放改造指引下，采用 SCR 技术的生产线增速较快，从 2020 年的 53 条增至 2023 年的 234 条，占全国生产线的比例由 3.20%增至 15.03%（图 2-27）。

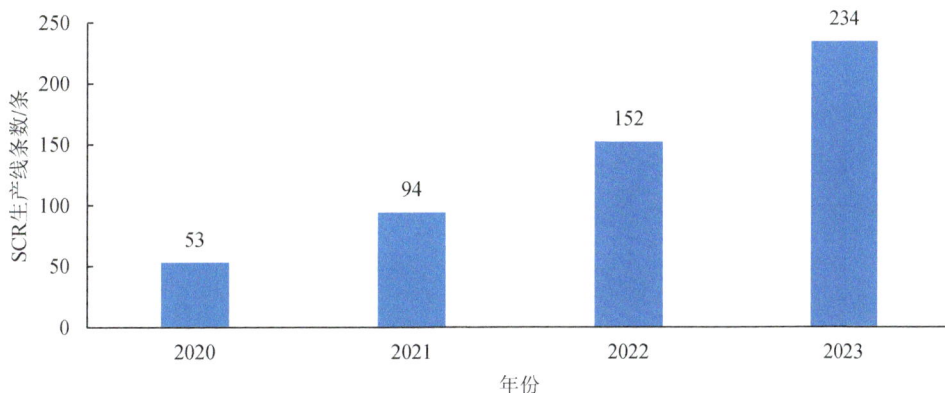

图 2-27　4 年来采用 SCR 技术生产线变化情况

2. 除尘技术以袋式除尘为主，覆膜滤袋等高效收尘技术占比增大

水泥生产过程中的熟料煅烧系统是大气污染物的产生源，产生的污染物包括颗粒物、二氧化硫、氮氧化物、氟化物、汞及其化合物等，其他生产环节主要产生颗粒物。其中，窑尾和窑头排放量最大，占全厂颗粒物排放量的 60%～65%。水泥工业目前使用的除尘技术主要是袋式除尘、静电除尘和电袋复合除尘技术。

本书对所有生产线窑尾和窑头除尘技术均进行了梳理，调查结果表明，对于窑尾排放口，除石膏制硫酸联产水泥熟料生产线（4 家企业 9 条生产线）以外，其余 1 557 条生产线均采用了除尘技术；其中，97.05%的生产线（1 511 条）采用袋式除尘或电袋复合除尘技术，袋式除尘多采用覆膜滤袋等材料；2.95%的生产线（46 条）采用静电除尘技术。而对于窑头排放口，除部分特种水泥企业无窑头排放口、部分企业设计无窑头排放口以外，共有 1 543 条生产线填报了窑头除尘措施，由于窑头温度高且工况易变，不如窑尾稳定，因此目前部分窑头仍使用静电除尘器，但越来越多的水泥窑窑头使用布袋除尘器，其中，82.24%的生产线（1 269 条）采用袋式除尘或电袋复合除尘技术，袋式除尘多采用覆膜滤袋等材料；17.76%的生产线（274 条）采用静电除尘技术。与 2020 年、2021 年、2022 年相比，窑尾采用袋式除尘或电袋复合除尘技术占比提高，其中覆膜滤袋等高效收尘技术占比由 73.16%、81.65%、84.41%提高到 86.71%（表 2-13、表 2-14）。

表 2-13   全国水泥企业窑尾颗粒物治理技术

窑尾收尘技术		2020 年		2021 年		2022 年		2023 年	
		生产线/条	占比/%	生产线/条	占比/%	生产线/条	占比/%	生产线/条	占比/%
袋式除尘	P84 滤料、玻纤滤料、诺梅克斯袋、聚酰亚胺袋、复合滤料等覆膜滤料	1 213	73.16	1 326	81.65	1 337	84.41	1 350	86.71
	其他袋式	186	11.22	76	4.74	45	2.84	28	1.80
	合计	1 399	84.38	1 403	86.39	1 382	87.25	1 381	88.70
静电除尘	电袋复合除尘	136	8.20	133	8.19	130	8.21	130	8.35
	三电场	44	2.65	31	1.91	28	1.77	21	1.35
	四电场	30	1.81	17	1.05	15	0.95	10	0.64
	五电场及以上	39	2.96	40	2.46	29	1.83	15	0.96
	合计	123	7.42	88	5.42	72	4.55	46	2.95
合计		1 658	100.00	1 624	100.00	1 584	100.00	1 557	100.00

表 2-14   全国水泥企业窑头颗粒物治理技术

窑头收尘技术	2020 年		2021 年		2022 年		2023 年	
	生产线/条	占比/%	生产线/条	占比/%	生产线/条	占比/%	生产线/条	占比/%
静电除尘	444	27.65	394	24.91	341	21.75	274	17.76
袋式除尘	1 036	64.51	1 060	67.00	1 091	69.58	1 131	73.30
电袋复合除尘	126	7.85	128	8.09	136	8.67	138	8.94
合计	1 606	100.00	1 582	100.00	1 568	100.00	1 543	100.00

3. 脱硫生产线比重加大

新型干法水泥窑本身具有良好的固硫效果，如硫碱比合适，水泥窑排放的二氧化硫很少。当原料、燃料中挥发性硫含量较高时（挥发性硫超过窑系统内氧化钙吸附能力）或原料石灰石中含有较高的低温易挥发性硫时，对窑尾二氧化硫排放浓度影响大。部分地区企业石灰石中挥发性硫含量较高，导致窑尾二氧化硫浓度大幅度增加，产生浓度可达 2 000 mg/m³，需安装脱硫装置以实现达标排放。目前，国内脱硫的主流技术有湿法脱硫、复合脱硫和干法脱硫。

本书对所有生产线脱硫技术进行了梳理，调查结果表明，除石膏制硫酸联产水泥熟料生产线（4家企业9条生产线）以外，其余1 557条生产线中，69.04%的生产线（1 075条）未采取脱硫措施，可确保二氧化硫达标排放（国家标准或地方标准）；剩余的482条生产线中，采用湿法、复合脱硫、干法等脱硫技术的均有，分别为196条、90条和196条，部分企业将复合脱硫、干法等脱硫技术作为备用技术，在生料磨停机（窑磨一体机）内的低温碱性生料可协同去除二氧化硫，最高可达80%）时启用。相较于2020年、2021年、2022年，深度治理生产线由335条、401条、435条增至482条，占全国生产线的比例由20.21%、24.69%、27.46%提高至30.96%。

二、重点区域和绩效A级企业废气治理技术现状

1. 重点区域企业

本书对三大重点区域82个城市中，54个分布有水泥熟料企业的城市窑尾和窑头主要污染物治理技术进行了梳理，对照《意见》中关于脱硝、除尘技术的具体要求，说明重点区域废气治理技术的现状。《意见》中对于脱硝，明确需采用"强化源头控制，水泥窑配备低氮燃烧器，采用分级燃烧及其他分解炉含氧量精细化管控等低氮燃烧技术，窑尾废气采用选择性非催化还原（SNCR）、选择性催化还原（SCR）等组合脱硝技术"；对于除尘，明确"采用袋式、电袋复合式等高效除尘技术"；且提出"到2025年底前，力争50%水泥熟料产能完成改造"的目标。从目前企业治理技术现状能够看出，在窑尾、窑头主要污染物有组织治理措施方面，重点区域37.37%产能已采用《意见》明确的脱硝可行技术，与50%的目标尚存在一定差距；98.71%的产能采用了窑尾除尘可行技术，91.51%的产能采用了窑头除尘可行技术，达到目标要求（表2-15）。

2. 绩效A级企业

截至2024年5月底，本书对全国80家A级企业［当前行业最好水平，《重污染天气重点行业应急减排措施制定技术指南（2020年修订版）》（环办大气函〔2020〕340号，以下简称《重点行业减排指南》）中对于A级企业的污染物排放指标限值与《意见》相同］共137条生产线窑尾和窑头主要污染物治理技术进行了梳理。从A级企业治理技术现状来看，在窑尾和窑头主要污染物有组织治理措施方面，A级企业75.91%的生产线已采用《意见》明确的脱硝可行技术，全部生产线窑尾除尘采用可行技术，98.53%的生产线窑头除尘采用可行技术（表2-16）。

表 2-15　2023 年我国重点区域水泥熟料企业治理技术现状

治理技术		京津冀及周边地区		汾渭平原		长三角地区		合计			备注
		生产线/条	产能/(t/d)	生产线/条	产能/(t/d)	生产线/条	产能/(t/d)	生产线/条	产能/(t/d)	产能占比/%	
脱硝技术	低氮燃烧器+分解炉分级燃烧+SNCR+SCR	71	235 642.6	31	110 070	44	217 500	146	563 212.6	37.37	《意见》可行技术
	低氮燃烧器+分解炉分级燃烧+SNCR	162	526 253	41	151 200	68	265 867	271	943 320	62.60	—
	其他技术	0	0	0	0	1	400	1	400	0.03	—
	合计	233	761 895.6	72	261 270	113	483 767	418	1 506 932.6	100.00	—
除尘技术	窑尾 袋式、电袋复合	233	761 895.6	72	261 270	108	464 267	413	1 487 432.6	98.71	《意见》可行技术
	窑尾 静电除尘	0	0	0	0	5	19 500	5	19 500	1.29	—
	窑尾 合计	233	761 895.6	72	261 270	113	483 767	418	1 506 932.6	100.00	—
	窑头① 袋式、电袋复合	210	719 070	70	254 270	91	404 717	371	1 378 057	91.51	《意见》可行技术
	窑头① 静电除尘	13	41 850	2	7 000	22	79 050	37	127 900	8.49	—
	窑头① 合计	223	760 920	72	261 270	113	483 767	408	1 505 957	100.00	—
脱硫技术	湿法脱硫	12	20 475.6	0	0	38	188 050	50	208 525.6	13.84	—
	干法、复合脱硫等	60	211 794	15	59 000	27	106 400	102	377 194	25.03	—
	未采取措施	161	529 626	57	202 270	48	189 317	266	921 213	61.13	—
	合计	233	761 895.6	72	261 270	113	483 767	418	1 506 932.6	100.00	—

注：①10 条特种水泥生产线无窑头排放口，涉及产能 975.6 t/d。

表 2-16　2023 年绩效 A 级企业治理技术现状

	治理技术	生产线	占比/%	备注
脱硝技术	低氮燃烧器+分解炉分级燃烧+SNCR+SCR	104	75.91	《意见》可行技术
	低氮燃烧器+分解炉分级燃烧+SNCR	33	24.09	—
	其他技术	0	0.00	—
	合计	137	100.00	—
除尘技术	窑尾　袋式、电袋复合	137	100.00	《意见》可行技术
	窑尾　静电除尘	0	0.00	—
	窑尾　合计	137	100.00	—
	窑头①　袋式、电袋复合	134	98.53	《意见》可行技术
	窑头①　静电除尘	2	1.47	—
	窑头①　合计	136	100.00	—
脱硫技术	湿法脱硫技术	22	16.06	—
	干法、复合脱硫技术	47	34.31	—
	未采取技术	68	49.64	—

注：①1 条特种水泥生产线无窑头排放口。

三、废气超低排放技术配套研究

1．废气超低排放技术相关规定

对于水泥行业，我国发布了一系列标准规范政策规定，对行业废气治理技术进行了细化规定。综合方面，发布了《意见》、《水泥制造建设项目环境影响评价文件审批原则（2024 年版）》（以下简称《水泥审批原则》）、《重点行业减排指南》、《水泥工业污染防治技术政策》、《水泥窑协同处置固体废物污染防治技术政策》、《水泥工厂环境保护设施设计标准》、《水泥工业污染防治可行技术指南（试行）》、《水泥工业大气污染防治技术导则》（T/CSES 83—2023）；在脱硝方面，发布了《水泥工厂脱硝工程技术规范》《水泥熟料烧成系统脱硝技术应用规范》，以及催化剂应用方面的《蜂窝式烟气脱硝催化剂》《平板式烟气脱硝催化剂》；在除尘方面，发布了《水泥工业除尘工程技术规范》《水泥工业烟尘治理　袋式除尘器用滤料》等。其中《意见》《水泥审批原则》规定了较为明确的超低排放治理技术要求，其余标准规范政策可指导企业进行治理技术的设计等（表 2-17）。

表 2-17　水泥行业废气治理技术相关规定

序号	名称	主要内容摘录
		综合
1	《意见》	一、对有组织、无组织和清洁运输三方面提出了指标要求。 二、有组织治理技术方面： 1. 强化源头控制，水泥窑采用"低氮燃烧器+分级燃烧及其他分解炉含氧量精细化管控等低氮燃烧技术+SNCR+SCR 等组合脱硝技术"；采取有效措施控制氨逃逸，脱硝氨水消耗量小于 3.5 kg/t 熟料（基于 20%的氨水浓度折算）。 2. 除尘采用袋式、电袋复合式等高效除尘技术
2	《水泥审批原则》	治理技术与《意见》相同
3	《重点行业减排指南》	一、绩效分级指标中，从装备水平、污染治理技术、排放限值、无组织排放、监测监控水平、环境管理水平、运输方式、运输监管等方面进行了规定。 二、污染治理技术方面，以 A 级企业为例： 1. 窑头、窑尾除尘：覆膜袋式等高效除尘设施（设计效率不低于 99.99%）；一般产尘点：袋式除尘器。 2. 脱硝：两种及以上低氮燃烧技术（包括低氮燃烧器，分风、分料、分煤燃烧，以及其他分解炉氧含量精细化管控技术等）+窑尾配备 SNCR（窑磨同步运转率大于 80%）/SCR 等脱硝技术（每吨熟料氨水消耗量小于 4 kg，以氨水质量浓度 25%折算）
	《重点行业大气污染防治绩效分级及重污染天气应急减排措施技术指南 水泥工业（征求意见稿）》（以下简称《水泥工业绩效分级指南（征求意见稿）》）	一、绩效分级指标中，从装备水平、污染治理技术、排放限值、无组织排放、监测监控水平、环境管理水平、运输方式、运输监管等方面进行了规定。 二、污染治理技术方面，以 A 级企业为例： 1. 窑头、窑尾除尘：覆膜袋式除尘/电袋除尘等高效除尘设施（设计效率不低于 99.99%）；其他产尘点：袋式除尘或其他高效除尘设施； 2. 脱硝：低氮燃烧器+分级燃烧及其他分解炉含氧量精细化管控等低氮燃烧技术+ SNCR+ SCR 组合脱硝技术或其他成熟高效脱硝技术；采取有效措施减少氨逃逸，企业每吨熟料脱硝氨水消耗量小于 3.5 kg（以氨水质量浓度 20%折算）； 3. 脱硫：SO_2 不能满足排放浓度的水泥窑窑尾应配备湿法脱硫、干法脱硫或复合脱硫等技术，其中干法脱硫或复合脱硫技术可作为生料磨未运转期间的备用脱硫设施； 4. 生料磨和水泥窑应提高同步运转时间，以降低烟气 SO_2 浓度和氨逃逸

序号	名称	主要内容摘录
4	《水泥工业污染防治技术政策》（环境保护部公告2013年第31号）	共32条内容，内容涵盖7部分：总则，源头控制，大气污染物排放控制，利用水泥生产设施处置固体废物，其他污染物排放控制，鼓励研究开发的新技术、新材料，运行与监测
5	《水泥窑协同处置固体废物污染防治技术政策》（公告2016年第72号）	共31条内容，内容涵盖6部分：总则，源头控制，清洁生产，末端治理，二次污染防治，鼓励研发的新技术
6	《水泥工厂环境保护设施设计标准》（GB/T 50558—2019）	包括8个章节内容，对废气、噪声、振动、废水、固体废物污染防治设施设计均给出了规定
7	《水泥工业污染防治可行技术指南（试行）》（2014年）	其中包括污染治理可行技术，对于每一种可行技术，给出了4个方面内容（工艺参数、污染物削减和排放、二次污染及防治措施、技术经济适用性）
8	《水泥工业大气污染防治技术导则》（T/CSES 83—2023）	给出了"水泥工业深度减排大气污染防治可行技术路线"
9	《排污许可证申请与核发技术规范　水泥工业》（HJ 847）	对每个固定源项污染物列出了可行技术
脱硝		
1	《水泥工厂脱硝工程技术规范》（GB 51045—2014）	包括12个章节内容。以SCR系统为例，规定了SCR系统设计应满足的要求、SCR反应塔设计应符合的规定、催化剂的选择应符合的规定、SCR雾化模式等内容
2	《水泥熟料烧成系统脱硝技术应用规范》（JC/T 2303—2015）	对窑头低氮燃烧技术、空气分级燃烧技术、燃料分级燃烧技术、选择性非催化还原法（SNCR）等进行了系统规定
3	《蜂窝式烟气脱硝催化剂》（GB/T 31587—2015）	1. 适用于钒钛系氨选择性催化还原蜂窝式烟气脱硝催化剂。规定了术语和定义、产品规格、要求、试验方法、检验规则、包装、运输和储存、产品随行文件。 2. 蜂窝式烟气脱硝催化剂产品的规格按单元截面上均匀排布的方形孔道数划分，有18孔（18孔×18孔）、22孔（22孔×22孔）、35孔（35孔×35孔）等
4	《平板式烟气脱硝催化剂》（GB/T 31584—2015）	适用于钒钛系氨选择性催化还原蜂窝式烟气脱硝催化剂。规定了术语和定义、产品规格、要求、试验方法、检验规则、包装、运输和储存、产品随行文件

序号	名称	主要内容摘录
		除尘
1	《水泥工业除尘工程技术规范》（HJ 434—2008）	规定了 12 个章节内容。规定了水泥工业除尘工程设计、施工、验收和运行的技术要求
2	《高效能大气污染物控制装备评价技术要求　第 3 部分：袋式除尘器》（GB/T 33017.3—2016）	1. 适用于建材行业水泥新型干法回转窑用袋式除尘器。 2. 对于烟气出口颗粒物排放浓度在 20 mg/m³ 以下时的高效能袋式除尘器给出了评价指标
3	《水泥工业烟尘治理　袋式除尘器用滤料》（JB/T 13416—2018）	1. 规定了水泥工业烟尘治理袋式除尘器用滤料的属于和定义、分类和命名、工艺选择、适用条件、技术要求等，适用于水泥工业烟尘治理袋式除尘器用滤料。 2. 工艺选择中，明确：袋式除尘器出口粉尘排放浓度要求不大于 10 mg/m³（标态）的滤料宜选用水刺制造工艺或 PTFE 覆膜处理工艺，对 PM$_{2.5}$ 排放有严格要求的滤料宜选用水刺制造工艺+PTFE 覆膜处理工艺。 3. 对于不同滤料，给出了适用条件 [（长期、瞬时）运行温度、水分]

2．废气治理技术效果评估

行业超低排放是一项系统工程，注重源头削减、过程控制、工艺流程优化，不仅仅是有组织末端治理，需要有组织、无组织和清洁运输等方面协同发力。由于目前尚无企业按照《意见》完成全流程超低排放改造（生态环境部组织确定的首批全流程超低排放标杆示范企业超低排放评估监测工作正在进行中），无法对全流程超低排放改造技术进行系统评估。本书结合生态环境部近两年为确定《意见》中关键指标以及树立首批全流程超低排放标杆示范企业开展的现场调研工作（共包括 38 家企业 44 条生产线）以及典型企业在线监测数据、氨水消耗量情况，对窑尾典型废气治理技术效果进行评估。

脱硝技术及效果：根据现场调研水泥窑尾烟室监控数据（低氮燃烧后），氮氧化物初始浓度一般在 800～1 200 mg/m³。经分解炉分级燃烧后可降至 600～800 mg/m³，去除效率为 20%～30%；经热碳还原、洪堡还原后，其浓度可降至 400～600 mg/m³，去除效率为 40%～50%。再经 SNCR 脱硝，其浓度可降至 80～114 mg/m³，去除效率为 70%～80%。在 SNCR 基础上增加 SCR，其浓度可降至 29～74 mg/m³，在 SCR 处不喷氨时，脱硝效率在 50% 左右；当在 SCR 处喷氨时，脱硝效率可达 95%。不同脱硝技术氮氧化物浓度水平见表 2-18。

表 2-18　不同脱硝技术氮氧化物浓度水平（基于实测值）

序号	治理技术路线	氮氧化物浓度/（mg/m³）	去除效率/%
1	低氮燃烧器（窑尾烟室）	800～1 200	—
2	分解炉分级燃烧	600～800	20～30
3	热碳还原、洪堡还原	400～600	40～50
4	低氮燃烧+分级燃烧+SNCR	80～114	70～80（SNCR）
5	低氮燃烧+分级燃烧+SNCR+SCR	29～74	50%左右（SCR，SCR 处不喷氨时）；～95%（SCR，SCR 处喷氨时）

现场调研监测以及结合典型企业在线监测数据、氨水消耗量情况分析结果表明，在窑尾烟气 10%基准氧含量情况下：

一是采用"低氮燃烧+分级燃烧+SNCR+SCR"的生产线（22 条），窑尾烟气氮氧化物浓度在 13～94 mg/m³，氨排放浓度在 2～69 mg/m³。其中 14 条生产线（末端配置了湿法脱硫，脱硫液对氨有吸收作用；SCR 运行管理较好、催化剂磨损度低、堵塞不严重）窑尾烟气氮氧化物、氨排放浓度分别稳定低于 50 mg/m³、8 mg/m³，氨水消耗量在 1.9～3.1 kg/t 熟料（基于 20%氨水质量浓度）；8 条生产线（SCR 催化剂堵塞严重、使用时间长未及时更换）氮氧化物、氨排放浓度也不能稳定满足上述要求，如某企业三层催化剂压差高达 1 300 Pa，大于设计压差 1 000 Pa，导致其氮氧化物、氨排放浓度分别高达 84 mg/m³、69 mg/m³。表明在 SCR 运行良好时，采用该技术可达到要求。

二是采用"低氮燃烧+分级燃烧（不含洪堡技术/热碳还原技术）+SNCR"的生产线（15 条），氮氧化物排放浓度在 47～177 mg/m³，剔除异常数据后氨排放浓度为 16～265 mg/m³，表明末端治理技术仅采用 SNCR 技术，无法满足窑尾烟气氮氧化物、氨排放浓度分别满足 50 mg/m³、8 mg/m³ 的要求。要将氮氧化物排放浓度控制在 100 mg/m³ 以内，需大量喷氨，但氨逃逸严重。

三是采用"低氮燃烧+分级燃烧（含洪堡技术/热碳还原技术）+SNCR"的生产线（4 条），氮氧化物排放浓度为 55～87 mg/m³，剔除异常值后氨排放浓度为 30 mg/m³ 左右，表明采用洪堡还原/热碳还原与 SNCR 的组合脱硝工艺无法使窑尾烟气氮氧化物、氨排放浓度分别满足 50 mg/m³、8 mg/m³ 的要求。

除尘技术及效果：现场监测结果和在线监测数据分析结果均表明，窑尾除尘采用袋式除尘或电袋复合除尘时，颗粒物排放浓度均稳定在 10 mg/m³。

脱硫技术及效果：现场监测结果和在线监测数据分析结果均表明，在采用脱硫技术（湿法脱硫、干法脱硫、复合脱硫，根据需要可选）或不采取措施的情况下，窑尾排放口二氧化硫排放浓度可稳定低于 35 mg/m³。现场调研期间，为了解生料磨运转对二氧化硫的去除作用，调整 2 条生产线生产工况，当生料磨停运时，SO_2 排放浓度分别达到 77 mg/m³、319 mg/m³；同时，对部分企业的脱硫技术效果进行了监测，部分企业因石灰石中含有较高的低温易挥发硫，SO_2 产生浓度可达 500~2 000 mg/m³，采用湿法脱硫后降至 10 mg/m³ 以下，干法脱硫后降至 2~28 mg/m³。

3．小结

根据企业现场调研结果及典型企业在线监测数据，窑尾除尘、脱硫和脱硝分别采用袋式或电袋复合除尘、湿法脱硫（可选）和"低氮燃烧器+分解炉分级燃烧+ SNCR+SCR"技术，且 SCR 运行状况良好的情况下（催化剂磨损度低、压差小等），窑尾颗粒物、二氧化硫和氮氧化物可稳定满足《意见》中提出的指标限值要求（颗粒物、二氧化硫和氮氧化物分别为 10 mg/m³、35 mg/m³ 和 50 mg/m³），氨水消耗量也低于《意见》要求的 3.5 kg/t 熟料（基于 20%的质量浓度）；采用其他技术路线，尚无法达到《意见》的要求。

第四节　环境管理

一、环境政策

1．行业污染物排放管控日趋规范完善

一是生态环境部组织制定了行业超低排放系列规定。为贯彻落实《中共中央　国务院关于深入打好污染防治攻坚战的意见》《中共中央　国务院关于全面推进美丽中国建设的意见》《国务院关于印发〈空气质量持续改善行动计划〉的通知》等有关要求，生态环境部等 5 个部门联合印发了《意见》，从有组织排放、无组织排放、清洁运输等方面进行了规定，有利于统一全国水泥行业超低排放要求。同时，为规范水泥企业超低排放评估监测工作，生态环境部组织制定了《水泥企业超低排放评估监测技术指南》。此外，为指导企业有效实施超低排放改造，《水泥企业超低排放控制技术指南》也正在制订中。

二是新增浙江、重庆、宁夏、湖南出台行业地方标准，江苏、辽宁、云南、广东、湖南、上海、湖北和贵州等省（市）出台超低排放改造方案，河南、山西、山东等地对标《意见》查漏补缺、补充出台相关规定，河北出台 A 级绩效标准。继 2020 年、2021 年河北、河南、安徽、江苏、四川和海南发布水泥行业最新地方标准后，2023 年以来新增浙江、重庆、宁夏和湖南也出台了水泥行业地方标准；继 2020 年、2021 年和 2022 年河南、浙江、山西、宁夏、山东、福建等省（区）出台水泥行业超低排放方案后，2023 年以来新增江苏、辽宁、云南、广东、湖南、上海等省（市）出台了水泥行业超低排放方案。在《意见》发布后，先于《意见》发布超低排放改造方案的河南、浙江、山西、宁

夏、山东、福建等省（区），对标《意见》，针对本省（区）方案与《意见》在有组织排放限值、清洁运输指标以及环保技术等方面的差异，部分省份查漏补缺，完善本省（区）超低排放改造要求，如河南及时出台深化水泥行业超低排放改造工作通知，指导企业进一步改造提升；山西出台相关文件，要求企业对标《意见》，重点加强清洁运输改造，全工序、全流程提升大气污染治理水平；山东出台了《水泥行业超低排放改造巩固提升方案（征求意见稿）》，补齐水泥窑组合脱硝技术、清洁运输短板。目前，河南、浙江、山西、宁夏、山东、福建等省（区）企业按照本省（区）要求，开展了本土化超低排放改造，河南、山西、山东等省企业基本已完成，但面临进一步改造的情况（表2-19）。

表2-19　目前国家及地方标准文件中水泥企业窑尾污染物排放要求

名称	分类	窑尾污染物/（mg/m³）				氨水消耗量要求/（kg/t熟料）	氨在线监测要求
		颗粒物	二氧化硫	氮氧化物（以NO₂计）	氨		
一、国家标准及地方标准							
国家标准-GB 4915—2013	标准限值	30	200	400	10		
	特排限值	20	100	320	8		
河北-DB 13/2167—2020	现有企业，2021.10.1 起；新建企业，2020.5.1 起	10	30	100	8		
河南-DB41/1953—2020	现有（2021.1.1 起），新建（2020.6.1 起）	10	35	100	8		
安徽-DB 34/3576—2020	现有（2020.10.1 起）新建（2020.4.1 起）	10	50	100	8	—	—
山东-DB 37/2373—2018	2020.1.1 之后，一般控制区	20	100	200			
	2020.1.1 之后，重点控制区	10	50	100			
江苏-DB 32/414—2021	现有（2023.7.1 起）	10	35	100	8		
	现有（2024.7.1 起）、新建（2022.7.1 起）	10	35	50	8		
四川-DB 51/2864—2021	现有（2023.7.1 起）新建（2022.7.1 起） 攀枝花市、阿坝州、甘孜州、凉山州	10	50	150	8		
	现有（2023.7.1 起）新建（2022.7.1 起） 其他城市	10	35	100	8		

| 名称 | 分类 | 窑尾污染物/（mg/m³） | | | | 氨水消耗量要求/（kg/t熟料） | 氨在线监测要求 |
		颗粒物	二氧化硫	氮氧化物（以NO₂计）	氨		
海南-DB46/524—2021	现有（2022.1.1起）；新建（2021.3.1起）	10	100	200	8	—	—
浙江-DB33/1346—2023	Ⅰ时段（现有企业 2024.4.1—2025.7.1）	10	50	100	8		
	Ⅱ时段（现有企业，2025.7.1起；新建企业，2024.1.13起）	10	35	50	8		
重庆-DB/50656—2023	控制区	10	35	100	8		
	其他区	10	50	150	8		
宁夏-DB64/1995—2024	2024.5.4 实施	10	50	100	8		
湖南-DB43/3082—2024	2024.9.25 实施	10	35	50	8		
二、重点行业环保绩效标准							
《重点行业减排指南》	A级	10	35	50	5	4（25%浓度）	是
	B级	10	50	100	8		
	C级	20	100	260	8	—	—
	D级	未达到C级				—	—
水泥工业 绩效分级及减排指南（征求意见稿）	A级	10	35	50	8	3.5（20%浓度）	是
	B级	10	50	100	8	4（20%浓度）	是
	C级	20	100	260	8	—	—
	D级	未达到C级				—	—
河北-水泥行业环保绩效A级标准（现有A级，2024.6.1实施；新申请A级，2023.5.31实施）		10	20	50	5	3.5（20%浓度）	是
三、行业超低方案要求							
生态环境部-环大气〔2024〕5号	2025年底前，重点区域50%的产能；2028年底前，重点区域全部完成，全国80%的产能	10	35	50	—	3.5（20%浓度）	是

名称		分类	窑尾污染物/（mg/m³）				氨水消耗量要求/（kg/t熟料）	氨在线监测要求
			颗粒物	二氧化硫	氮氧化物（以NO₂计）	氨		
河南	豫环攻坚办〔2020〕24号	2020年底前	10	35	100	8	4（25%浓度）	是
	豫环办〔2024〕10号	2024年底前，完成有组织和无组织改造；2025年9月底前，完成清洁运输改造	10	35	50	8	3.5（20%浓度）	是
浙江-浙环函〔2020〕60号		2022年底前	10	50	100	—	—	—
		2025年6月底前	10	35	50	—	—	—
山西	晋环发〔2021〕16号	2021年12月底前，大同、宿州 2022年12月底前，11个城市规划区以及太原及周边"1+30"县（市、区） 2024年12月底前，全面完成	10	35	50	5	—	是
	晋环函〔2024〕841号	2025年底前，汾渭平原8市的水泥熟料企业率先完成超低排放改造；2027年底前，力争全省水泥企业全面完成超低排放改造	—	—	—	—	3.5（20%浓度）	—
宁夏-宁环发〔2021〕4号		各企业分时序	10	50	100	8	—	是
山东	鲁环发〔2022〕8号	2023年9月底前（黄河流域各市） 2023年底前（全省） 全省新建（含搬迁）水泥企业投产时	10	35	50	8	—	是
	巩固提升方案（征求意见稿）	到2025年底前，现有水泥企业完成有组织和无组织超低排放改造，力争50%水泥熟料产能完成清洁运输改造； 到2026年底前，现有水泥企业完成全流程超低排放改造	10	35	50	8	3.5（20%浓度）	是
福建-闽环规〔2023〕2号		2025年底前全面完成	10	35	50	8	4（20%浓度）	是
江苏-2024年1月		2025年底，基本完成超低排放改造和清洁生产改造； 2027年底，完成超低排放改造和评估监测	10	35	50	8	3.5（20%浓度）	是

| 名称 | 分类 | 窑尾污染物/（mg/m³） | | | | 氨水消耗量要求/（kg/t熟料） | 氨在线监测要求 |
		颗粒物	二氧化硫	氮氧化物（以 NO₂ 计）	氨		
辽宁-2024 年6 月	2026 年底前，全省 80%的产能完成有组织排放改造； 2027 年底前，全省 80%的产能完成无组织排放和清洁运输改造； 2028 年底前，全省 80%的产能完成改造	10	35	50	-/8（鼓励）	3.5（20%浓度）	是
云南-2024 年6 月	2025 年底前，力争 50%以上的水泥熟料产能完成有组织、无组织超低排放改造； 到 2028 年底，全省 80%以上水泥熟料产能完成改造	10	35	50	—	3.5（20%浓度）	是
广东-粤环〔2024〕7 号	2028 年底前，全省水泥熟料生产企业（不含矿山，含生产特种水泥、协同处置固体废物的水泥企业）和独立粉磨站全面完成超低排放改造并按国家和省有关要求完成超低排放监测评估和公示	10	35	50	—	3.5（20%浓度）	是
湖南-湘环发〔2024〕46 号	2025 年底前，力争重点城市 30 条水泥熟料生产线完成超低排放改造； 2027 年底前，力争全省水泥企业全部完成超低排放评估监测	10	35	50	8	3.5（20%浓度）	是
上海-沪环大气〔2024〕174 号	水泥粉磨站企业： 到 2025 年底前，基本完成有组织、无组织排放超低排放改造； 到 2027 年底前，基本完成现有水泥企业独立粉磨站超低排放改造； 到 2028 年底前，进一步削减水泥行业污染物排放总量	—	—	—	—	—	—
湖北-鄂环发〔2024〕14 号	到 2025 年底前，全省 50%以上水泥熟料产能基本完成改造，华新、葛洲坝、亚东等大型水泥集团公司 2 500 t/d（不含）以上熟料产能基本完成有组织、无组织超低排放改造； 到 2028 年底前，全省所有水泥熟料生产企业和独立粉磨站基本完成超低排放改造	10	35	50	—	3.5（20%浓度）	是
贵州-黔环气〔2024〕9 号	到 2028 年，全省水泥行业力争 80%水泥熟料产能完成超低排放改造	10	35	50	—	3.5（20%浓度）	是

2. 实施差别化电价和财政奖补资金政策促进企业进行高质量改造

河北、河南、山东3省出台了水泥企业超低排放差别化电价政策；为鼓励和支持重点行业企业环保绩效创 A，河北省出台了《重点行业环保绩效创 A 财政奖补资金分配使用办法》，充分发挥资金激励引导作用。

同时，在原有阶梯电价的基础上，为进一步强化激励约束，《空气质量持续改善行动计划》（国发〔2023〕24 号）提出"强化价格政策与产业和环保政策的协同，综合考虑能耗、环保绩效水平，完善高耗能行业阶梯电价制度"的要求；《水泥行业节能降碳专项行动计划》也提出"综合考虑能耗、环保绩效水平，完善高耗能行业阶梯电价制度。研究对能效未达到基准水平或环保绩效为 C、D 级的水泥项目，依据能效水平和环保绩效差距执行阶梯电价"的要求（表 2-20）。

表 2-20　水泥差别化电价和财政奖补资金标准

超低排放改造——用电加价			
省份	分项	加价价格/ （元/kW·h）	实施时间
河北-冀政办字 〔2020〕81 号	未完成超低排放改造	0.1	2018 年 9 月 1 日起
河南-环文 〔2020〕80 号	有组织排放　任一一项未达到	0.01	2020 年 8 月 1 日起
	无组织排放　两项未达到	0.03	
	清洁运输方式　三项均未达到	0.06	
山东-鲁发改价 格〔2023〕 168 号	有组织排放　任一一项未达到	0.01	2024 年 1 月 1 日起
	无组织排放　两项未达到	0.02	
	清洁运输方式　三项均未达到	0.05	
环保绩效创 A			
省份	分项	补助标准/ （元/t）	实施时间
河北-冀环创 A 〔2023〕58 号	基础奖补　补助标准×核定日产能	270	2023 年 4 月 13 日— 2026 年 12 月 31 日
	激励奖补　基础奖补×激励奖补系数	—	

3. 多项政策文件均提出争创环保绩效 A 级要求，行业绩效评级工作持续推进

一是多项政策文件均提出争创环保绩效 A 级要求。在国家层面，《关于印发绿色建材产业高质量发展实施方案的通知》《关于印发建材行业稳增长工作方案的通知》《推动大规模设备更新和消费品以旧换新行动方案》《国务院关于印发〈2024—2025 年节能降碳行动方案〉的通知》《水泥行业节能降碳专项行动计划》等文件中均提出行业企业争创环保绩效 A 级要求，《水泥行业节能降碳专项行动计划》还提出"支持能效达到标杆水平且环保绩效达到 A 级的水泥企业充分释放产能"等要求，进一步强化对 A 级企业的差异化管控，对满足要求的 A 级企业，除重污染天气自主减排以外，还享有差异化的产量调控政策。在地方层面，河北提出行业全面创 A，浙江提出水泥熟料生产企业 A 级占比提升至 50%以上，新增河南、重庆等地印发水泥等重点行业创 A 晋 B 行动方案，提出以推动大规模设备更新、消费品以旧换新为契机，深入开展重点行业绩效等级提升行动。

二是行业绩效评级工作持续推进。根据国家和地方政策文件要求，各地持续推进重点行业绩效评级工作。对各省级生态环境主管部门官网公开信息的检索结果，截至 2024 年 5 月底，全国 15 个省级行政区中共有 283 家企业 435 条生产线满足国家 A 级、B 级重点行业环保绩效要求，占全国熟料企业、生产线的比例分别为 24.50%和 27.78%，A 级企业数量上以河北、河南、山西、陕西较多（表 2-21，图 2-28）。

表 2-21　水泥行业绩效评级情况

序号	省级行政区	A 级		B 级		合计	
		企业数/家	生产线/条	企业数/家	生产线/条	企业数/家	生产线/条
1	山西	17	19	11	12	28	31
2	河南	11	17	35	52	46	69
3	安徽	10	38	26	45	36	83
4	河北	15	27	29	33	44	60
5	山东	1	1	23	32	24	33
6	江苏	2	4	7	17	9	21
7	天津	1	1	1	2	2	3
8	陕西	11	14	6	9	17	23
9	浙江	1	2	3	6	4	8
10	四川	3	5	32	44	35	49
11	湖南	6	7	10	14	16	21
12	新疆	0	0	5	11	5	11
13	湖北	1	1	14	20	15	21
14	宁夏	0	0	1	1	1	1
15	北京	1	1	0	0	1	1
	合计	80	137	203	298	283	435

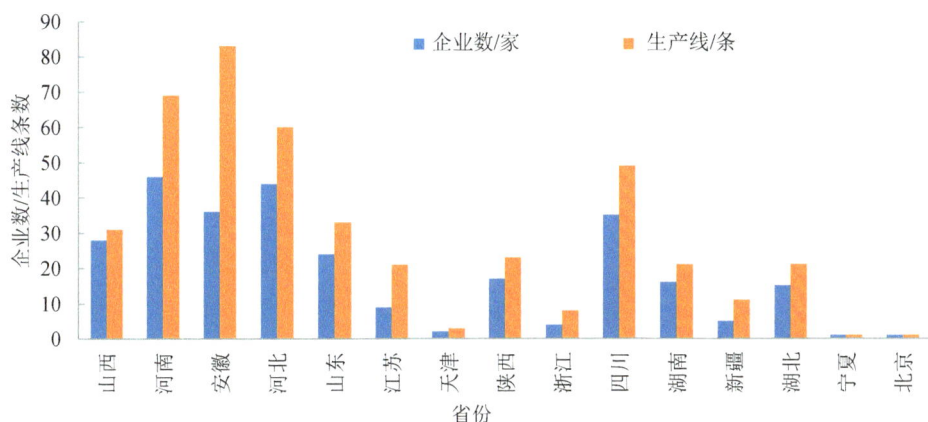

图 2-28　水泥行业绩效评级情况

从已进行绩效评级的各省份情况来看，位于重点区域的天津、河南、河北、安徽、山西、江苏、山东、陕西以及非重点区域的四川、湖北改造生产线相对较多，均进行了本省三成以上生产线改造，天津则 100%进行了改造（表 2-22）。

表 2-22　2023 年各省级行政区环保绩效 A、B 级生产线占比情况

省级行政区	绩效评级		熟料生产企业		占比/%	
	企业数/家	生产线/条	企业数/家	生产线/条	企业数	生产线
天津	2	3	2	3	100.00	100.00
安徽	36	83	41	90	87.80	92.22
河南	46	69	62	91	74.19	75.82
河北	44	60	64	85	68.75	70.59
江苏	9	21	20	36	45.00	58.33
山西	28	31	48	54	58.33	57.41
陕西	17	23	36	45	47.22	51.11
四川	35	49	81	100	43.21	49.00
湖北	15	21	44	53	34.09	39.62
山东	24	33	69	89	34.78	37.08
湖南	16	21	50	63	32.00	33.33
北京	1	1	2	4	50.00	25.00
浙江	4	8	30	44	13.33	18.18

省级行政区	绩效评级		熟料生产企业		占比/%	
	企业数/家	生产线/条	企业数/家	生产线/条	企业数	生产线
新疆	5	11	65	72	7.69	15.28
宁夏	1	1	19	26	5.26	3.85
全国	283	435	1 155	1 566	24.50	27.78

与 2022 年相比，2023 年新增北京、浙江开展绩效评级工作，河北、陕西、四川、山西、山东、湖南、浙江、湖北等省进行了重点行业绩效评级的续评工作。相较于 2022 年，完成绩效评级的总体企业数、生产线同比分别增长 24.67%和 19.51%；A 级企业发生较大变化，企业数、生产线同比分别增长 70.21%、69.14%（表 2-23、表 2-24，图 2-29）。

表 2-23　4 年来绩效评级 A、B 级总体对比情况

年份	A 级		B 级		合计	
	企业数/家	生产线/条	企业数/家	生产线/条	企业数/家	生产线/条
2020	18	24	127	222	145	246
2021	30	59	166	269	196	328
2022	47	81	180	283	227	364
2023	80	137	203	298	283	435
同比增长/%	70.21	69.14	12.78	5.30	24.67	19.51

表 2-24　4 年来各省（区、市）绩效评级 A、B 级对比情况

省（区、市）	2020 年		2021 年		2022 年		2023 年	
	企业数/家	生产线/条	企业数/家	生产线/条	企业数/家	生产线/条	企业数/家	生产线/条
山西	20	22	20	22	25	28	28	31
河南	27	35	38	54	38	54	46	69
安徽	25	71	37	89	36	85	36	83
河北	36	53	36	53	36	53	44	60
山东	11	21	23	41	24	37	24	33
江苏	11	22	12	25	9	21	9	21
天津	1	1	1	1	2	3	2	3
陕西	2	4	4	7	11	17	17	23

省（区、市）	2020 年		2021 年		2022 年		2023 年	
	企业数/家	生产线/条	企业数/家	生产线/条	企业数/家	生产线/条	企业数/家	生产线/条
浙江	0	0	0	0	0	0	4	8
四川	12	17	21	29	30	43	35	49
湖南	0	0	3	4	9	11	16	21
新疆	0	0	1	3	2	5	5	11
湖北	0	0	0	0	4	6	15	21
宁夏	0	0	0	0	1	1	1	1
北京	0	0	0	0	0	0	1	1
合计	145	246	196	328	227	364	283	435

注：安徽、山东 2023 年的生产线数少于 2022 年，主要是因为部分企业或生产线进行了产能置换，不计入。

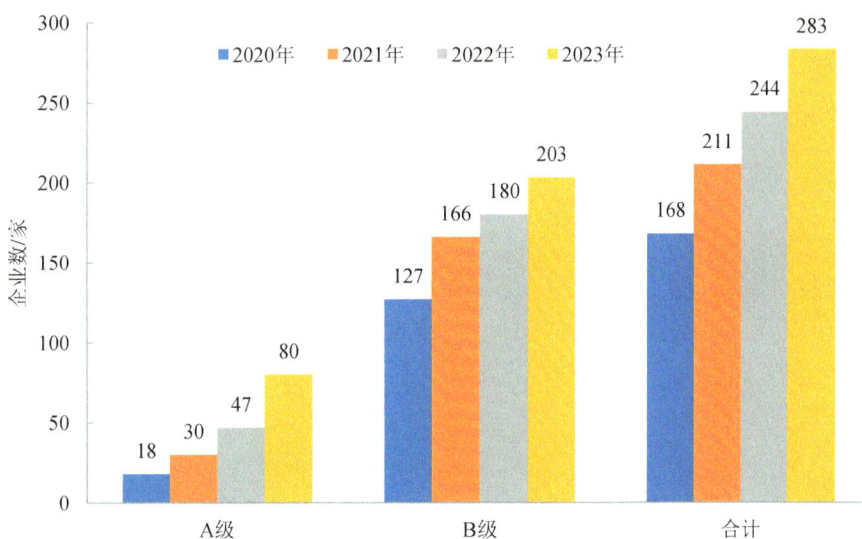

（a）4 年来企业数比较情况

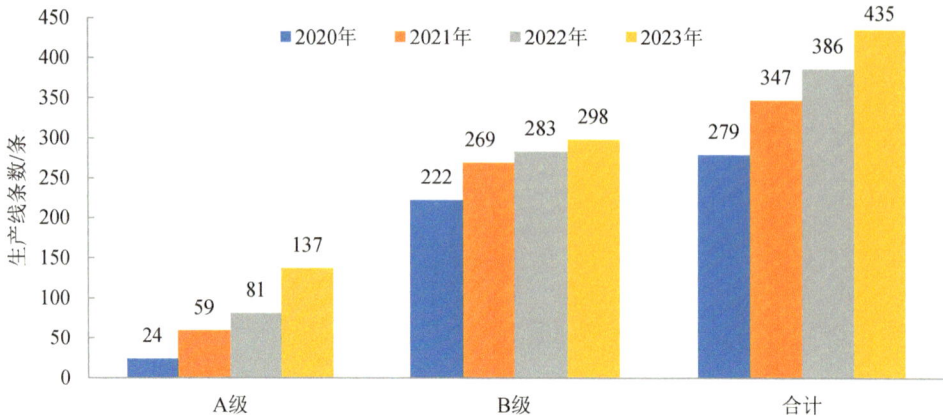

（b）4年来生产线数比较情况

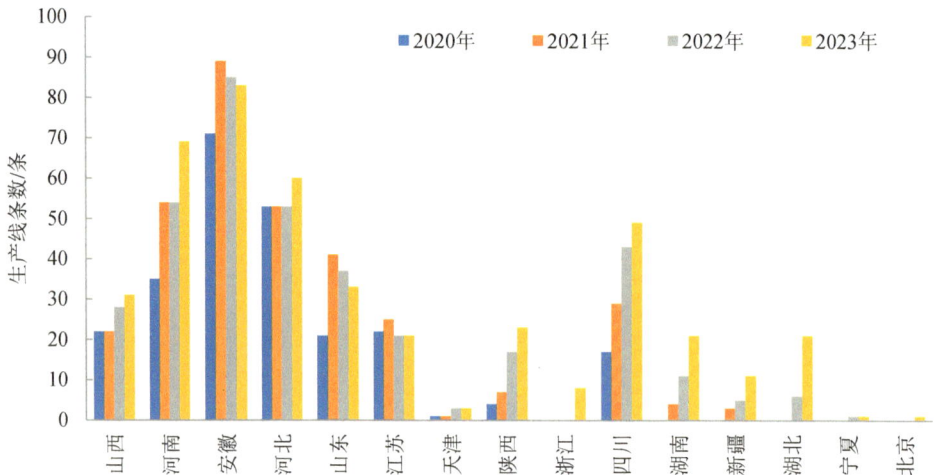

（c）4年来各省（区、市）生产线数比较情况

图 2-29　4 年来绩效评级 A、B 级对比情况

4．行业即将纳入碳交易市场，减污降碳协同增效进入实质性阶段

全国碳排放权交易市场除了现有的电力行业，即将纳入水泥、钢铁、铝冶炼等重点排放行业。为支撑水泥行业纳入全国碳排放权交易市场，生态环境部发布了《企业温室气体排放核查技术指南　水泥行业（CETS—VG—02.01—V01—2024）》和《企业温室气体排放核算与报告指南　水泥行业（CETS—AG—02.01—V01—2024）》，并发布了《全国碳排放权交易市场覆盖水泥、钢铁、电解铝行业工作方案（征求意见稿）》。碳市场扩容将优化行业产能结构，促使高能耗、高排放的落后产能退出市场；促进企业转型升

级，延伸产业链，采用更先进的生产工艺和技术。

2022 年生态环境部发布的《关于印发〈减污降碳协同增效实施方案〉的通知》中提出了"推动水泥行业超低排放改造，探索开展大气污染物与温室气体排放协同控制改造提升工程试点""水泥行业加快原燃料替代"等要求。之后，山东、浙江、江苏、山西、福建、湖北等省出台地方减污降碳协同增效实施方案、建材行业（或水泥工业）碳达峰实施方案（或行业绿色高质量发展方案），提出"加大原燃料替代比例""提升行业燃煤替代率""推动替代燃料高热值、低成本、标准化预处理"等要求。山东提出"到2030 年，对全省 50%以上的水泥生产线进行以节能减排、协同处置、燃料替代为目标的技术改造"的要求。浙江还出台了《浙江省水泥行业减污降碳协同技术指南（试行）》（2024 年 2 月），分析了水泥行业生产工艺及温室气体产排情况和影响因素、减污降碳协同环节、减污减碳协同技术，提出了节能减污降碳效益指标；并在《浙江省制造业绿色低碳典型案例成果汇编》（2024 年 3 月）中，将"湖州槐坎南方水泥有限公司"作为"以绿色发展赋能企业高质量发展"的案例，其亮点做法之一为"采用'全电物流'输送模式，主要原材料和产品进、出厂均采用全封闭皮带通廊输送，汽车运输减少 1 049 车次/d，年节约标煤 45 万 t，颗粒物、氮氧化物、二氧化硫等污染物排放量下降 6 686 t，二氧化碳排放量降低 117 万 t"，实现了减污降碳协同目标。

二、环评管理

1. 水泥项目审批权限以上收为主基调

水泥行业建设项目环评审批权限分布在省、市、县三级生态环境部门。根据全国 31 个省（区、市）及新疆生产建设兵团现行有效的省级审批环评文件目录，由于水泥熟料制造项目属于高耗能、高排放项目，辽宁、贵州、重庆、内蒙古、甘肃、天津和宁夏按照《关于加强高耗能、高排放建设项目生态环境源头防控的指导意见》（环环评〔2021〕45 号）中"依法调整上收审批权限"等要求，将水泥熟料制造项目的审批层级由市（县）级上收至省生态环境厅。在现行有效审批目录中，对于水泥熟料制造项目，23 个省份由省级审批；对于水泥窑协同处置危险废物项目，20 个省份由省级审批；对于协同处置一般固体废物项目，2 个省份由省级审批；其余均由市（县）级审批。

此外，《关于开展优化调整建设项目环评审批权限工作的通知（征求意见稿）》，"水泥熟料：全部项目（含水泥窑协同处置危险废物）"均建议由省级审批，对于环境影响较大的水泥熟料建设项目和水泥窑协同处置危险废物项目，审批权限上收。

2．新修订出台行业审批原则，助推行业绿色低碳高质量发展

为进一步强化对地方审批水泥熟料制造类"两高"建设项目以及水泥窑协同处置固体废物项目等的指导，统一审批管理尺度，2023 年修订发布了第二版《水泥审批原则》。《水泥审批原则》明确项目选址应符合生态环境分区管控要求；提出新建水泥熟料制造项目的单位产品综合能耗应达到能效标杆水平；鼓励新改扩建水泥熟料项目达到超低排放水平，并按照《意见》要求提出了项目应采取的废气污染防治措施，同时明确应通过源强核算等工作，将超低排放要求以污染物排放量的形式确定下来，后续载入排污许可证；提出将温室气体排放纳入水泥熟料项目环评，推进减污降碳协同增效，推动减碳技术创新示范应用。

3．水泥行业审批项目中以协同处置固体废物项目为主，常规水泥熟料项目以产能优化升级、协同处置固体废物项目中水泥窑替代燃料项目为主

一是水泥行业审批项目以协同处置固体废物项目为主。自 2017 年以来，从全国审批水泥行业项目情况来看，常规水泥熟料项目总体偏少，而水泥窑协同处置固体废物项目则呈现波动趋势。随着能耗"双控""双碳"目标的提出，水泥行业协同处置固体废物替代原燃料作为水泥行业降碳的有效路径之一，在 2020 年、2021 年连续两年下降后，2022 年、2023 年均呈现增长趋势（图 2-30）。

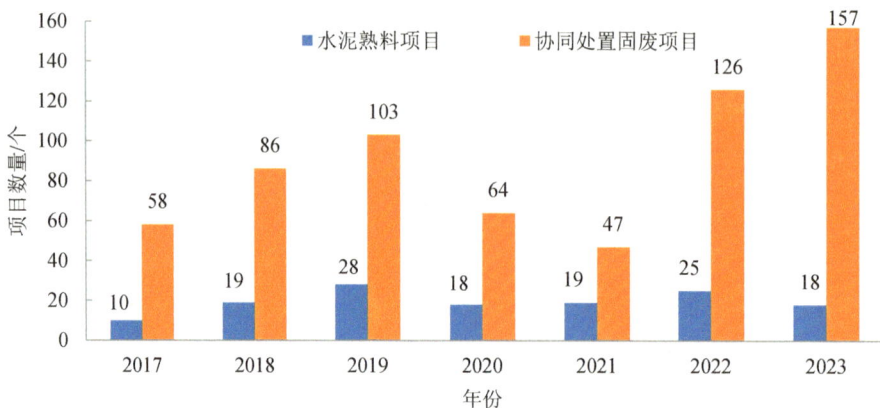

图 2-30　2017—2023 年全国审批水泥行业项目数量情况

资料来源：环评管理信息平台。

二是常规水泥熟料项目主要为产能优化升级，项目选址呈园区化趋势，部分项目按照超低排放要求进行审批，项目碳评工作取得积极进展。2023 年全国共审批 18 个水泥熟料建设项目，同比下降 28.0%，均为报告书项目，总投资 132 亿元，项目分布在河北、山西、福建、山东、河南、湖南、广西、重庆、云南、宁夏 10 个省（区、市），其中山东项目数量最多，为 4 个。

首先，项目主要为产能优化升级。18 个项目中，除 2 个项目不涉及产能置换（完善环评手续等）以外，其余 16 个项目均按照国家政策要求执行了产能减量或等量置换要求，16 个项目产能合计 72 400 t/d，除 1 条水泥生产线为 3 000 t/d 以外，其余生产线均在 4 000 t/d 及以上；共置换退出产能 80 975 t/d，退出 2 条 JT 窑、13 条日产 2 000 t 及以下、20 条日产 2 500 t 生产线。

其次，项目选址呈园区化趋势。由于水泥熟料项目依托石灰岩资源矿山的特点，国家相关政策文件中未要求新建或改扩建水泥熟料项目进入园区，在行业绿色高质量发展等政策推动下，河北、广西、河南和山西等省（区）着力优化产业布局，推动产业集中集聚集约发展，项目选址呈园区化趋势。2023 年审批的 16 个产能置换升级项目中，建设性质为新建（含异地迁建）的 4 个（占比 25%）、在现有厂区技改（拆二建一等）的 12 个（占比 75%）；共有 8 个项目（占比 50%）选址位于产业园区，其中有 3 个为新选址位于产业园区的项目（占新建项目的比例为 75%）。

再次，部分项目按照超低排放要求进行审批。《意见》和地方先行出台的行业超低排放改造方案均提出了新改扩建（含搬迁）水泥项目按超低排放水平建设的要求。2023 年审批的项目中，由于当时《意见》尚未印发实施，山东、福建、河北、河南、重庆、山西等省（市）共 10 个项目（占比 55.6%）按照当地超低排放改造方案等政策要求，采取了较为严格的污染防治措施，污染物排放达到超低排放水平，减少了污染物排放。以通过产能置换实施的某 4 000 t/d 水泥熟料项目为例，环评中落实了超低排放等要求，实现了颗粒物、二氧化硫、氮氧化物分别减排 114.7 t/a、307.1 t/a、753.8 t/a。

最后，项目碳评工作取得积极进展。行业温室气体纳入环评管控取得积极进展，正在建立工序排放绩效约束机制推动减污降碳协同。2021 年 7 月，生态环境部印发《关于开展重点行业建设项目碳排放环境影响评价试点的通知》（环办环评函〔2021〕346 号），在浙江、重庆试点建材行业（含水泥熟料）建设项目碳排放环评；正在组织制定行业建设项目温室气体排放环境影响评价技术指南，考虑到全国碳市场建设运行的持续深入，未来建设项目温室气体排放环境影响评价结果可为全国碳市场配额总量目标及分配提供重要的数据支撑和增量预警作用。为做好统筹衔接，确保核算边界与结果既统一又有可比性，指南中主要边界与目前碳市场管控核算边界（水泥窑）保持一致。在地方层面，浙江省在其法规《浙江省生态环境保护条例》中率先明确"新建、改建、扩建建材等建设项目，应当按照国家和省有关规定将温室气体排放纳入环境影响评价范围"，浙江、海南、江苏、广西、山西、上海、安徽和北京等地均发布了建设项目碳排放评价相关文件。山东出台了《水泥行业建设项目温室气体排放环境影响评价技术指南（试行）》。

重庆在试行工作基础上，2024 年发布了《重庆市建设项目环境影响评价技术指南——温室气体排放评价（修订）》；两地文件中均规定了熟料工序绩效值，在碳排放节点识别、碳排放核算技术方法、工序碳排放评价等方面取得了突破。2023 年审批的 18 个建设项目均开展了碳评。

三是协同处置固体废物项目中以水泥窑替代燃料项目为主。2023 年全国共审批水泥窑协同处置固体废物项目 157 个，同比增长 17.2%，其中报告书、报告表项目分别为 11 个、146 个，分布在除北京、上海以外的 29 个省（区、市）。

近年来，在建材行业碳达峰实施方案、"十四五"工业绿色发展规划、绿色建材产业高质量发展实施方案中支持生物质燃料等可燃废弃物替代燃煤、开展水泥窑高比例燃料替代等重大降碳工程示范等政策支持鼓励下，我国水泥企业积极利用包括生物质燃料在内的各类替代燃料，2023 年水泥窑协同处置固体废物替代燃料减碳项目为 62 个，同比增长 77.1%，占水泥窑协同处置固体废物项目比例为 39.5%，分布在 20 个省（区、市），以广东、广西、四川、贵州项目数量较多。该类项目的特点：一是入水泥窑处置的替代燃料类别较多，以垃圾衍生料（RDF）、生物质燃料（秸秆、稻壳、锯末、甘蔗渣、稻糠、树皮、稻草、木屑等）、炭黑、废轮胎（含废轮胎颗粒）、废塑料（含废塑料颗粒）、废纺织品等为主；二是同一项目往往处置多种替代燃料，部分项目同时处置的种类达 20 种，以贵州某项目为例，环评中明确项目协同处置替代燃料种类包括废纺织品、废皮革制品、废橡胶制品、废塑料制品、废复合包装、废纸、植物秸秆、畜禽粪肥、酒糟、药渣、生物质颗粒、废木屑颗粒、轮胎片、轮胎灰（炭黑）、甘蔗渣、城市污泥、燃料棒等；三是燃料替代率高，根据环评文件，协同处置固体废物替代燃料后，燃料替代率平均在 25% 以上，部分项目燃料替代率达 75% 以上；四是替代燃料喂料点主要在窑尾分解炉，根据替代燃料的热值，可在窑头主燃烧器和窑尾分解炉加入，目前主要是分解炉，部分项目设置阶梯预燃炉，对替代燃料进行预燃，提高替代燃料的燃尽率，降低其对水泥窑系统的负面影响；五是基本由市县级审批部门审批，省级、市级和县级审批部门审批的项目数量占比分别为 1.6%、38.7% 和 59.7%；六是环评文件类型基本为报告表，在 2023 年审批项目中，有 96.8% 为报告表项目。

三、排污许可

1．核发与监管

根据《排污许可管理条例》，排污单位排污许可证由设区的市级以上地方人民政府生态环境主管部门核发。我国排污许可证核发权限主要集中在省、市两级，其中，根据《海南省排污许可管理条例》和《海南省生态环境厅关于固定污染源排污许可证分级管理有关职责分工的通知》，海南省水泥熟料制造排污单位由省级核发；在其他省份中，陕西省为进一步提高排污许可证核发质量，规范本省排污许可证核发程序，加强"两高"项目管控，落实排污许可证对减污降碳的支撑保障作用，制定了《陕西省生态环境厅排污许可证核发目录（2023 年本）》，根据该规定，水泥熟料制造排污单位由省级核发。在其他省份中，排污单位基本均由市级核发。

全国排污许可证管理信息平台以及各省（区、市）工信厅官网公开的水泥熟料生产线现状清单情况分析表明，目前水泥熟料制造排污单位排污许可证基本实现了"应发尽发"，且基本按照要求完成了许可证延续和换发等工作。截至 2023 年底，全国共核发水泥熟料制造排污单位排污许可证 1 155 张，与 2022 年相比，许可证数量减少 14 张，主要是因为部分企业进行了产能置换排污许可证注销或水泥窑拆除仅保留粉磨站而成为简化管理排污单位（表 2-25）。

表 2-25　各省（区、市）水泥熟料制造排污单位发证情况

省（区、市）	排污许可证核发数量/张	省（区、市）	排污许可证核发数量/张
安徽	41	辽宁	34
北京	2	内蒙古	42
福建	30	宁夏	19
甘肃	32	青海	13
广东	51	山东	69
广西	48	山西	48
贵州	77	陕西	36
海南	4	四川	81
河北	64	天津	2
河南	62	西藏	9
黑龙江	15	新疆	65
湖北	44	云南	87
湖南	50	浙江	30
吉林	12	重庆	32
江苏	20	上海	0
江西	36	合计	1 155

根据全国排污许可证管理信息平台，全国水泥熟料制造排污单位均提交了年报，年报提交率达100%。

2. 行业排污许可证质量审核情况

本书对80家A级企业排污许可证质量进行了复核，按照重点问题（管理类别错误、遗漏主要排放口、污染物排放标准及限值错误、许可排放量错误共4类）和一般问题（行业类别错误、遗漏污染因子、无组织管控要求不合规、遗漏监测因子、监测频次不合规、固体废物管理信息填报错误、台账记录要求不合规、执行报告上报频次及时间不合规、执行报告填报主要内容不合规等9类）共13类问题进行了质量复核。复核结果表明，A级企业总体排污许可证质量较好，重点问题排污许可证数量占比较少（占比6.25%）；45张（占比56.25%）排污许可证共存在质量问题71个，共体现在5个方面，以一般质量问题为主，占比92.96%，其中排名前三的问题分别为台账记录要求不合规、监测频次不合规、无组织管控要求不合规，问题占比分别为46.48%、25.35%和11.27%（表2-26）。

表2-26 排污许可证质量问题总体情况

序号	质量复核内容	问题类型	许可证问题数	问题占比/%
1	重点问题	管理类别错误	0	0
2		遗漏主要排放口	0	0
3		污染物排放标准及限值错误	0	0
4		许可排放量错误	5	7.04
5	一般问题	行业类别错误	0	0
6		遗漏污染因子	0	0
7		无组织管控要求不合规	8	11.27
8		遗漏监测因子	0	0
9		监测频次不合规	18	25.35
10		固体废物管理信息填报错误	7	9.86
11		台账记录要求不合规	33	46.48
12		执行报告上报频次及时间不合规	0	0
13		执行报告填报主要内容不合规	0	0
		总计	71	100.00

3. 行业执行报告质量审核情况

本书对 80 家 A 级企业排污许可证执行报告提交情况及执行报告年报进行了质量复核，其中执行报告提交情况包括 2023 年各季度季报提交情况（按照规定，第四季度季报可不提交）和年报提交情况，复核结果表明，80 家企业均提交了季报和年报；执行报告年报质量主要包括燃料分析填报情况、废气污染防治设施正常情况汇总表、自行储存/利用/处置设施合规情况说明表、有组织废气监测频次是否合规、实际排放量计算错误或未上传计算过程 5 个方面，复核结果表明，30 张（占比 37.5%）执行报告年报共存在 48 个质量问题；从质量问题类型来看，其中排名前三的问题分别为实际排放量计算有误、有组织废气监测频次不合规、废气污染防治设施正常情况信息未填报或填写错误，问题占比分别为 31.25%、25.00% 和 20.83%（表 2-27）。

表 2-27　年度执行报告中典型问题情况

序号	存在问题类型	执行报告问题数	问题占比/%
1	燃料分析表填报不全	6	12.50
2	废气污染防治设施正常情况信息未填报或填写错误	10	20.83
3	自行储存/利用/处置设施合规情况说明未填报	5	10.42
4	有组织废气监测频次不合规	12	25.00
5	实际排放量计算有误	15	31.25
	总计	48	100.00

第五节　行业绿色发展水平评价

本书评估以了解我国水泥熟料制造企业整个行业绿色发展水平，促进企业绿色发展为目标，在建立行业绿色发展水平评价指标体系的基础上，对 2021—2023 年全国水泥熟料企业开展绿色发展水平评价，对指标变化原因进行分析，以期为推动水泥行业协同减污降碳、制定相关环境管理政策与策略提供参考。

一、评估范围

在 2021—2022 年已开展典型水泥企业绿色发展水平评价以及 2021 年开展全国五大水泥企业集团绿色发展水平评价的基础上，以全国水泥熟料制造企业为评价对象，对 2021 年以来全行业绿色发展水平进行评价（表 2-28）。

表 2-28   3 年来全行业水泥熟料制造企业情况

年份	企业数/家	生产线数/条	备注
2021	1 189	1 629	除上海以外，全国 30 个省（区、市）均有水泥熟料企业分布
2022	1 169	1 593	
2023	1 155	1 566	

注：3 年来企业数、生产线数有变化，主要是按照国家产能置换政策，置换项目建成投产前被置换项目关停并完成拆除退出，因此被置换排污单位在全国排污许可证管理信息平台上进行了注销或拆除水泥窑成为独立粉磨站排污单位。

二、水泥行业绿色发展指标体系

1．评价指标、基准值与数据来源

本书评估评价指标主要参考《意见》、《国务院关于印发"十四五"节能减排综合工作方案的通知》（国发〔2021〕33 号）、《关于印发〈绿色发展指标体系〉〈生态文明建设考核目标体系〉的通知》（发改环资〔2016〕2635 号）、《重点行业减排指南》《水泥工业绩效分级指南（征求意见稿）》、《关于发布钢铁、水泥行业清洁生产评价指标体系的公告》（公告 2014 年第 3 号）、《水泥行业绿色工厂评价导则》（JC/T 2562—2020）、《水泥行业绿色工厂评价要求》（JC/T 2634—2021）等政策文件要求，统筹考虑我国水泥产业结构调整方向、行业超低排放改造情况、企业配套污染治理设施情况、减污降碳等政策管控要求，构建了指标体系。水泥企业指标体系共分 2 层，包含 4 项一级指标、17 项二级指标，一级指标包含一级指标均为技术装备与工艺、资源能源消耗、污染控制与排放和环境管理。

各层级权重取值主要参考了《水泥行业清洁生产评价指标体系》《水泥行业绿色工厂评价要求》（JC/T 2634—2021）、《绿色发展指标体系》（发改环资〔2016〕2635 号）等文件中有关权重的分配比例，结合专家咨询、座谈研讨确定各评价指标的权重值。

评价基准值主要根据《产业结构调整指导目录（2024 年本）》、《意见》《水泥工业大气污染物排放标准》（GB 4915—2013）、《重点行业减排指南》《水泥工业绩效分级指南（征求意见稿）》《水泥单位产品能源消耗限额》（GB 16780—2021）、《硅酸盐水泥熟料单位产品碳排放限值》（T/CBMF 41—2018，中国建筑材料协会标准）等标准文件及近期关于低碳减排的相关要求趋势等综合确定。

评价指标数据主要来源于全国排污许可证管理信息平台上企业填报的排污许可证副本、执行报告年报数据等，各省（区、市）生态环境部门官网公开的重污染天气绩效评价结果和超低改造公示信息，以及 3 年来重点排污单位自动监控与数据库系统中各单位在线监测数据（表 2-29、表 2-30）。

表 2-29 水泥行业绿色发展指标体系

一级指标	一级指标权重	二级指标	二级指标权重	二级指标设置说明
技术装备与工艺	12	生产线平均规模/（t/d）	6	体现装备先进性
		先进产能占比/%	6	
资源能源消耗	24	吨熟料 CO_2 平均排放强度/（t/t 熟料）	6	体现 CO_2 排放控制水平
		吨熟料综合能耗/（kg 标煤/t）	6	体现能耗水平
		吨熟料氨水消耗量/（kg/t 熟料）（折合 25%氨水浓度）	6	体现脱硝控制水平
		协同处置固体废物生产线比例/%	6	体现固体废物资源综合利用情况
污染控制与排放	41	生产线 SCR 技术配置比例/%	7	体现关键环保设施配置情况
		窑尾 NO_x 平均排放浓度/（mg/m³）	7	体现废气污染物排放控制水平
		窑尾 SO_2 平均排放浓度/（mg/m³）	5	
		窑尾颗粒物平均排放浓/（mg/m³）	5	
		窑尾 NO_x 平均排放绩效/（kg/t 熟料）	7	体现装置运行与废气污染控制的先进性
		窑尾 SO_2 平均排放绩效/（kg/t 熟料）	5	
		窑尾颗粒物平均排放绩效/（kg/t 熟料）	5	
环境管理	23	环保绩效 A 级生产线比例/%	7	体现行业环保设施改造情况
		企业在线监测设施达标率（按生产线）/%	6	体现污染治理设施运行可靠性以及企业的管理水平
		排污许可证执行报告年报上报情况/%	5	体现固定源核心制度执行情况
		环境违法处罚情况	5	体现运行环境管理水平

表2-30　水泥行业绿色发展指标体系权重值及基准值

一级指标	一级指标权重	二级指标	二级指标权重	评价基准 I	评价基准 II	评价基准 III	数据来源	赋分说明
技术装备与工艺	12	生产线平均规模/(t/d)	6	≥4 000	>3 500	≥2 000	排污许可平台	低于III级基准值要求的，采用外延法取值，以700为0
		先进产能占比/%	6	70	60	50	排污许可平台	低于III级基准值要求的，采用外延法取值，以40为0
资源能源消耗	24	吨熟料CO_2平均排放强度/(t/t熟料)	6	0.845	0.870	0.905	碳排放数据	低于III级基准值要求的，采用外延法取值，以1为0
		吨熟料综合能耗/(kg标煤/t)	6	100	107	117	碳排放数据	低于III级基准值要求的，采用外延法取值，以150为0
		吨熟料氨水消耗量/(kg/t熟料)(折合20%氨水浓度)	6	3.5	4	5	排污许可平台	低于III级基准值要求的，采用外延法取值，以10为0
		协同处置固体废物生产线比例/%	6	40	25	15	排污许可平台	低于III级基准值要求的，采用外延法取值，以0为0
		生产线SCR技术配置比例/%	7	15	10	5	排污许可平台	低于III级基准值要求的，采用外延法取值，以0为0
污染控制与排放	41	窑尾NO_x平均排放浓度/(mg/m³)	7	50	100	260	重点排污单位自动监控与数据库系统	低于III级基准值要求的，采用外延法取值，以400为0
		窑尾SO_2平均排放浓度/(mg/m³)	5	35	50	100		低于III级基准值要求的，采用外延法取值，以200为0
		窑尾颗粒物平均排放浓度/(mg/m³)	5	10	10	20		低于III级基准值要求的，采用外延法取值，以30为0

一级指标	一级指标权重	二级指标	二级指标权重	评价基准			数据来源	赋分说明
				I	II	III		
污染控制与排放	41	窑尾 NO_x 平均排放绩效/（kg/t 熟料）	7	≤0.125	≤0.25	≤0.65	排污许可平台	低于III级基准值要求的，采用外延法取值，以1为0
		SO_2 平均排放绩效/（kg/t 熟料）	5	≤0.0875	≤0.125	≤0.25	排污许可平台	低于III级基准值要求的，采用外延法取值，以0.5为0
		窑尾颗粒物平均排放绩效/（kg/t 熟料）	5	≤0.025	≤0.025	≤0.05	排污许可平台	低于III级基准值要求的，采用外延法取值，以0.075为0
		环保绩效 A 级生产线比例/%	7	15	10	5	排污许可平台	低于III级基准值要求的，采用外延法取值，以0为0
		企业在线监测设施达标率（按生产线）/%	6	45	30	15	重点排污单位自动监控与数据库系统	低于III级基准值要求的，采用外延法取值，以0为0
环境管理	23	排污许可证执行报告年报上报情况/%	5	100	80	60	排污许可平台	低于III级基准值要求的，采用外延法取值，以0为0
		环境违法处罚情况	5	处罚≤60次	处罚≤120次	处罚≤180次	生态环境执法系统	低于III级基准值要求的，采用外延法取值，以500为0

达到 I 级基准值对应的分值 s=100；达到 II 级基准值对应的分值 s=80；达到III级基准值对应的分值 s=60；
对于达到 I 级、II 级或III级基准值，II 级或III级基准值对应的分值按实际值内插法取值，低于III级基准值要求的，采用外延法取值。

2. 评价标准

根据评价结果，评价指标体系将企业的绿色发展水平划分为优秀水平、良好水平、一般水平三级（表 2-31）。绿色发展等级对应的综合评价指标值应符合评价规定。

表 2-31　水泥行业绿色发展水平综合评价指标值

企业绿色发展水平	综合评价指标值（P）
优秀水平	$P \geqslant 85$
良好水平	$70 \leqslant P < 84$
一般水平	$P < 69$

三、评价结果

通过绿色发展水平评价指标体系及相关数据计算结果，2021 年行业处于一般水平，2022 年处于良好水平，2023 年处于优秀水平（表 2-32）。

表 2-32　3 年来行业绿色发展水平情况

序号	年份	技术装备与工艺	资源能源消耗	污染控制与排放	环境管理	总得分	评价结果
1	2021	10.48	20.20	33.30	15.05	79.03	一般
2	2022	10.66	21.10	34.48	17.42	83.66	良好
3	2023	10.85	21.85	37.58	19.58	89.85	优秀

从各一级指标来看，逐年向好，说明行业整体向绿色低碳方向发展。

从各二级指标来看，技术装备与工艺方面，生产线平均规模、先进产能占比逐年提升，但由于行业整体体量较大，尚无质的飞跃。在资源能源消耗方面，3 个年份吨熟料氨水消耗量（kg/t 熟料）（折合 20%氨水浓度）均小于 3.5 kg/t 熟料，说明在当前控制水平下，平均氨水耗量处于可接受水平；吨熟料 CO_2 平均排放强度逐年下降；平均吨熟料综合能耗较高，低于基准水平，介于《水泥单位产品能源消耗限额》（GB 16780—2021）的 2、3 级水平之间；协同处置固体废物生产线比例逐年上升。在污染控制与排放方面，3 个年份窑尾 NO_x 平均排放浓度处于 150～180 mg/m³，满足 GB 4915 特排限值要求；3 个年份窑尾颗粒物、二氧化硫平均排放浓度和排放绩效值无大的差距；3 个年份差异较大的是在行业地方标准、地方超低排放方案以及《意见》的倒逼下，SCR 生产线比例有了较大的提升。在环境管理方面，体现差异的主要是环保绩效 A 级生产线比例、企业在线监测设施达标率（按生产线）。对于环保绩效 A 级生产线比例，在政策鼓励下，全国环保绩效 A 级生产线增长较快；对于企业在线监测设施达标率（按生产线），本书分析时剔除进行了生产设施工况标记和CEMS标记的情况，2021 年达标率较低，仅为5.71%，2023年升至 32.66%，说明随着 2023 年 1 月 1 日《关于发布〈污染物排放自动监测设备标记规则〉的公告》（公告 2022 年第 21 号）在水泥制造行业的正式实施，企业对 CEMS 设备运维等情况进行了标记，在线监测数据能够较为客观地反映企业实际污染物排放情况。

第三章　危险废物焚烧行业环境评估报告

第一节　行业发展现状

基于全国排污许可证管理信息平台和重点排污单位自动监控与基础数据库系统等数据，对《国民经济行业分类》（GB/T 4754—2017）"危险废物治理"且采取焚烧方式处置危险废物（排污许可系统管理系统中管理类别为"危险废物治理——焚烧"，N7724-1）的企业情况进行了统计，分析了 2023 年危险废物焚烧行业的规模布局、焚烧装置和焚烧处置情况。

一、规模与布局

2023 年，全国持排污许可证的危险废物焚烧企业有 596 家，建设焚烧装置 817 台，焚烧处置能力为 1 460.08 万 t/a，企业数量和处置能力总体呈现由东部向西部递减的布局趋势。其中，有 347 家位于工业园区内，占比 58.22%。全部企业中除未明确投产日期的 118 家以外，2015 年（含）之前投产 193 家，2018—2022 年投产数量最多，分别投产 48 家、48 家、48 家、45 家、30 家，2023 年投产企业数量下降至 12 家。

江苏、山东、广东、河北、浙江和辽宁 6 个省的危险废物焚烧企业数量均超过 30 家，合计约占全国总企业数量的 53%。江苏、山东、浙江、广东和四川 5 个省的处置能力处于全国前列，合计约占全国总处置能力的 60%（图 3-1 和图 3-2）。

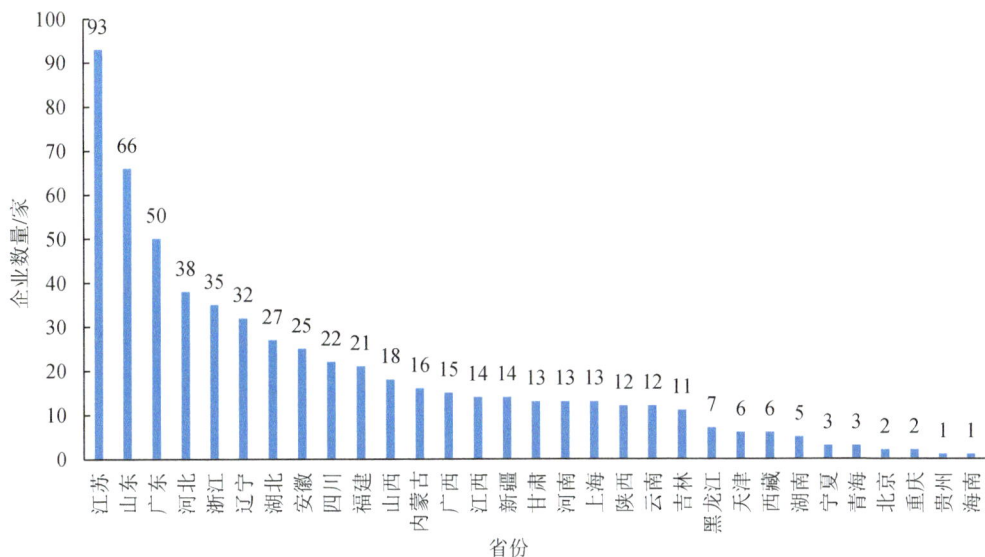

图 3-1　2023 年各省份危险废物焚烧企业数量

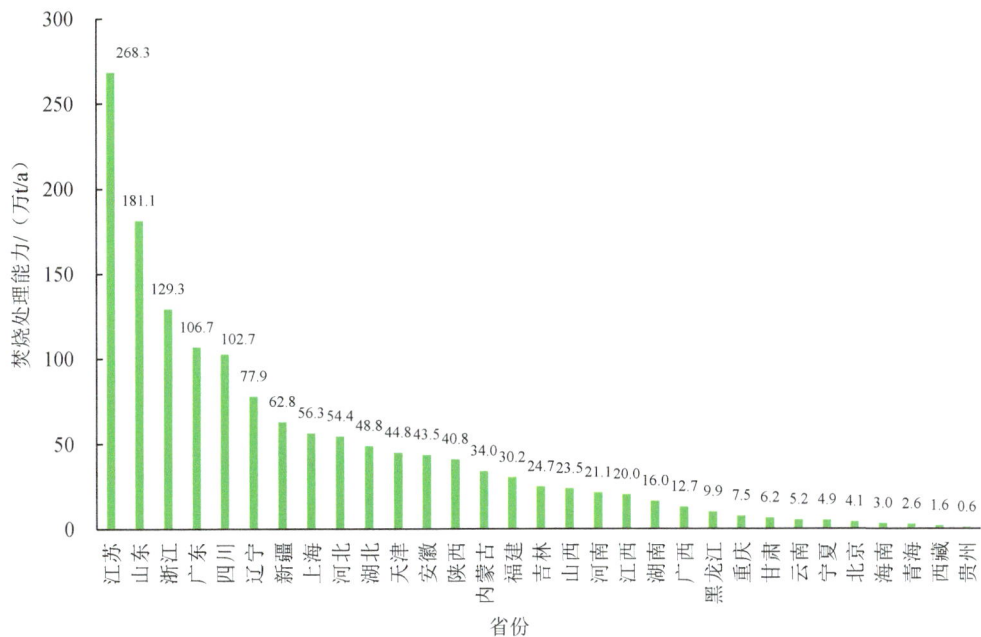

图 3-2　2023 年各省份危险废物焚烧处置能力

为落实《固体废物污染环境防治法》等法律法规规定，提升危险废物监管和利用处置能力，有效防控危险废物环境与安全风险，国务院办公厅于 2021 年印发《强化危险废物监管和利用处置能力改革实施方案》（国办函〔2021〕47 号），提出到 2022 年底各省（区、市）危险废物处置能力基本满足本行政区域内的处置需求；到 2025 年底，建立健全源头严防、过程严管、后果严惩的危险废物监管体系。在政策推动下，2021—2023 年全国危险废物焚烧企业数量从 501 家增加至 596 家，焚烧处置能力从 3.28 万 t/d 增加至 4.87 万 t/d，分别增长 1.19 倍和 1.48 倍。

二、焚烧装置

处置能力在 3 万 t/a 及以上的危险废物焚烧装置不足两成，类型中以回转窑最多。截至 2023 年底，全国危险废物焚烧企业的 817 台焚烧装置中，单台装置处置能力为 7 万～60 万 t/a，平均约 1.77 万 t/a。其中，1 万 t/a 以下焚烧装置 386 台，占比 47.25%，以 2021 年以前建设的焚烧炉为主；3 万 t/a 及以上焚烧装置 160 台，占比不足 20%。焚烧装置类型以回转窑最多，共 519 台，占比 63.52%；热解炉主要用于处置医疗废物，占比 28.27%；其他炉型包括等离子炉、循环流化床等（表 3-1）。

表 3-1　2023 年全国危险废物焚烧企业焚烧装置类型与处置能力

单台处置规模/（万 t/a）	1 以下			1（含）～3			3（含）以上			合计
焚烧装置类型	回转窑	热解炉	其他	回转窑	热解炉	其他	回转窑	热解炉	其他	
数量/台	151	208	27	229	14	28	139	9	12	817
总计/台	386			271			160			
占比/%	47.25			33.17			19.58			100

三、焚烧处置量

全国危险废物焚烧企业 2023 年实际处置危险废物 727.66 万 t。以 2023 年度排污许可执行年报数据为基础，采用危险废物焚烧企业自动监测数据公开平台的企业运行数据校核发现，江苏、浙江、山东、广东、上海和四川 6 个省（市）的危险废物焚烧年处置量均超过 30 万 t，合计焚烧处置危险废物量占全国总量的 69.42%（图 3-3）。

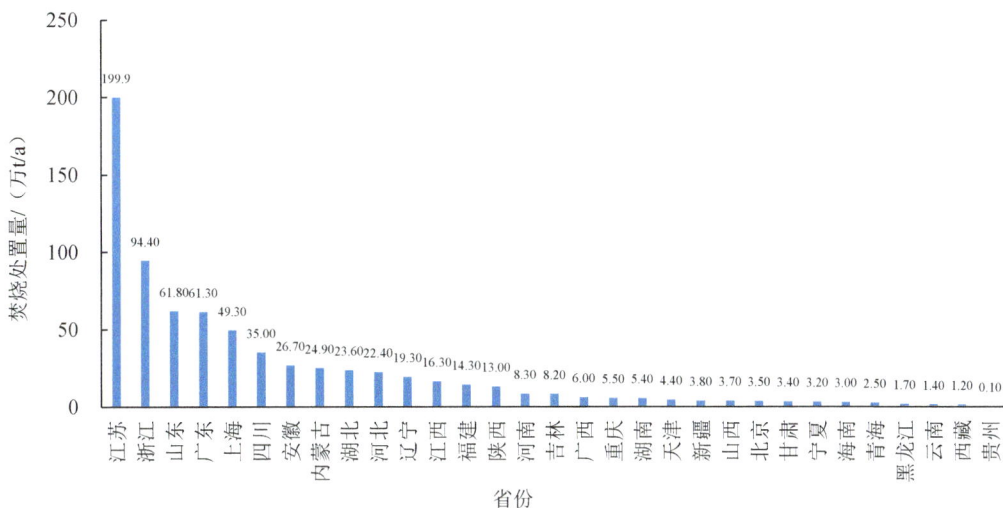

图 3-3　2023 年各省份危险废物焚烧处置量

第二节　污染物排放

根据《国家危险废物名录（2021 年版）》，"具有下列情形之一的固体废物（包括液态废物），列入名录：（一）具有毒性、腐蚀性、易燃性、反应性或者感染性一种或者几种危险特性的；（二）不排除具有危险特性，可能对生态环境或者人体健康造成有害影响，需要按照危险废物进行管理的。"《危险废物焚烧污染控制标准》（GB 18484—2020）规定了危险废物焚烧设施的选址、运行、监测和废物贮存、配伍及焚烧处置过程的生态环境保护要求。《危险废物填埋污染控制标准》（GB 18598—2019）规定了危险废物填埋的入场条件，填埋场的选址、设计、施工、运行、封场及监测的生态环境保护要求。《危险废物收集　贮存　运输技术规范》（HJ 2025—2012）规定了危险废物收集、贮存、运输过程的技术要求。

基于全国排污许可证管理信息平台和重点排污单位自动监控与基础数据库，梳理了危险废物焚烧企业的排污许可与自动监控数据，分析了废气污染物（颗粒物、氮氧化物、二氧化硫等）、废水污染物（化学需氧量和氨氮）的排放情况。

一、废气

危险废物经焚烧产生的废气污染物主要为《危险废物焚烧污染控制标准》（GB 18484—2020）中给出排放浓度限值的 14 类污染物。其中，颗粒物的主要成分为不可燃或燃尽的无机物（如灰分、无机盐类、可凝结颗粒物等）。酸性气体的主要成分为二氧化硫、氮氧化物、氯化氢和氟化氢等。其中，二氧化硫、氯化氢和氟化氢浓度主要受危险废物成分影响；氮氧化物浓度除与危险废物成分有关以外，还受燃烧温度等因素的影响。汞、镉、锑等重金属浓度与危险废物中的重金属含量呈正相关性。二噁英类污染物产生的主要影响因素为燃烧温度、前驱体物质（含苯环有机物）、氯元素和铜、铁等金属元素含量。一氧化碳浓度受锅炉燃烧效果影响显著。

1．污染物治理措施

根据排污许可证管理信息平台数据，所有危险废物焚烧装置均采用了控制焚烧温度、烟气体停留时间、湍流程度及过剩空气率（合称"3T+E"）等措施降低烟气污染物的产生浓度，并在焚烧装置后安装脱酸、脱硝、除尘与活性炭吸附等废气治理措施。主流烟气污染物控制技术为选择性非催化还原（SNCR）脱硝、干法+湿法、活性炭喷射去除二噁英与重金属和袋式除尘器除尘。部分企业在主流控制技术的基础上，装备了湿法脱酸、SCR 脱硝或湿式静电除尘等深度治理措施。

（1）颗粒物

按照《危险废物集中焚烧处置工程建设技术规范》（HJ/T 176—2005）"烟气净化系统的除尘设备应优先选用袋式除尘器"的要求，企业均采用袋式除尘器除尘，部分企业在此基础上还采用了湿式电除尘、活性炭吸附、喷淋除尘等技术。

（2）酸性气体

氮氧化物控制主要采用选择性非催化还原（SNCR）炉内脱硝技术，应用该技术的焚烧装置数量占比达到 74.54%。有 8.08% 的焚烧装置采用 SNCR+选择性催化还原（SCR）两级脱硝措施。此外，有 14.57% 的焚烧装置采用其他技术路线进行脱硝处理，包括"分级燃烧+碱液吸收法""活性炭吸附"等技术（图 3-4）。

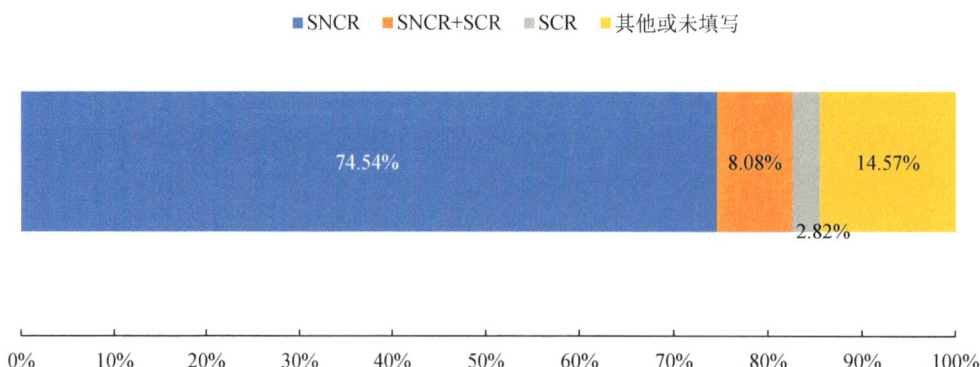

■SNCR　■SNCR+SCR　■SCR　■其他或未填写

74.54%	8.08%		14.57%
		2.82%	

图 3-4　2023 年危险废物焚烧企业脱硝措施装备情况

二氧化硫、氟化氢和氯化氢等酸性气体控制采用"干法+湿法"措施的焚烧装置占比 50.92%，是最普遍采用的脱酸技术；采用"湿法""半干法+湿法""半干法""干法""干法+半干法+湿法"和"干法+半干法"措施的比例分别为 12.97%、12.97%、10.77%、3.43%、3.18% 和 2.57%，采用其他脱酸技术合计占比 3.18%（图 3-5）。

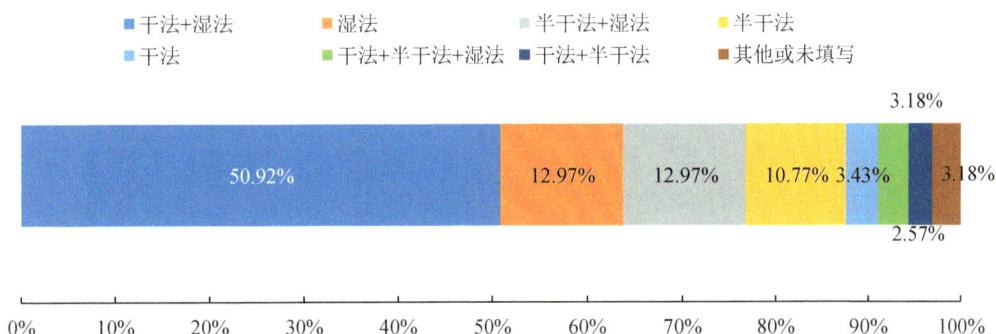

图 3-5 2023 年危险废物焚烧企业脱酸措施装备情况

从比例上看，约八成焚烧装置配备了多级脱酸装置，两成以上装备了多级脱硝。2023 年，全国采用多级脱酸的危险废物焚烧装置占比 77.48%，天津、重庆、河北、贵州、海南、青海、西藏 7 个省（区、市）的装备比例达到 100%。全国采用多级脱硝的危险废物焚烧装置占比为 24.78%，其中北京、上海、天津、甘肃、广东、湖南、江西和山东 8 个省（市）装备比例高于 30%（图 3-6）。

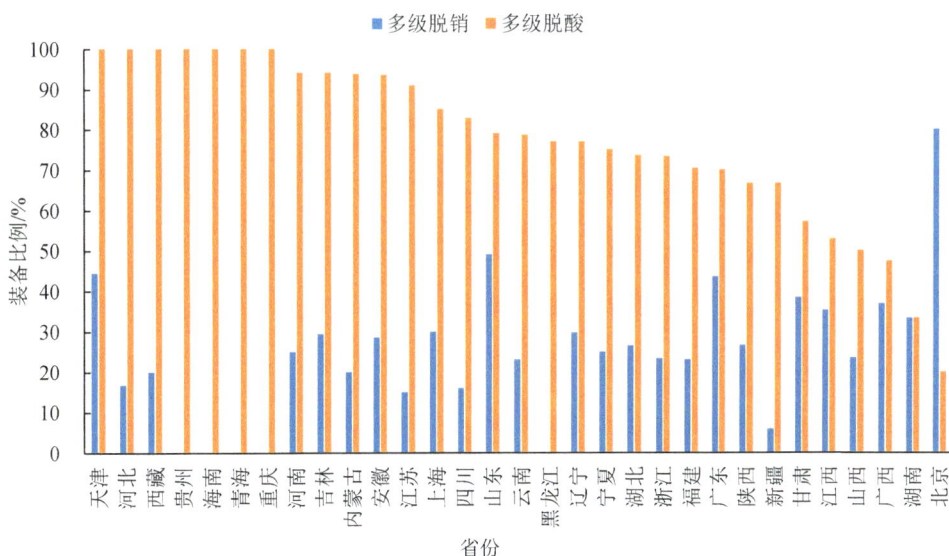

图 3-6 2023 年不同省份多级脱硝和多级脱酸措施装备比例

（3）二噁英类和重金属类

全国危险废物焚烧企业均采用"3T+E"降低产生量并采用"活性炭喷射+袋式除尘器"方式去除烟气中的二噁英类污染物以及汞、镉、铊、锑、砷、铅、铬、钴、铜、锰、镍及其化合物等重（类）金属。

2．污染物排放情况

与单独采用 SNCR 脱硝的焚烧炉相比，采用多级脱硝措施的焚烧炉烟气中氮氧化物排放浓度可降低约 22.49%，采用 SNCR+SCR 可实现较好的控制效果。焚烧炉氮氧化物排放浓度年均值的范围为 73.82～119.93 mg/m³，平均值为 96.70 mg/m³，采用 SNCR+ SCR 等多级脱硝的焚烧炉烟气氮氧化物平均排放浓度为 73.82 mg/m³，约为 GB 18484—2020 标准限值的 1/3（图 3-7）。

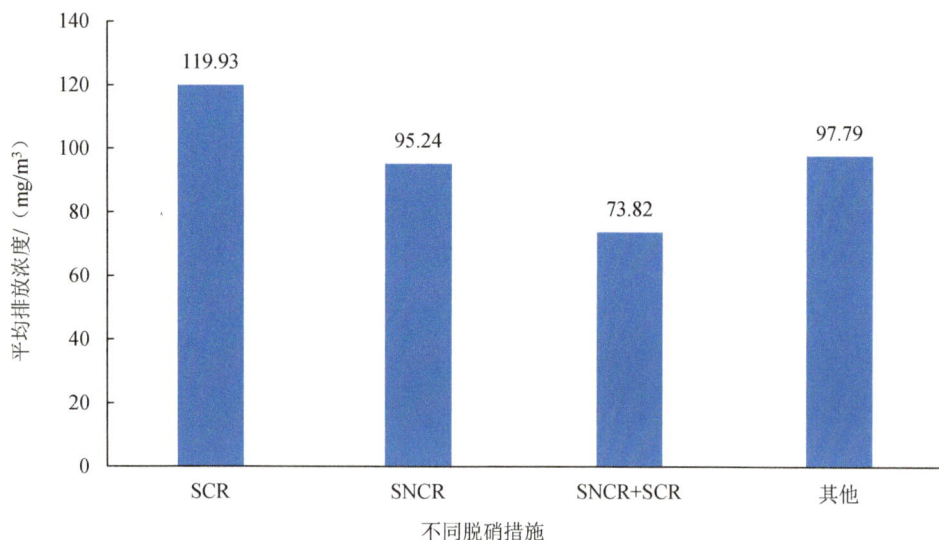

图 3-7　采用不同脱硝措施企业的氮氧化物平均排放浓度

多级脱酸对焚烧烟气中二氧化硫和氯化氢的控制效果明显。全部焚烧炉二氧化硫排放浓度年均值范围为 13.24～25.05 mg/m³，平均值为 18.58 mg/m³，采用"干法+湿法""半干法+湿法"和"干法+半干法+湿法"脱酸措施的二氧化硫排放浓度较低，约为 GB 18484—2020 标准限值的 1/5（图 3-8）。全部焚烧装置氯化氢排放浓度年均值的范围为 6.46～16.46 mg/m³，平均值为 9.41 mg/m³，采用"干法+半干法+湿法""半干法+干法"和"半干法+湿法"脱酸措施的氯化氢排放浓度较低，约为 GB 18484—2020 标准限值的 1/7（图 3-9）。

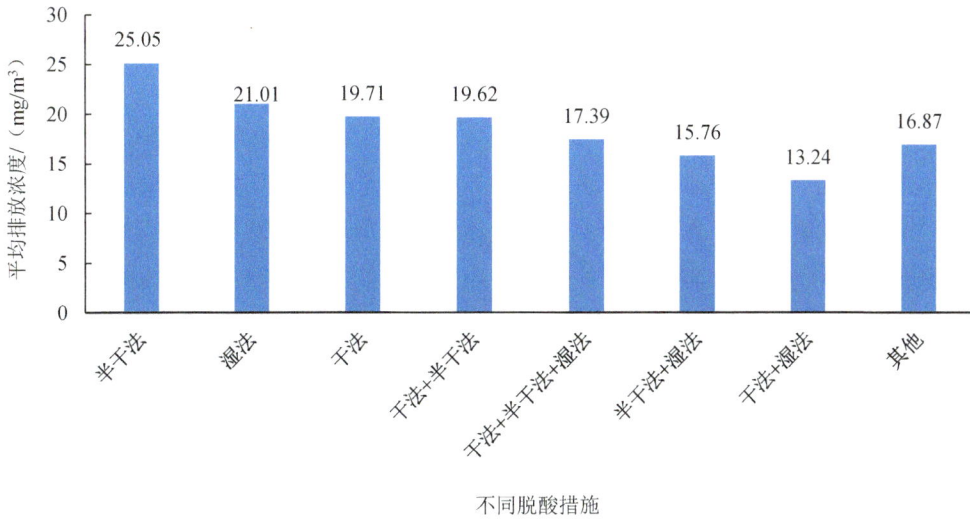

图 3-8　采用不同脱酸措施企业的二氧化硫平均排放浓度

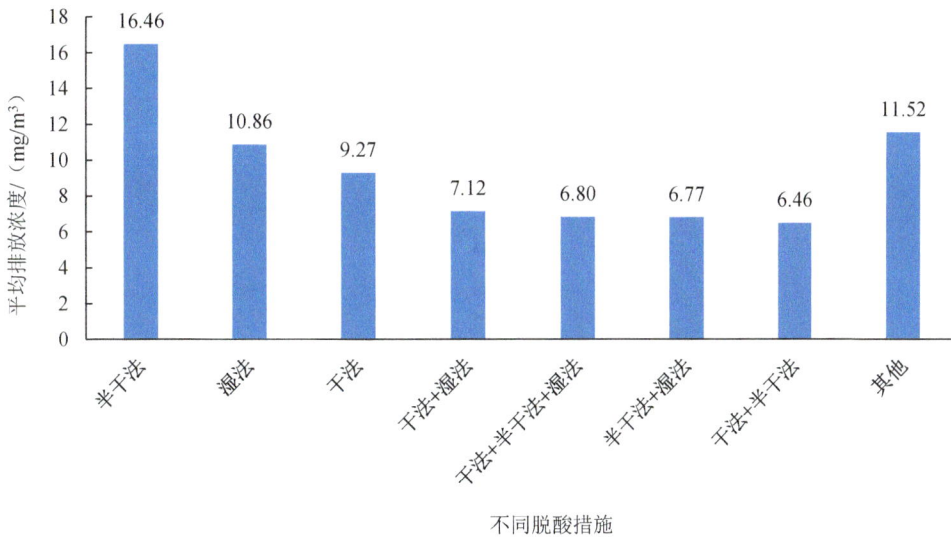

图 3-9　采用不同脱酸措施企业的氯化氢平均排放浓度

二、废水

危险废物焚烧行业产生的废水主要有工艺废水（主要为废气碱喷淋废水和焚烧生产线洗涤废水，主要污染物为化学需氧量、氨氮、总磷、总氮以及汞、镉、铬等重金属和类金属砷等污染物）、实验室废水、设备及地面冲洗水等生产废水以及初期雨水、生活污水等。

1. 污染物治理设施

基于危险废物焚烧企业的排污许可证信息，企业均采用了物理、化学或生化（如絮凝沉淀、芬顿、A/O、A²/O、生物膜法或超滤等）等组合处理技术处理危险废物工艺产生的废水，其中 13 家企业（占比 2.18%）在上述措施后增加了纳滤系统，有效降低了出水的化学需氧量；90 家企业（占比 15.10%）在简单处理的基础上建设了反渗透系统，有利于废水的循环利用；有 34 家企业（占比 5.70%）采用了蒸发结晶系统，可实现废水零排放（图 3-10）。

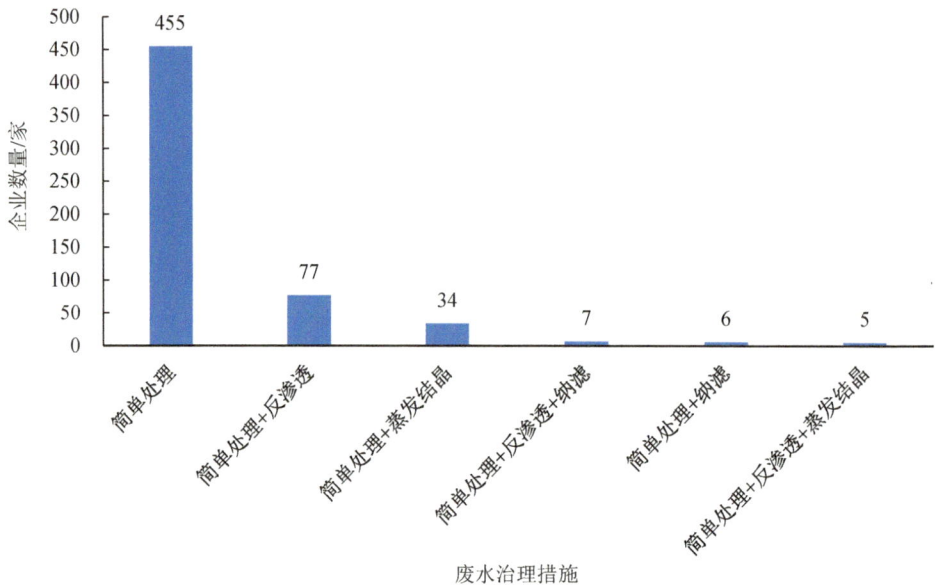

图 3-10　2023 年危险废物焚烧企业工艺废水治理措施

2. 污染物排放情况

基于重点排污单位自动监控与基础数据库系统，2023 年共有 173 家危险废物焚烧企业外排废水，共排放化学需氧量 3 562.7 t，氨氮 123.2 t。

对于处理后的废水，有 48.60% 的企业不外排，回用或用于绿化等；48.34% 的企业将废水排入城市污水处理厂、工业废水集中处理厂；其他企业的废水进入城市下水道或直接排入江河、湖、库等水环境。

三、固体废物

危险废物焚烧行业产生的固体废物主要为危险废物焚烧、热解等处置过程产生的底渣、飞灰、废活性炭和废水处理污泥等，按照《国家危险废物名录（2021 年版）》，均为危险废物。其中，医疗废物焚烧产生的底渣和飞灰在满足《生活垃圾填埋场污染控制标准》（GB 16889）要求的情况下可进入生活垃圾填埋场进行填埋；危险废物焚烧处置过程中产生的废金属在利用环节豁免管理，可用于金属冶炼；生物制药产生的培养基废物焚烧处置或协同处置，在不混入其他危险废物情况下产生的废渣可不按危险废物管理；其他废物进入危险废物填埋场处置。

第三节　环境管理

国家和地方出台了一系列政策措施和管理规定，有力地推动和规范了危险废物焚烧行业的快速、绿色、健康发展。基于环境影响评价、竣工环保验收、排污许可、自动监控、环境处罚和环保投诉等平台数据，分析了 2023 年危险废物焚烧行业的环境管理情况。

一、环境管理政策

在国家层面，规范收集、完善贮存、优化转运和高效处置协同推进，突出重点改进危险废物焚烧全链条管理。我国围绕《固体废物污染环境防治法》逐步建立了以《国家危险废物名录》为基础的鉴别、包装、收集、贮存、运输、利用、处置活动管理体系及资质与监管政策体系。2023 年，生态环境部围绕危险废物管理链条中的重点环节出台了一系列管理措施，完善了危险废物焚烧环境管理体系。《关于继续开展小微企业危险废物收集试点工作的通知》（环办固体函〔2023〕366 号）要求，各地继续积极推动 2022 年 2 月已经开展的试点工作，将行政区域内危险废物年产生总量 10 t 以下的小微企业作为收集服务的重点，建立规范有序的小微企业危险废物收集体系，有效解决小微企业危险废物收集处置急难愁盼的问题。2023 年 7 月 1 日起实施的《危险废物贮存污染控制标准》（GB 18597—2023）与 2001 年的标准相比，增补完善了相关术语和定义，增加了"总体要求"，细化了危险废物贮存设施的分类，完善了危险废物贮存设施的选址和建设要求，修订了危险废物贮存设施的污染防治、运行管理和退役要求，补充了危险废物贮存设施环境应急要求。《危险废物识别标志设置技术规范》（HJ 1276—2022）规定了有关单位需设置的危险废物识别标志的分类、内容要求、设置要求和制作方法，并提供了各类识别标志的模板。《关于进一步加强危险废物规范化环境管理有关工作的通知》（环办固体〔2023〕17 号）要求推动强化危险废物监管和利用处置能力改革任务落实，定期发布危险废物利用处置能力建设引导性公告，推动建设区域性特殊危险废物集中处置中心等重大工程项目。生态环境部和国家发展改革委联合发布了《危险废物重大工程建设总体实施方案（2023—2025 年）》（环固体〔2023〕23 号），提出到 2025 年，通过国家技术中心、6 个区域技术中心和 20 个区域处置中心建设，提升危险废物生态环境风险防控应用基础研究能力、利用处置技术研发能力以及管理决策的技术支撑能力。

在地方层面，规范化环境管理、提升信息化水平协同推进，并以标准或政策形式进一步加严污染物排放管控。为了更好地落实《"十四五"全国危险废物规范化环境管理评估工作方案》（环办固体〔2021〕20 号）和《生态环境部关于进一步加强危险废物规范化环境管理有关工作的通知》（环办固体〔2023〕17 号）有关要求，上海、江苏、安徽和黑龙江等省（市）出台了关于进一步加强本地区危险废物规范化环境管理有关工作的文件，明确了管理范围内关于完善评估指标体系、开展分级分类评估、提升信息化水平和强化规范化管理评估结果应用的具体要求。中部和东部部分省市以政策或标准形式对行业的烟气污染物排放限值予以加严，颗粒物、氯化氢和氟化氢等浓度限值总体比《危险废物焚烧污染控制标准》（GB 18484—2020）下降一半以上。上海《危险废物焚烧大气污染物排放标准（征求意见稿）》于 2023 年 8 月公开征求意见，其中颗粒物、一氧化碳、氯化氢、氟化氢、重金属和二噁英类污染物的排放限值低于 GB 18484—2020 一半以上。海南 2021 年发布了《关于新建扩建危险废物焚烧处置设施污染物排放执行标准意见的通知》，提出了显著严于 GB 18484—2020 的排放限值要求。2023 年 6 月，《海南省危险废物焚烧污染物排放标准（征求意见稿）》公开征求意见，其中的大气排放限值与 2021 年发布的通知中限值一致，更加严格的污染物排放浓度限值推动了危险废物焚烧行业的绿色可持续发展和区域环境质量的持续改善。

二、环评文件审批

基于环评智慧监管平台数据分析，2021—2023 年全国共审批危险废物焚烧建设项目环评文件 157 个，含报告书 150 个、报告表 7 个，从数量上呈现逐年递减趋势（图 3-11）。

2023 年，危险废物焚烧建设项目环评文件审批数量 32 个，其中新建项目 11 个，改扩建项目 17 个，技术改造项目 4 个，江苏、广东和河北审批数量较多。新建、改扩建项目建设焚烧炉 31 台，单炉处置能力在 6～110 万 t/a，其中新建焚烧炉单炉处理能力在 3 万 t/a 以上的占比 85.71%，不满足《强化危险废物监管和利用处置能力改革实施方案》中"新建危险废物集中焚烧处置设施处置能力原则上应大于 3 万 t/a"要求的主要为云南、贵州偏远地区的医疗废物处置装置。审批项目共新增处置能力 65.08 万 t/a，涉及总投资

42.27 亿元，其中环保投资约 8.97 亿元，占比 21.22%（图 3-12）。

图 3-11 2021—2023 年危险废物焚烧项目审批数量

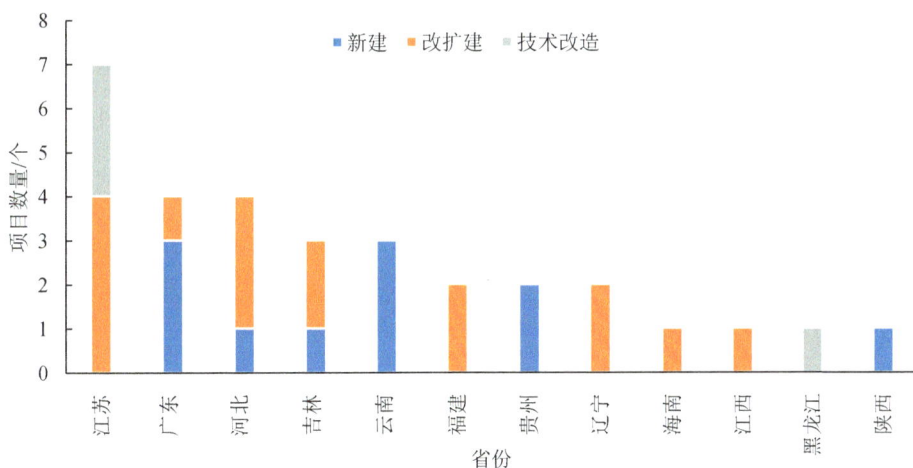

图 3-12 2023 年各省份危险废物焚烧建设项目审批数量

2023 年危险废物焚烧建设项目以报告书为主，主要由市级和区（县）级生态环境主管部门审批。2023 年全国共审批危险废物焚烧建设项目 32 个，其中 31 个为报告书，1 个为报告表。按照《建设项目环境影响评价文件分级审批规定》，危险废物焚烧项目审批权限由各地自行规定。2023 年涉及危险废物焚烧项目的 12 个省（区、市）中，安徽、贵州、海南将危险废物焚烧项目纳入省级生态环境主管部门审批目录，广东、吉林、云南、江西仅将集中焚烧处置的危险废物焚烧项目纳入省级生态环境主管部门审批目录，福建在省级文件中将危险废物处置设施项目审批交由设区市级生态环境主管部门负责，江苏、河北、辽宁、黑龙江、陕西等 7 个省级层面文件则无明确规定。从审批机构级别来看，市级和区

（县）级生态环境主管部门分别审批 15 个和 12 个，占审批项目总数的 84.38%。在区（县）级审批的 12 个项目中，有 6 个项目为该县首次审批建设的危险废物焚烧类项目，占比 50%。

三、排污许可管理

基于排污许可证管理信息平台，分析了 2023 年危险废物焚烧企业排污许可证的发放情况和已发放排污许可证的危险废物焚烧企业 2023 年排污许可执行年报的报送情况。

1. 排污许可证发放情况

2023 年，全国共核发了 216 张危险废物焚烧企业排污许可证，同比增长约 16%。核发排污许可证的行业类别为"危险废物治理"或"危险废物治理—焚烧"，管理类别均为"重点管理"，其中首次申请的排污许可证为 17 张，其余 199 张为到期延续（36 张）、变更（80 张）或重新申请（83 张）。其中变更的主要内容为企业基本信息变更，如排污单位变更名称、法定代表人等信息，或按照生态环境主管部门要求完善和修改相关信息；排污单位重新申请的主要原因为新建、改建、扩建排放污染物项目以及污染物排放口位置发生变化等。在 2023 年申请危险废物焚烧行业排污许可证的 29 个省（区、市）中，江苏、山东和广东 3 个省申请数量较多，分别为 43 张、18 张和 16 张（图 3-13）。

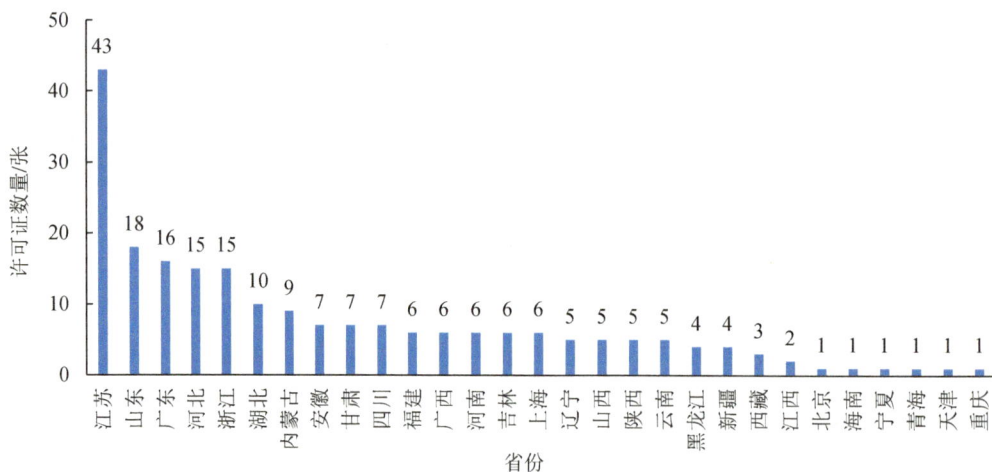

图 3-13　2023 年各省份核发的危险废物焚烧企业排污许可证数量

2. 排污许可执行年报报送情况

2023 年，全国危险废物焚烧企业排污许可证年度执行报告基本实现应报尽报。《排污许可证申请与核发技术规范 危险废物焚烧》（HJ 1038—2019）要求持证时间超过 3 个月的，企业应报送年度执行报告。截至 2024 年 3 月底，危险废物焚烧行业完成提交 2023 年报的企业数量占比约为 96%，21 个省份企业年度执行报告提交率为 100%，其余 11 个省

（区、市）（安徽、甘肃、福建、黑龙江、河南、江苏、山西、上海、宁夏、内蒙古和新疆）存在因企业关停或运行不足 3 个月而未报送执行年报。

四、竣工环保验收

基于全国建设项目竣工环境保护验收信息系统，2023 年共有 113 个危险废物焚烧建设项目完成竣工环保验收，其中新建项目 56 个、改扩建项目 40 个、技改项目 17 个，共涉及总投资 155.78 亿元，其中环保投资 34.82 亿元，占比 22.36%。广东、江苏和山东 3 个省验收项目数量较多，分别为 15 个、14 个和 12 个（图 3-14）。

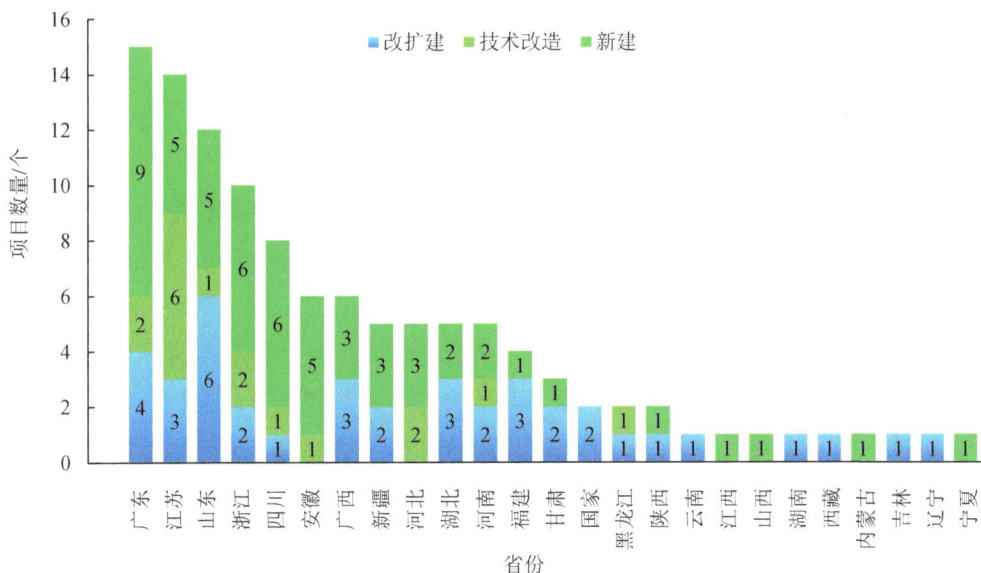

图 3-14　2023 年危险废物焚烧行业竣工环保验收省际分布

部分项目存在久拖不验、环保搬迁不落实、依托工程未建成或逾期填报等问题。一是共有 40 个项目验收报告公示时间距离建设项目竣工时间 1 年以上，占比 35.40%，个别项目达到约 3 年。二是环境防护距离内的居民搬迁动作缓慢，验收时未全部完成搬迁工作的项目占需开展环保搬迁项目的 12.50%。三是部分项目验收时地下水指标难以达到验收标准要求，占比 7.69%，涉及总硬度和硫化物等无机物超标、锰等重金属超标和总大肠菌群超标等问题。建设单位全部归因于本底值较高或混入其他污染源（如附近河水倒灌等）。四是个别环保设施建设打了折扣（如依托的工业园区污水处理厂未建成等）。

五、环境监管执法

1. 污染物达标排放情况

（1）废气污染物

《危险废物焚烧污染控制标准》（GB 18484—2020）确定了 14 项烟气污染物（颗粒物、二氧化硫、氮氧化物、一氧化碳、氯化氢、氟化氢、二噁英、重金属等）的排放浓度标准限值，规定颗粒物、二氧化硫、氮氧化物、氯化氢和一氧化碳 5 项污染物须开展自动监测，且这 5 类污染物的自动监测日均值数据可作为判定排污行为是否符合排放标准的依据之一。

基于危险废物焚烧企业自动监测数据公开平台，整理了 2023 年累计运行 1 个月以上的 629 个焚烧炉烟气排口的 5 项污染物日均值达标情况，共涉及 30 个省份 496 家企业的 20.07 万条日均值数据。

2023 年，全行业颗粒物、二氧化硫、氮氧化物、一氧化碳、氯化氢 24 h 均值达标率（总达标日数/总有日数）分别在 97%、98%、99%、96% 和 99% 以上。

基于排污许可年报数据，2023 年危险废物焚烧企业烟气有组织排放手动监测的 10 项有组织烟气污染物（二噁英类和重金属类）的达标率均高于 99%。剔除未填报或数据填报不规范数值后，全行业二噁英类，汞及其化合物，镉、铊及其化合物和锑、砷、铅、铬、钴、铜、锰、镍及其化合物的焚烧炉排口达标率（达标排口数量占总排口数量的比例）分别为 100% 和 99.98%（表 3-2），重金属最大超标倍数为 0.47 倍。

表 3-2　2023 年危险废物焚烧企业烟气污染物有组织手动监测情况

污染物	有效数据数量[*]	企业达标率/%
二噁英类	757	100
汞及其化合物等重金属类	5 010	99.98

注：* 剔除监测值为空值或"/"的有效监测数据。

2023 年，危险废物焚烧企业基本实现厂界无组织污染物达标排放。剔除未填报或数据填报不规范的数据后，99.64% 和 99.70% 的企业实现颗粒物和硫化氢厂界达标排放，99.79% 和 99.76% 的企业实现了氨和臭气浓度的厂界达标排放（表 3-3）。

表 3-3　2023 年危险废物焚烧企业厂界无组织污染物监测数据统计

污染物	有效数据数量*	企业达标率/%
颗粒物	2 779	99.64
硫化氢	2 624	99.70
氨	2 797	99.79
臭气浓度	2 512	99.76

注：* 剔除许可排放浓度限值和监测值为空值或"/"的有效监测数据。

（2）废水污染物

基于自动监控数据分析，2023 年约一成的废水排放口存在日均值超标现象。在 173 家焚烧企业的 185 个废水排放口中，化学需氧量和氨氮日均值超标的数量分别为 26 个和 16 个，排口废水达标率分别为 85.94%、91.35%（表 3-4）。

表 3-4　2023 年危险废物焚烧企业废水总排口污染物监测数据统计

污染物	有效数据数量*	排口达标率/%
化学需氧量	43 654	85.94
氨氮	35 798	91.35

注：* 剔除非正常工况和自动监控标记、监测值为空值或"/"等的有效监测数据。

2．环境违法行为及行政处罚

危险废物焚烧行业环保处罚数量总体呈增长态势，严格环境执法倒逼企业提升环境守法水平。2021—2023 年，随着危险废物焚烧行业环境执法力度持续加大，执法工作不断深入，企业的环境违法案件查处数量大幅上升，环境执法成果显著，行业环境执法水平明显提高。

处理处罚的违法行为以"违反大气污染防治管理制度"为主，占总数的 46.40%，如超标或超总量排污、未按规定采取污染防治措施或者设施排放、处置、贮存污染物、未落实自动监控环境管理规定等；"违反固体废物管理制度"占比 20.80%，如未落实日常运行管理和台账规定、未按照规定设置危险废物识别标志等；"违反排污许可管理条例"占比 16.80%，如未按照排污许可证规定控制大气污染物无组织排放等。其他问题包括"违反建设项目'三同时'及验收制度""违反水污染防治管理制度""违反土壤污染防治管理制度""出具虚假报告"和"违反环境保护许可管理制度的行为"。

第四节　行业及典型企业绿色发展水平评价

为深入打好污染防治攻坚战，持续提升危险废物焚烧企业的环境管理水平和可持续发展能力，激发企业绿色转型内生动力，从焚烧企业生产工艺及污染治理设施建设、生产运行、污染物排放和环境管理等方面构建绿色发展指标体系，并基于排污许可、在线监测数据和环境执法数据开展全行业评价，以进一步规范和提升行业环境治理水平，达到"以评促建、以评促改、以评促优、以评促管"的效果，为国家、行业和企业环境管理工作提供参考。

一、指标体系与评价对象

本指标体系借鉴了生态环境部《"十四五"全国危险废物规范化环境管理评估工作方案》（环办固体〔2021〕20 号）提出的《危险废物规范化环境管理评估指标（危险废物经营单位）》《湖北省危险废物产生、利用处置能力和设施运行情况评估细则》（鄂环办〔2021〕82 号）和《生活垃圾焚烧发电行业环境评估报告（2022 年）》等文件的指标设计和赋分权重，在全面性、科学性、客观性和适用性原则的基础上，结合国内外的相关研究成果以及行业建设运行、污染治理和环境管理特点与环境管理要求，从生产工艺及污染治理设施建设、生产运行、污染物排放和环境管理四个方面制定了行业绿色发展指标体系，共计 15 个评价指标。

绿色发展水平评价指标总分值为各一级指标的考核总分值之和，按式（3-1）和式（3-2）计算：

$$K = \sum_{1}^{n} K_i \qquad (3\text{-}1)$$

式中：K —— 绿色发展水平评价指标总分值；

n —— 参与评价考核的一级指标总数；

K_i —— 第 i 项评价一级指标的考核总分值。

$$K_i = \sum_{1}^{m} K_{ij} \qquad (3\text{-}2)$$

式中：K_i —— 第 i 项一级评价指标的考核总分值；

m —— 第 i 项一级评价指标下参与定量考核的二级指标总数；

K_{ij} —— 第 i 项一级评价指标下第 j 项二级指标的单项评价指标得分。

本评价指标体系将企业绿色发展水平划分为优秀水平、良好水平和一般水平三级。

根据综合评价指标值进行分级，85 分（含）以上的企业为"绿色发展优秀水平"，84 分（含）至 70 分（含）的企业为"绿色发展良好水平"，69 分（含）以下的企业为"绿色发展一般水平"。

本书评价对象为 2023 年全国持排污许可证的 596 家危险废物焚烧企业，共涉及 817 台焚烧装置，焚烧处置能力 1 460.08 万 t/a。

二、评价结果

基于危险废物焚烧绿色发展评价指标体系，2023 年全国持排污许可证的 596 家危险废物焚烧企业中，有218家企业获得"绿色发展优秀水平"，在企业环境治理设施、环境管理和污染物排放等方面表现优秀，有 266 家企业获得"绿色发展良好水平"，绿色发展水平较高，有112家企业获得"绿色发展一般水平"，这些企业仍需努力提升环境建设和运营管理水平。

绿色发展优秀水平218家企业在生产工艺及污染治理设施、生产运行、污染物排放和环境管理方面表现突出。在生产工艺及污染治理设施方面，焚烧炉的炉膛焚烧温度（或二燃室）高温段温度、烟气停留时间或炉渣热灼减率高于标准要求的企业较多。焚烧炉设计参数较高，为焚烧烟气的环境管理和污染物排放控制打下了良好的基础。154 家企业采用了"干法+湿法"或"干法+半干法+湿法"等先进脱酸技术、"SNCR+SCR"等先进脱硝技术或"袋式除尘+湿法静电除尘"等先进除尘技术，保证了烟气中污染物的高效去除与稳定达标排放。在生产运行方面，122 家企业的生产负荷率在90%以上。危险废物焚烧显著降低了危险废物直接填埋产生的污染风险，其环境效益明显。在污染物排放方面，绿色发展优秀水平企业的各项烟气污染物基本实现达标排放；二噁英类、各项重金属和废水污染物均实现达标排放。在环境管理方面，相关企业的环境管理绩效水平较高，总体上及时报送了 2023 年排污许可执行年报。

绿色发展一般水平的 112 家企业存在主要烟气污染物或废水的日均值超标现象，个别企业还存在环保投诉情况。

第四章　平板玻璃行业环境评估报告

第一节　行业发展现状

一、产量产能

1. 平板玻璃产量稳定增长

自 2013 年以来，我国平板玻璃产量从 77 898 万重量箱增加至 2021 年的 101 664 万重量箱，增长 30.5%。2023 年，我国平板玻璃（含光伏玻璃）产量为 129 632 万重量箱，同比增长 5.52%。值得说明的是，2022 年、2023 年平板玻璃产量增长率数据包含了光伏玻璃产量，数据来源为全国排污许可证管理信息平台执行报告上报数据（图 4-1）。

图 4-1　全国平板玻璃产量及变化情况

注：①除 2022 年、2023 年平板玻璃产量根据全国排污许可证管理信息平台统计以外，其余数据均来源网络公开。
②2022 年、2023 年增长率核算包含光伏玻璃产量数据。

根据全国排污许可证管理信息平台统计，全国共有 28 个省（区、市）分布有平板玻璃企业。2023 年全国 15 个省（区、市）平板玻璃产量增长，其中河北、海南、浙江、重庆、福建、安徽省（市）平板玻璃产量增幅超过 20%；其余 13 个省（区、市）平板玻璃产量出现负增长，其中青海、贵州、黑龙江、新疆、天津 5 个省（区、市）平板玻璃产量缩减幅度超过 20%。

据不完全统计，截至 2023 年，全国共有 9 个省份分布有光伏玻璃企业，其中安徽光伏玻璃产量超过 1.7 亿重量箱。2023 年，福建、浙江、广西、江苏、河南 5 个省（区、市）光伏玻璃产量同比增长超过 30%。平板玻璃行业在要求产能置换的基础上，有效地遏制了平板玻璃产能过剩，但产能置换方案将光伏压延玻璃项目排除在外，致使近年来光伏玻璃产量增长迅速（图 4-2 和图 4-3）。

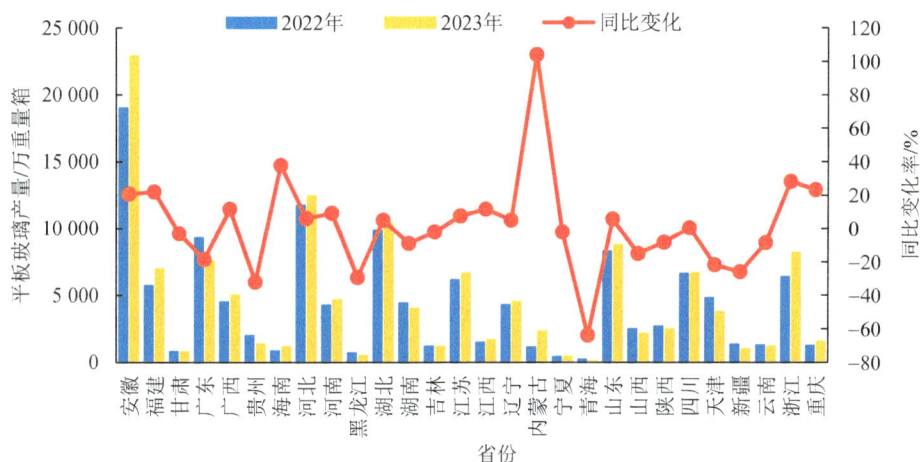

图 4-2　各省份平板玻璃产量变化情况

资料来源：全国排污许可证管理信息平台。

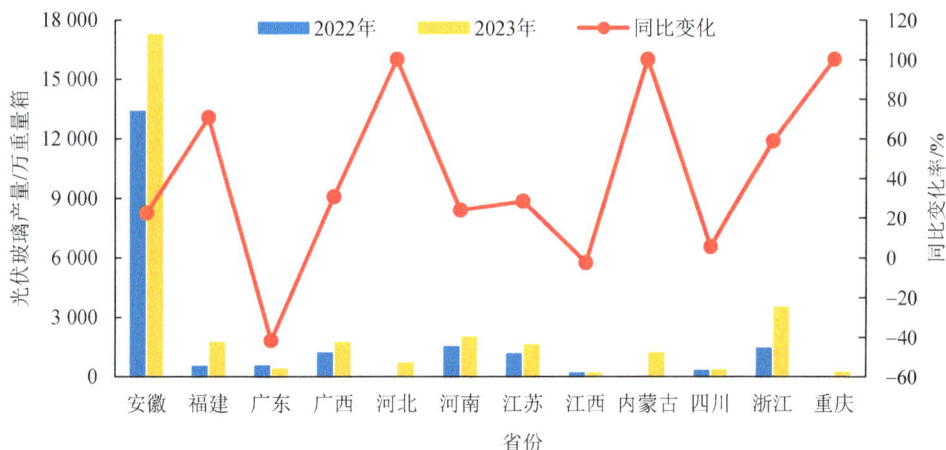

图 4-3　各省份光伏玻璃产量变化情况

资料来源：全国排污许可证管理信息平台。

2. 产能分布相对集中，新增产能以光伏玻璃为主

2023 年，全国 28 个省（区、市）平板玻璃熔窑 428 座，其中光伏玻璃熔窑 115 座。平板玻璃熔窑熔化能力合计 28.1 421 万 t/d，较 2022 年增加 3.839 万 t/d。平板玻璃熔窑约一半熔化能力分布于安徽、河北、江苏、广东、湖北 5 省，其中安徽、河 2 省北平板玻璃熔窑熔化量分别为 5.814 万 t/d、3.974 万 t/d，分别占全国平板玻璃熔窑熔化能力的 20.66%、14.12%（图 4-4）。

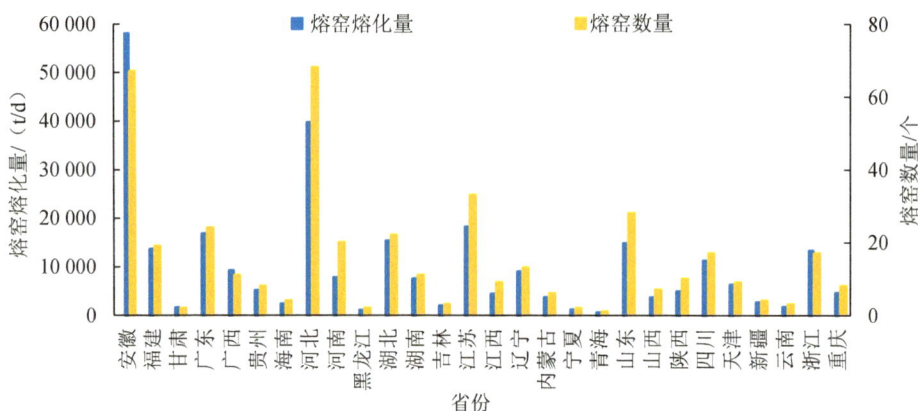

图 4-4   全国平板玻璃（含光伏玻璃）熔窑分布情况

资料来源：全国排污许可证管理信息平台。

根据全国排污许可证管理信息平台统计，2023 年我国生产光伏玻璃的熔窑 115 座，熔化能力合计 9.3 293 万 t/d，较 2022 年增加 3.342 万 t/d，占行业增量的 87.05%。光伏玻璃熔窑一半以上熔化能力分布在安徽，日熔化量达 4.859 万 t/d。自 2020 年以来，光伏玻璃熔窑日熔化能力增加 7.3 583 万 t/d，占全国的 78.9%（图 4-5）。

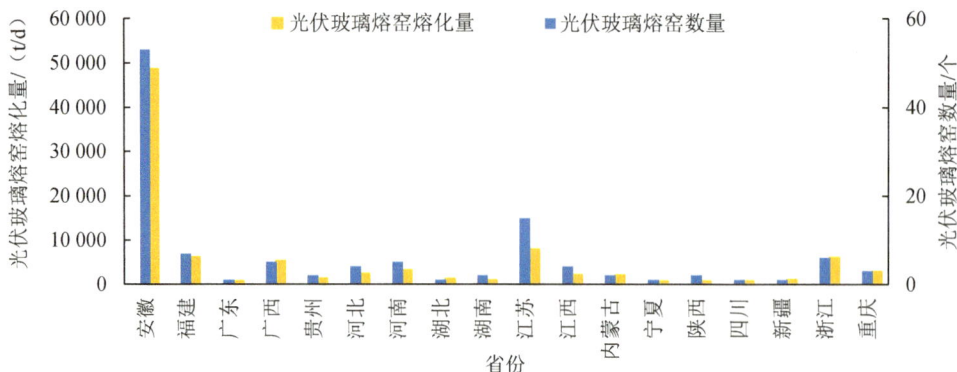

图 4-5   全国光伏玻璃熔窑分布情况

资料来源：全国排污许可证管理信息平台。

二、规模布局

1．生产工艺集中度明显

根据全国排污许可证管理信息平台统计，2023 年我国平板玻璃企业 204 家、熔窑 428 座、熔化能力合计 28.1 421 万 t/d，全部为浮法和压延生产工艺。其中浮法工艺平板玻璃熔窑 278 座、熔化能力 18.6 175 万 t/d，占比分别为 65.0%、66.2%；压延工艺平板玻璃熔窑 150 座、熔化能力 9.5 264 万 t/d，占比分别为 35.0%、33.8%（图 4-6 和图 4-7）。

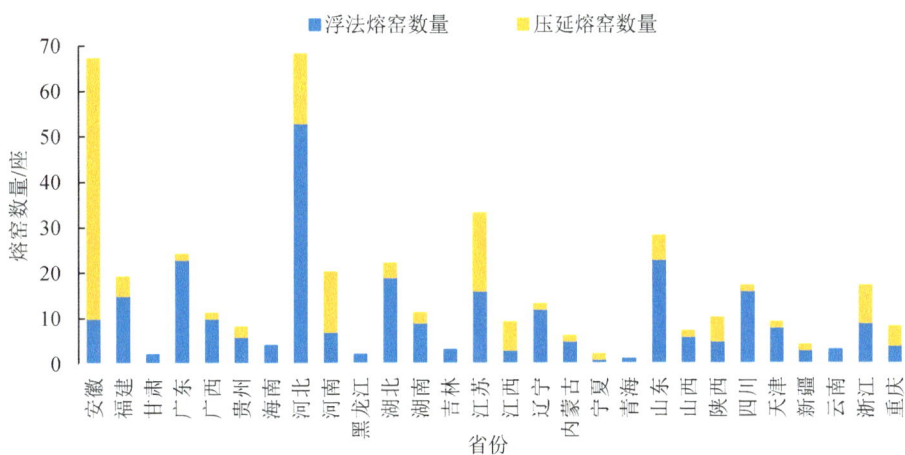

图 4-6　全国浮法、压延平板玻璃熔窑数量分布情况

资料来源：全国排污许可证管理信息平台。

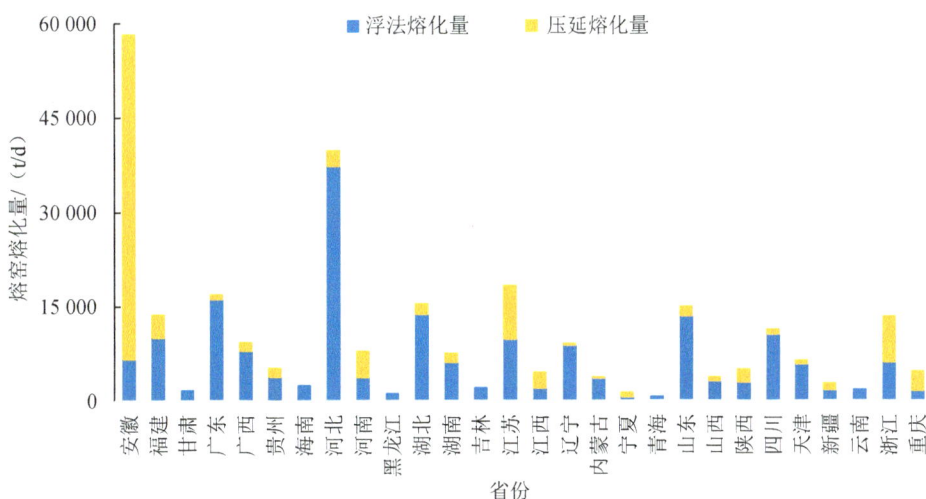

图 4-7　全国浮法、压延平板玻璃熔窑日熔化量分布情况

资料来源：全国排污许可证管理信息平台。

平板玻璃生产工艺分为浮法和压延，根据全国排污许可证管理信息平台统计，各省（区、市）平板玻璃生产以浮法工艺为主，安徽、重庆、江西、浙江、河南、江苏 6 个省（市）压延工艺日熔化能力在省内占比超过 50%。我国平板玻璃生产主要分布在安徽、河北 2 省，安徽省以压延工艺为主，日熔化能力占全省的 88.5%；河北省以浮法工艺为主，日熔化能力占全省的 94.0%。

在当前碳达峰碳中和政策影响下，光伏玻璃需求与日俱增，2023 年安徽省新增 16 座玻璃熔窑均为光伏玻璃生产线，且省内 80% 以上的玻璃熔窑用于生产光伏玻璃。

2. 重点区域产能相对集中

根据全国排污许可证管理信息平台统计，全国重点区域企业数 104 家、玻璃熔窑 242座、熔窑熔化能力 15.9 583 万 t/d，在全国占比均超过 50%，日熔化能力较 2022 年增长21.45%。同时对比 2017 年行业数据可知，重点区域熔窑日熔化能力增幅达 85.8%。

京津冀及周边地区企业数 55 家、玻璃熔窑 115 座、熔窑熔化能力 6.496 3 万 t/d；汾渭平原企业数 6 家、玻璃熔窑 14 座、熔窑熔化能力 0.688 0 万 t/d；长三角地区企业数 43家、玻璃熔窑 113 座、熔窑熔化能力 8.774 0 万 t/d（图 4-8）。

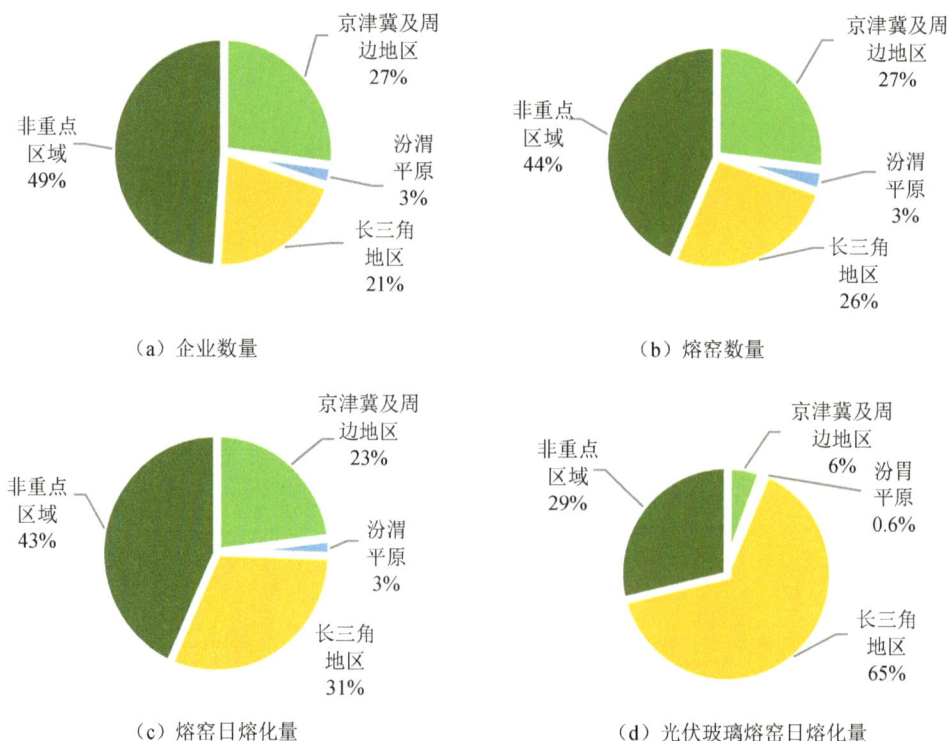

（a）企业数量

（b）熔窑数量

（c）熔窑日熔化量

（d）光伏玻璃熔窑日熔化量

图 4-8　重点区域平板玻璃企业分布情况

资料来源：全国排污许可证管理信息平台。

2023 年，全国重点区域光伏玻璃熔窑 80 座、熔窑熔化能力 6.65 万 t/d，在全国光伏玻璃企业占比分别为 69.6%、71.3%，熔窑日熔化能力较 2022 年增长 53.65%。光伏玻璃熔窑主要分布在长三角地区，熔窑熔化能力达 6.056 万 t/d。

三、工艺装备

1. 燃料以天然气为主

根据全国排污许可证管理信息平台统计，我国 428 座平板玻璃熔窑中有 299 座采用单一燃料（采用备用燃料的以主要燃料进行统计），涉及熔化量 19.499 3 万 t/d，其余 129 座采用 2 种或 3 种燃料。采用单一燃料的熔窑，主要燃料包括天然气、发生炉煤气、石油焦、焦炉煤气、重油、蒽油，其中天然气使用占比达 83.61%，涉及熔化量 16.654 3 万 t/d。采用发生炉煤气作为燃料的企业主要分布在河北、辽宁；采用石油焦作为燃料的企业主要分布在浙江、广东和湖北；采用重油、蒽油作为燃料的企业主要分布在江西、广东。使用单一燃料的熔窑中，仅有 4 座光伏玻璃熔窑使用发生炉煤气和重油，其余均使用天然气（图 4-9）。

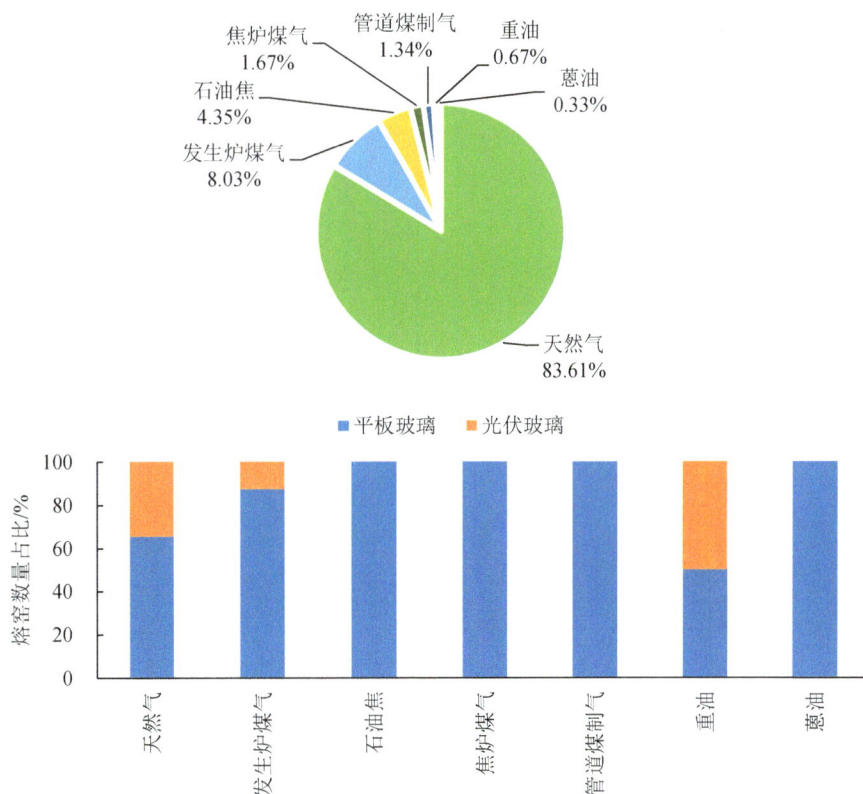

图 4-9 熔窑（单一燃料）燃料使用情况

资料来源：全国排污许可证管理信息平台。

采用 2 种或 3 种燃料的 129 座熔窑中，120 座以天然气和其他燃料（发生炉煤气、管道煤制气、焦炉煤气、煤焦油、轻油、石油焦、乙烯焦油、重油）结合作为主要燃料，9 座以石油焦+重油、发生炉煤气+焦炉煤气作为主要燃料，主要分布在浙江、山西。

2. 玻璃熔窑日熔化量以 500 t 以上为主

根据全国排污许可证管理信息平台统计，我国浮法工艺玻璃熔窑熔化能力 500 t/d 以上规模数量占比 83.6%，涉及日熔化量占比 89.9%，熔化能力 900 t/d 以上规模数量占比 9.3%；压延工艺玻璃熔窑熔化能力 500 t/d 以上规模数量占比 57.8%，涉及日熔化量占比 84.7%，熔化能力 900 t/d 以上规模数量占比 36.7%（图 4-10、图 4-11）。

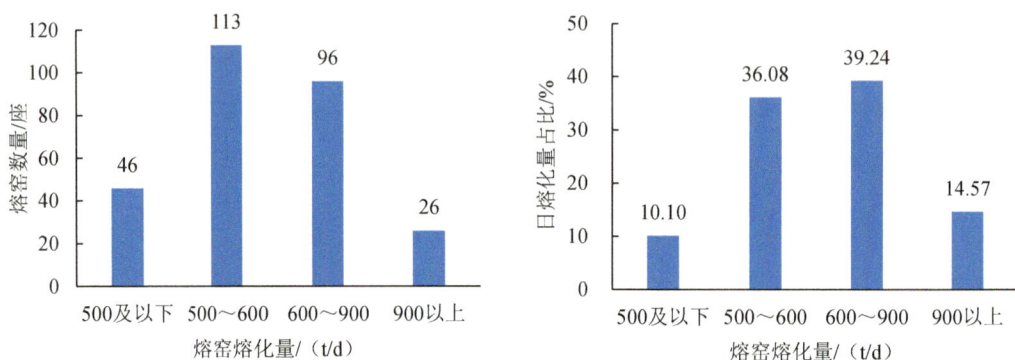

图 4-10　浮法工艺玻璃熔窑规模分布情况

资料来源：全国排污许可证管理信息平台。

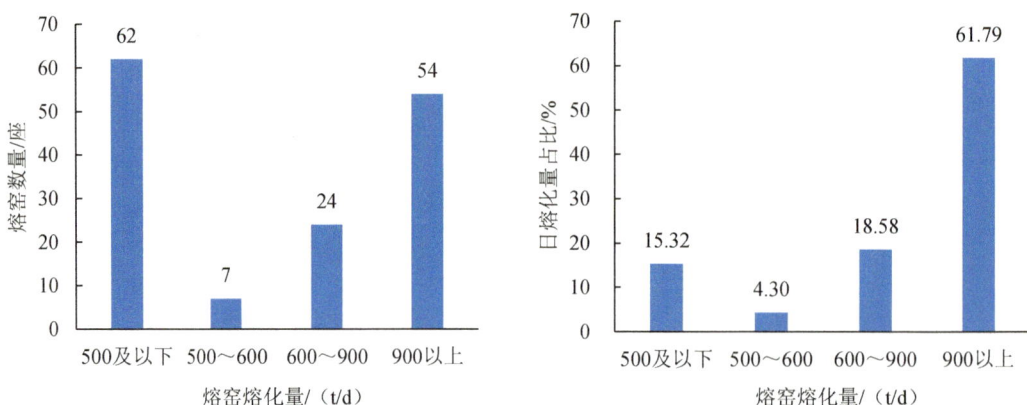

图 4-11　压延工艺玻璃熔窑规模分布情况

资料来源：全国排污许可证管理信息平台。

第二节　污染物排放

根据排污许可证管理信息平台统计，截至 2024 年 3 月底，平板玻璃制造（C3041）行业共核发 185 张排污许可证，特种玻璃制造（C3042）重点管理类别共核发 24 张排污许可证，经初步筛核选取 204 家平板玻璃企业，包含平板玻璃制造企业以及含平板玻璃原片制造的光伏玻璃（属于特种玻璃）制造企业。以 2023 年 1 月 1 日前投入运营的企业为基础，对提交 2023 年年度执行报告的 186 家平板玻璃（含光伏玻璃）企业的废气污染物排放情况进行评估，与 2022 年同口径企业的废气污染物排放情况进行对比分析。

一、污染物排放量和排放强度

1. 行业废气污染物排放量较 2022 年减少

根据 2023 年平板玻璃企业年度执行报告统计，186 家平板玻璃企业废气颗粒物、二氧化硫、氮氧化物排放量分别为 1 578.08 t、15 048.59 t、38 780.01 t，较 2022 年同口径企业废气排放量分别下降 19.09%、16.35%、13.01%（图 4-12）。

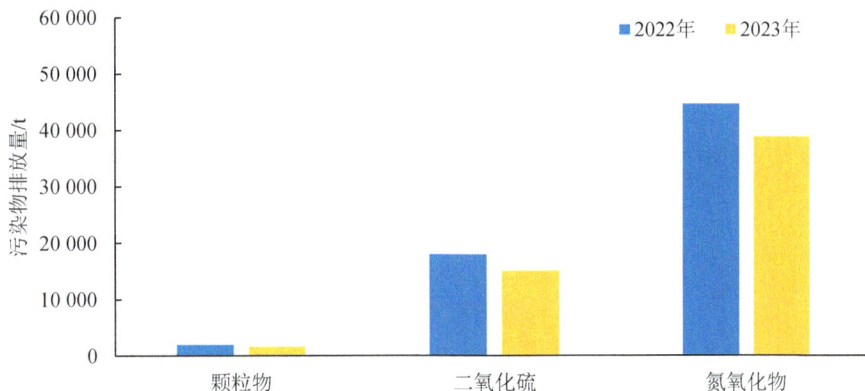

图 4-12　行业污染物排放量变化情况

资料来源：全国排污许可证管理信息平台。

安徽、湖北 2 省的 3 种污染物排放量均居全国前 2 位。颗粒物排放主要集中在安徽、湖北、四川、浙江、江苏、河北、广西、广东、福建、辽宁、山东等省（区），其中安徽占比达 18.24%；二氧化硫排放主要集中在安徽、湖北、浙江、广西、福建、广东、四川，其中安徽、湖北 2 省占比分别为 18.54%、12.85%；氮氧化物排放主要集中在安徽、湖北、福建、广西、广东、浙江、辽宁、四川、山东，其中安徽占比达 14.86%（图 4-13）。

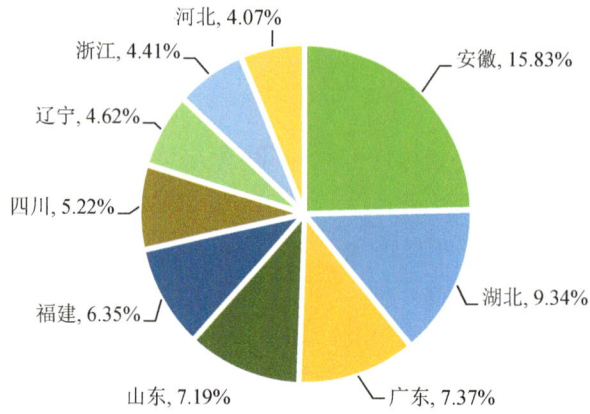

（a）2022 年

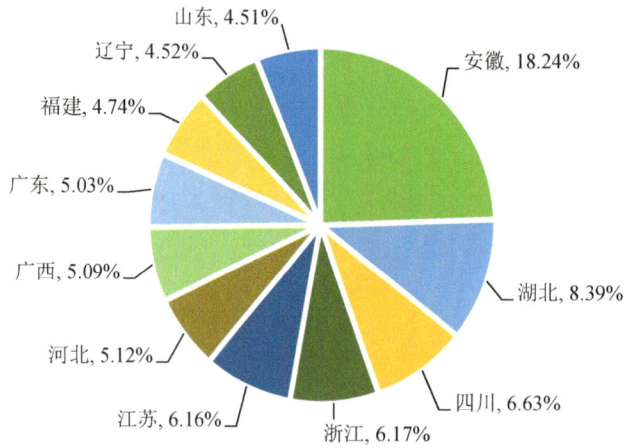

（b）2023 年

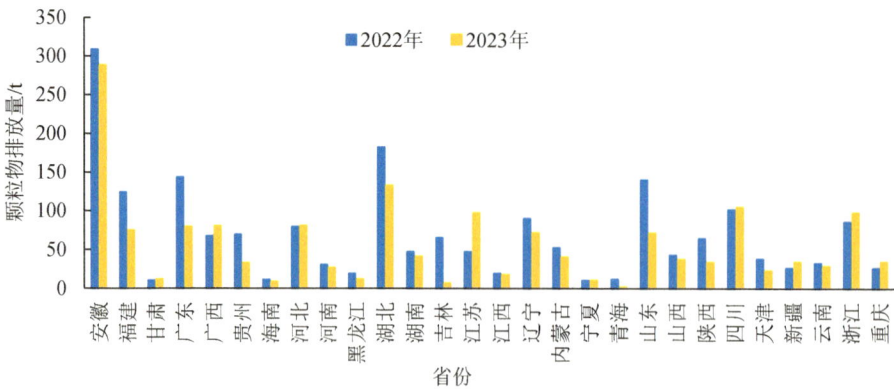

（c）全国各省份排放量变化情况

图 4-13　平板玻璃企业颗粒物排放量分布变化情况

资料来源：全国排污许可证管理信息平台。

2023 年安徽、湖北、四川、浙江、江苏、河北、广西、广东、福建、辽宁、山东 11 个省（区）颗粒物排放量占比较大，占颗粒物排放总量的 74.61%；与 2022 年相比，安徽、湖北、广东、福建、辽宁、山东 6 省排放量下降，江苏排放量增大，广西、浙江、四川、河北 4 个省（区）颗粒物排放量出现小幅上升（图 4-14）。

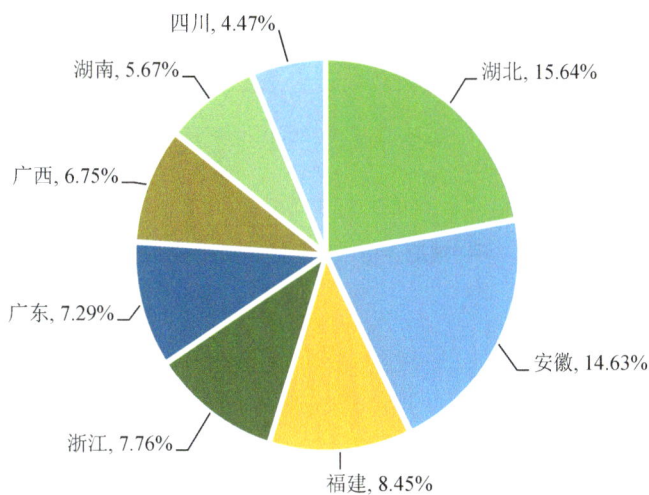

（a）2022 年

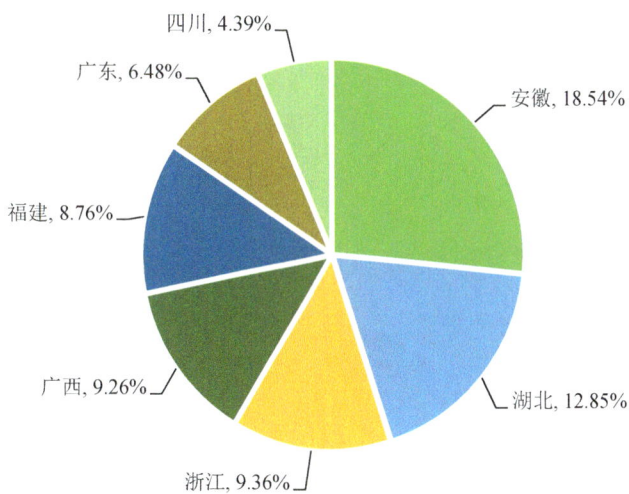

（b）2023 年

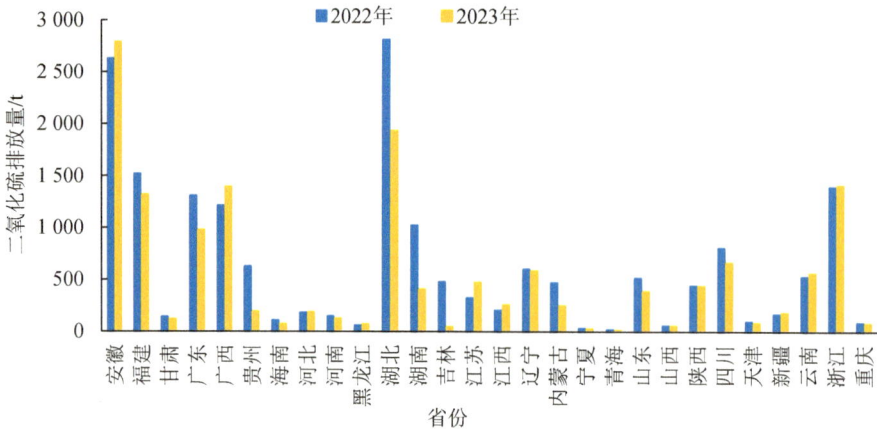

（c）全国各省份排放量变化情况

图 4-14　平板玻璃企业二氧化硫排放量分布变化情况

资料来源：全国排污许可证管理信息平台。

2023 年安徽、湖北、浙江、广西、福建、广东、四川 7 个省（区）二氧化硫排放量占比较大，占二氧化硫排放总量的 69.63%；与 2022 年相比，湖北、福建、广东、四川、湖南 5 个省排放量下降，广西、安徽排放量增大明显，浙江二氧化硫排放量出现小幅上升（图 4-15）。

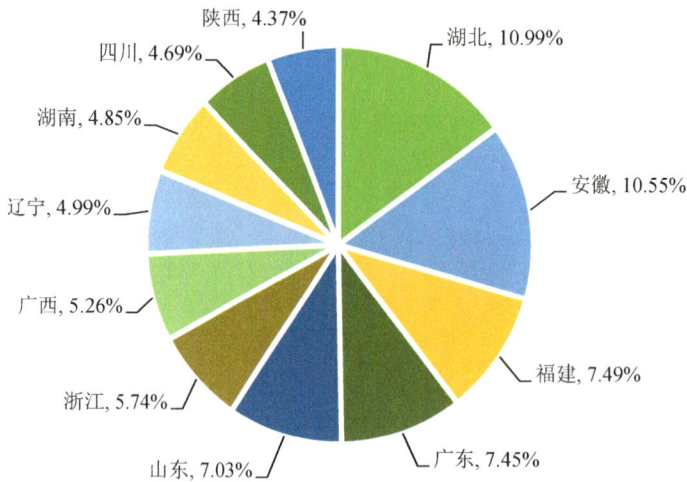

（a）2022 年

（b）2023 年

（c）全国各省份排放量变化情况

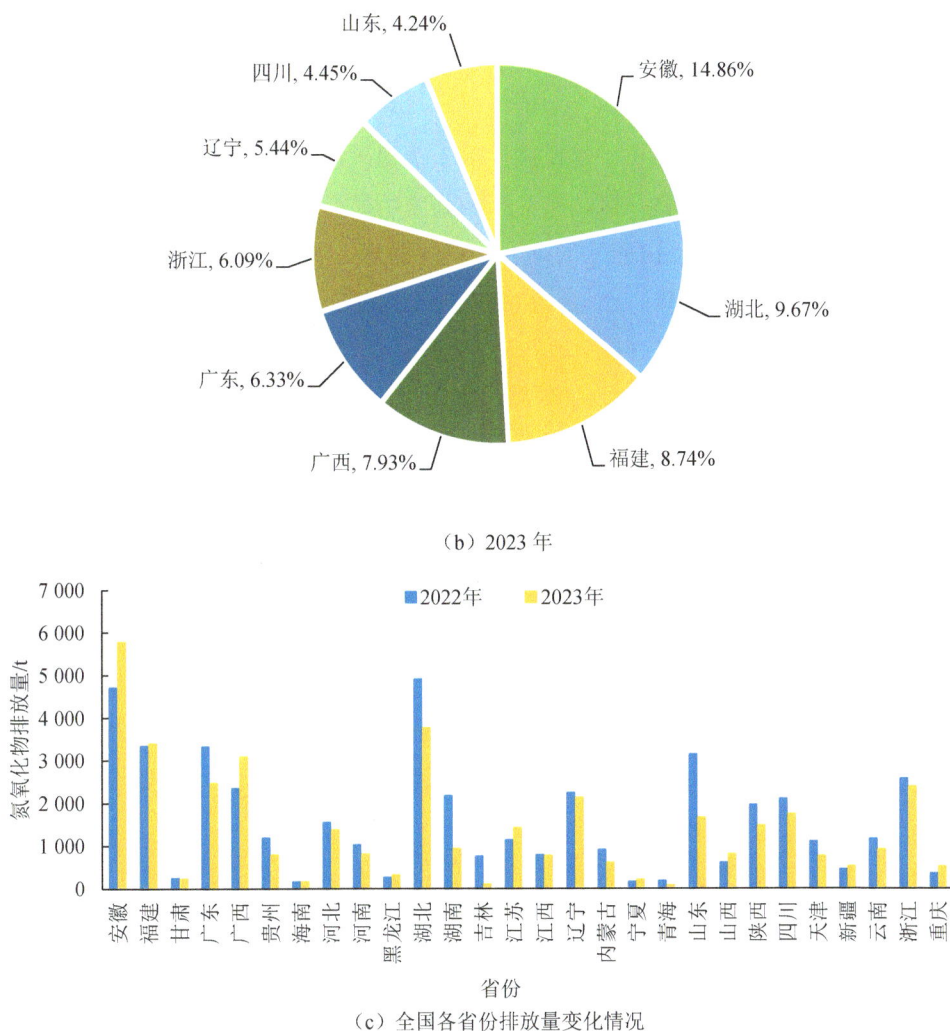

图 4-15　平板玻璃企业氮氧化物排放量分布情况

资料来源：全国排污许可证管理信息平台。

2023 年安徽、湖北、福建、广西、广东、浙江、辽宁、四川、山东 9 个省（区）氮氧化物排放量占比较大，占氮氧化物排放总量的 67.74%；湖北、广东、浙江、辽宁、四川、山东、湖南、陕西 8 个省排放量下降，广西、安徽排放量明显增大，福建氮氧化物排放量出现小幅上升。

2. 行业污染物排放强度整体下降

根据 2023 年平板玻璃企业年度执行报告统计，186 家企业颗粒物、二氧化硫、氮氧化物吨平板玻璃排放量分别为 0.024 kg、0.232 kg、0.598 kg，较 2022 年分别下降 23.32%、

20.73%、17.56%。与 2017 年行业环境统计数据对比可知，颗粒物、二氧化硫、氮氧化物排放强度分别下降 80.04%、80.57%、73.33%。行业主要污染物排放强度整体呈现下降。

从颗粒物排放强度来看，河南、吉林、天津、河北、海南、山东、湖南、广东、福建、江西、浙江 11 个省（区、市）排放强度低于全国平均水平，新疆、宁夏、青海、贵州、黑龙江、云南、重庆 7 个省（区、市）排放强度明显高于全国平均水平；从二氧化硫排放强度来看，河北、天津、山西、河南、吉林、山东、重庆、海南、宁夏、江苏、四川、湖南、内蒙古 13 个省（区、市）排放强度低于全国平均水平，云南、广西、福建、湖北、新疆、陕西、浙江 7 个省（区、市）排放强度明显高于全国平均水平；从氮氧化物排放强度来看，吉林、河北、海南、河南、山东、天津、江苏、湖南、安徽、内蒙古、四川、浙江、甘肃 13 个省（区、市）排放强度低于全国平均水平，青海、云南、黑龙江、广西、陕西、贵州、新疆、福建、宁夏、辽宁、江西 11 个省（区、市）排放强度明显高于全国平均水平。

总体来看，河北、山东、湖南、河南、天津、海南、吉林 7 个省（区、市）主要污染物排放强度均低于全国平均水平。值得一提的是，河北平板玻璃熔窑日熔化量占全国平板玻璃熔窑熔化能力的 14.12%，但 3 种主要污染物排放强度均明显低于 2023 年全国平均水平，这可能与河北省管理政策较为严格有关，如行业主要污染物排放标准限值低于国家标准 50% 以上，2023 年印发了《河北省重点行业环保绩效 A 级标准（试行）》的通知，颗粒物、二氧化硫、氮氧化物排放限值分别不高于 10 mg/m³、35 mg/m³、80 mg/m³（图 4-16）。

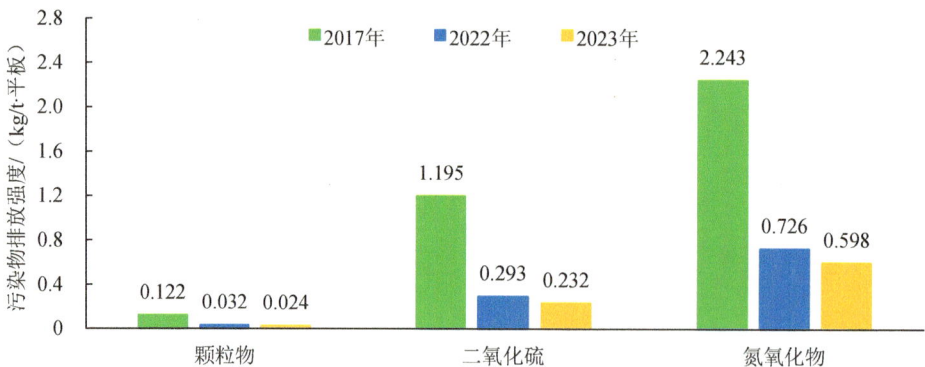

图 4-16　行业主要污染物排放强度变化情况

注：①2022 年和 2023 年数据根据全国排污许可证管理信息平台统计；

②2017 年数据来源于环境统计数据。

从颗粒物排放强度来看，四川、江苏、广西、山西、重庆、甘肃、新疆 7 个省（区、市）排放强度较 2022 年有所增加；内蒙古、吉林、青海 3 个省（区、市）排放强度较

2022 年分别减少 62.8%、89.1%、57.3%（图 4-17）。

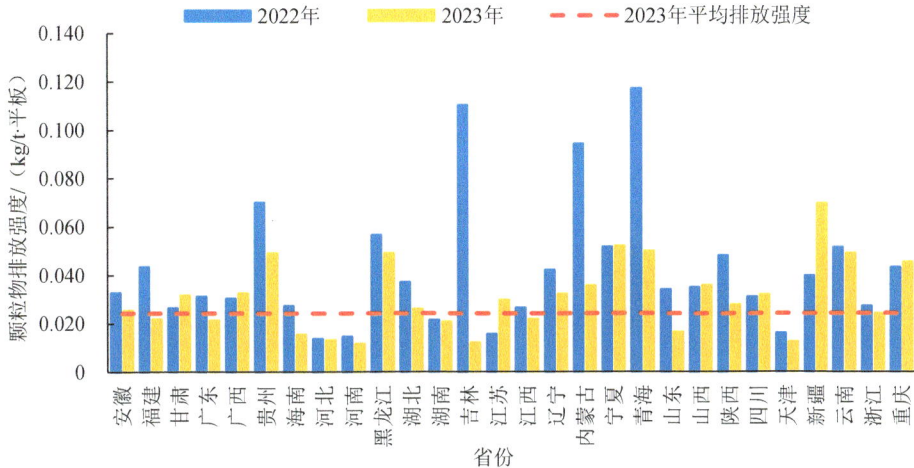

图 4-17 各省份颗粒物排放强度变化

从二氧化硫排放强度来看，四川、江苏、广西、山西、重庆、甘肃、新疆 7 个省（区、市）排放强度较 2022 年有所增加；内蒙古、吉林、青海 3 个省（区、市）排放强度较 2022 年分别减少 62.8%、89.1%、57.3%（图 4-18）。

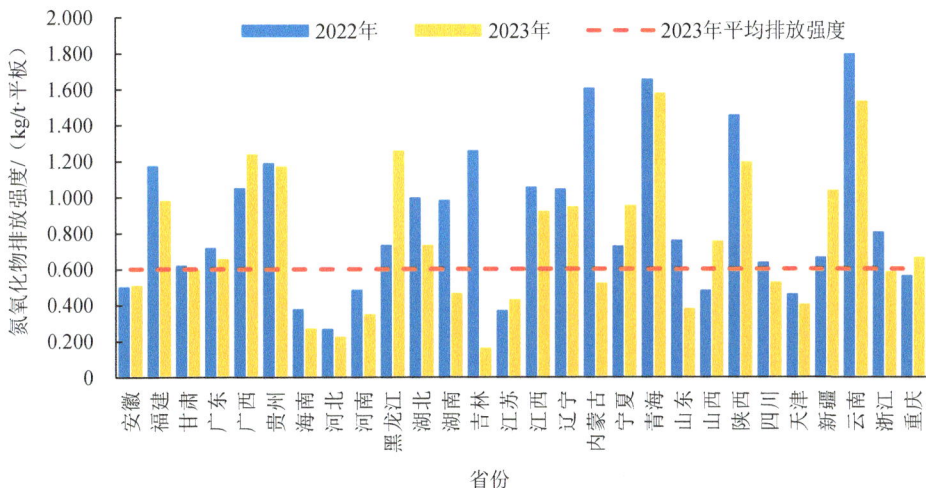

图 4-18 各省份二氧化硫排放强度变化

从氮氧化物排放强度来看，安徽、江苏、广西、山西、重庆、黑龙江、宁夏、新疆 8 个省（区、市）排放强度较 2022 年有所增加；湖南、内蒙古、吉林 3 个省（区、市）排放强度较 2022 年分别减少 53.1%、67.9%、87.6%（图 4-19）。

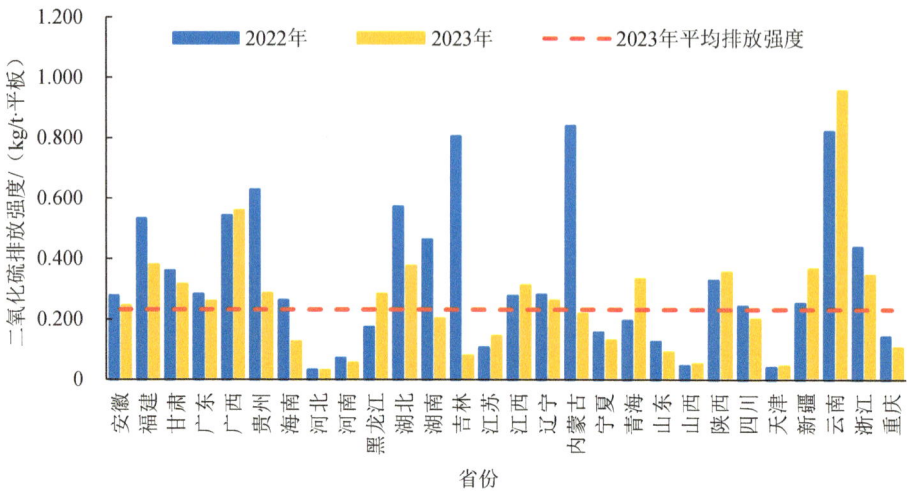

图4-19   各省份氮氧化物排放强度变化

总体来看，江苏、广西、山西、新疆 4 个省（区、市）主要污染物排放强度均较 2022 年有所增加；湖北、浙江、河北、广东、福建、辽宁、山东、湖南、内蒙古、贵州、河南、海南、吉林 13 个省（区、市）主要污染物排放强度较 2022 年均有所下降。

二、光伏玻璃熔窑污染物排放

根据 2023 年平板玻璃企业年度执行报告的统计结果，分析光伏玻璃熔窑污染物排放量及排放绩效水平，并与 2022 年同口径的废气污染物排放情况对比分析。

据不完全统计，全国光伏玻璃熔窑废气颗粒物、二氧化硫、氮氧化物排放量分别为 338.55 t、2 636.74 t、7 461.74 t，在行业占比分别为 21.45%、17.52%、19.24%，较 2022 年同口径分别增长 6.17%、27.47%、44.41%（图4-20、图4-21）。

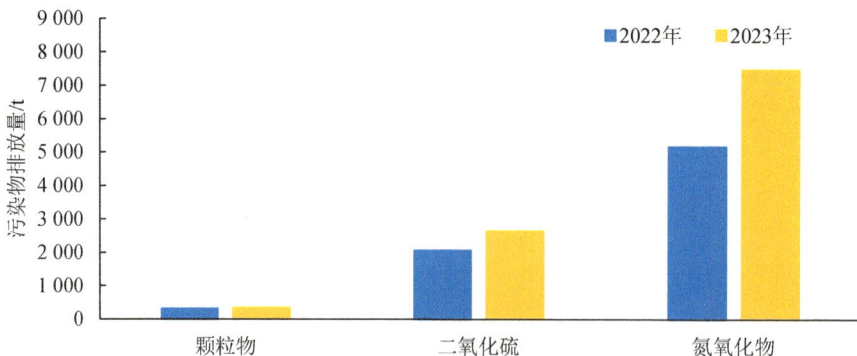

图4-20   光伏玻璃熔窑污染物排放量变化情况

资料来源：全国排污许可证管理信息平台。

第四章 平板玻璃行业环境评估报告 137

图 4-21 光伏玻璃熔窑污染物排放强度变化情况

据不完全统计，全国光伏玻璃熔窑吨平板玻璃排放量分别为 0.026 kg、0.202 kg、0.573 kg，除氮氧化物较 2022 年增长 11.14%以外，颗粒物、二氧化硫排放强度较 2022 年分别下降 18.29%、1.90%。除颗粒物以外，光伏玻璃熔窑二氧化物、氮氧化物吨平板玻璃排放强度均低于行业平均水平。

第三节 污染防治措施

一、污染治理技术

1. 颗粒物治理措施成熟稳定

根据全国排污许可证管理信息平台统计，428 座平板玻璃熔窑均采取了除尘措施，主要包括电袋复合除尘、静电除尘、触媒陶瓷纤维滤管脱硫脱硝除尘一体化、袋式除尘、滤筒除尘、旋风除尘等。其中以电袋复合除尘器为主，占比 30.84%，主要包括前端静电除尘+后端袋式除尘或前端静电除尘+后端湿式电除尘；静电除尘器占比 25.70%，以二电场或三电场为主。

对比《玻璃制造业污染防治可行技术指南》（HJ 2305—2018）中"熔化工序产生的颗粒物可采用静电除尘技术、湿式电除尘技术或袋式除尘技术处理"的要求，50%以上熔窑均采用了可行技术指南中的除尘措施。采用滤筒除尘和旋风除尘的熔窑占比 6.31%。

从部分平板玻璃企业熔窑烟气 2023 年在线监测数据结果来看，颗粒物可稳定控制在 30 mg/m³［《玻璃工业大气污染物排放标准》（GB 26453—2022）限值］以下，70%以上排口可以控制在 10 mg/m³ 以下。可见颗粒物治理措施相对成熟，排放浓度可以满足国家或地方标准要求（图 4-22、图 4-23）。

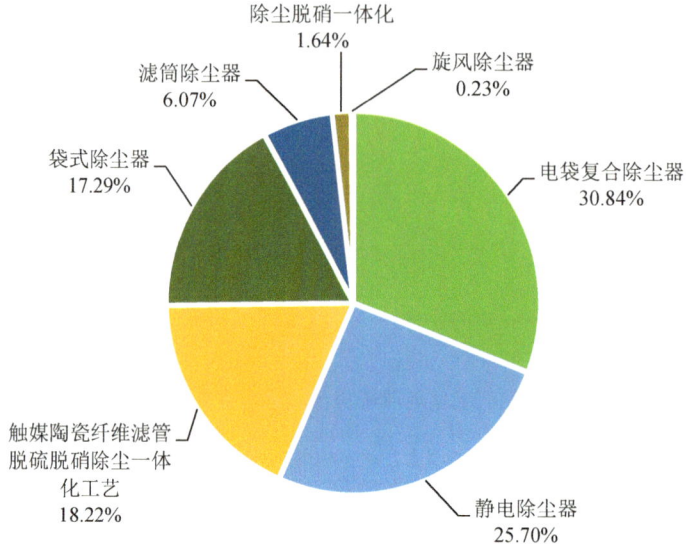

图 4-22　熔窑除尘技术情况

资料来源：全国排污许可证管理信息平台。

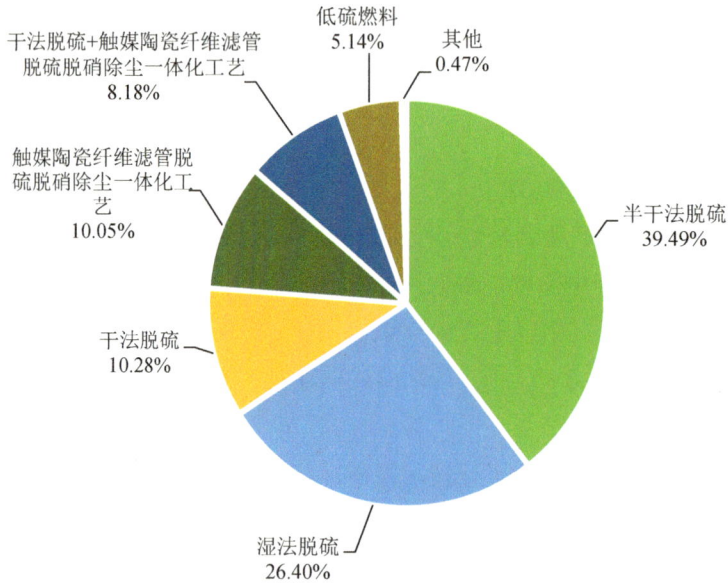

图 4-23　熔窑脱硫技术情况

资料来源：全国排污许可证管理信息平台。

2．脱硫措施以半干法和湿法为主

玻璃熔窑熔化工序二氧化硫排放一是来源于燃料燃烧；二是辅料硫酸钠（芒硝）的使用，我国 428 座平板玻璃熔窑中采用脱硫措施的占比 94.8%，未采用脱硫措施的则使用低硫燃料和原料进行源头预防，主要分布在辽宁、吉林、江苏、福建、贵州、广东、四川、重庆、湖北、新疆 10 个省（区、市）的熔窑中，采用半干法脱硫措施的占比 39.49%，以烟气循环流化床法脱硫技术为主，其次为 NID 半干法脱硫技术；采用湿法脱硫措施的占比 26.40%，以石灰石/石灰—石膏法脱硫技术为主，在湿法脱硫中占比 50.44%，其次为双碱法脱硫；8.18%的熔窑采用干法脱硫+触媒陶瓷纤维滤管脱硫脱硝除尘一体化工艺，进一步减少了硫排放。

对比《玻璃制造业污染防治可行技术指南》（HJ 2305—2018）中"熔化工序产生的二氧化硫可采用湿法、半干法或干法脱硫技术进行治理，其中湿法脱硫技术包括石灰石/石灰—石膏法和钠碱法，半干法脱硫技术包括旋转喷雾干燥脱硫技术、烟气循环流化床脱硫技术和新型脱硫除尘一体化技术"的要求，90%以上的熔窑均采用了可行技术指南中的脱硫措施，采用低硫燃料和其他脱硫措施的熔窑占比 5.61%。

从部分平板玻璃企业熔窑烟气 2023 年在线监测数据结果来看，二氧化硫可稳定控制在 200 mg/m³［《玻璃工业大气污染物排放标准》（GB 26453—2022）限值］以下，50%以上的排口可以控制在 50 mg/m³ 以下（图 4-24、图 4-25）。

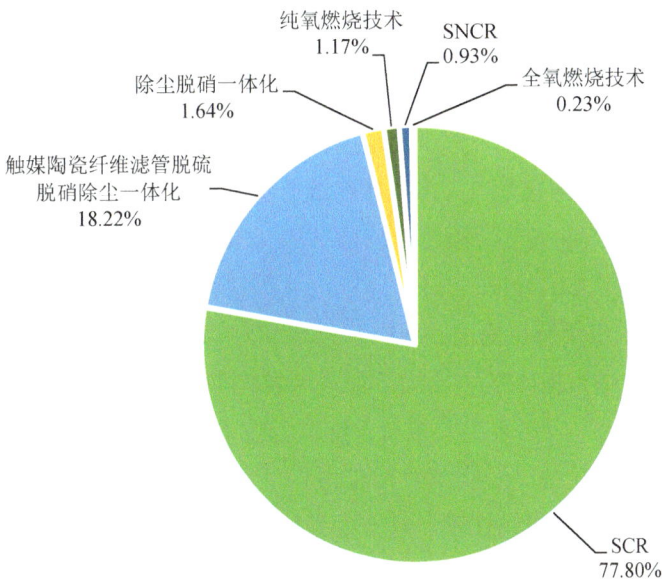

图 4-24　熔窑脱硝技术情况

资料来源：全国排污许可证管理信息平台。

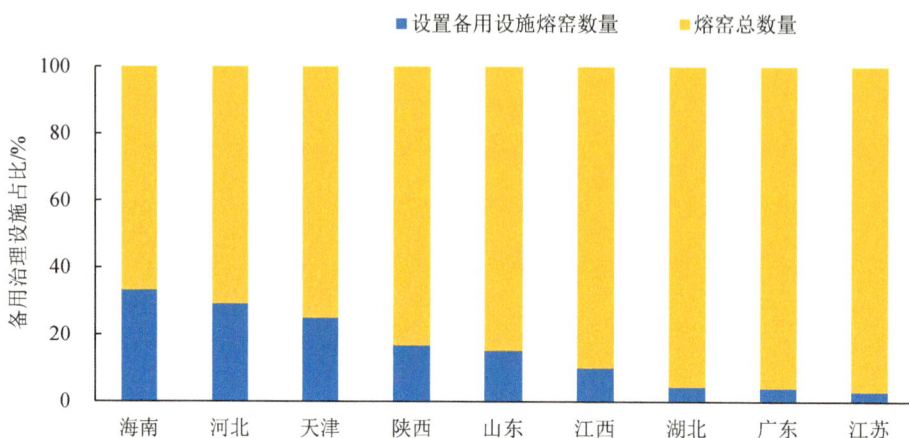

图 4-25　备用设施建设情况

资料来源：全国排污许可证管理信息平台。

3. SCR 技术占比一半以上

根据全国排污许可证管理信息平台统计，全国 428 座平板玻璃熔窑中有 6 座采取纯氧/全氧燃烧技术，其余熔窑均采取了脱硝措施。在采取脱硝措施的熔窑中，有 77.80%的熔窑采用了 SCR 脱硝技术，其次为触媒陶瓷纤维滤管脱硫脱硝除尘一体化技术。有少部分熔窑脱硝采用了除尘脱硝一体化技术，仅有 4 座熔窑采用了 SNCR 技术。

对比《玻璃制造业污染防治可行技术指南》（HJ 2305—2018）中"熔化工序产生的氮氧化物可采用选择性催化还原法脱硝技术"的要求，采用 SNCR 技术脱硝的熔窑占比 0.93%。

通过对部分平板玻璃企业熔窑烟气 2023 年在线监测数据结果分析，氮氧化物可稳定控制在 400 mg/m³［《玻璃工业大气污染物排放标准》（GB 26453—2022）限值］以下，61.4%以上的排口可以控制在 50 mg/m³ 以下。

4. 熔窑节能降碳技术应用有待提高

根据《建材行业碳达峰实施方案》要求，加快研发大型玻璃熔窑大功率"火—电"复合熔化，以及全氧、富氧、电熔等工业窑炉节能降耗技术，2025 年前重点推广浮法玻璃一窑多线的节能降碳技术装备。经收集全国排污许可证管理信息平台信息，不完全统计，仅有 9 座玻璃熔窑采用一窑多线技术，且均为光伏玻璃生产线，主要分布在江苏；采用全氧、富氧等节能降耗技术的玻璃熔窑有 17 座。综合来看，目前玻璃熔窑一窑多线、全氧/富氧燃烧等节能降碳技术应用比例有待提高，可通过提高新建生产线节能降耗技术应用比例逐步改善行业现状。

5. 备用治理设施建设数量逐步提升

根据全国排污许可证管理信息平台统计，仅有 44 座（占比 10.28%）平板玻璃熔窑设置了单独备用治理措施，主要分布在海南、河北、天津、陕西、山东、江西、湖北、广东、江苏等省（市），另有 87 座熔窑治理措施为触媒陶瓷纤维滤管脱硫脱硝除尘一体化工艺，可不设置单独备用治理措施。综合来看，428 座平板玻璃熔窑中有备用治理措施的占比达 30.61%，较 2022 年增长 27.04%。

二、一体化技术应用情况

1. 技术概况

触媒陶瓷纤维滤管脱硫脱硝除尘一体化工艺以高温复合纤维滤筒为核心处理元件，是将高温干法脱硫、陶瓷纤维过滤与 SCR 这两种成熟技术有机地结合在一起的技术，也是《玻璃制造业污染防治可行技术指南》（HJ 2305—2018）推行的平板玻璃熔化工序烟气污染防治可行技术组合之一。

（1）工艺流程

通过查阅期刊文献资料和进行企业现场调研，玻璃炉窑出口烟气（400～500℃）经过余热锅炉高温段换热（320～380℃），换热后的烟气通过烟道进入高温脱硫塔，在脱硫塔进口段通过喷射脱硫剂吸收烟气中的 SO_2 及其他酸性介质，初步脱硫后的含尘烟气进入以陶瓷滤筒为核心处理元件的高温复合滤筒尘硝协同脱除装备，陶瓷滤筒表面的石灰或碳酸氢盐会对烟气中残留的 SO_2 再次脱除。同时，烟气中的粉尘和含硫灰被截留在陶瓷滤筒表面，从而实现高效除尘。经过除尘和二次脱硫后的烟气缓慢穿过陶瓷滤筒，烟气中的 NO_x 和滤筒内壁的脱硝催化剂充分接触，并与脱硝剂液氨发生催化还原反应（图 4-26）。

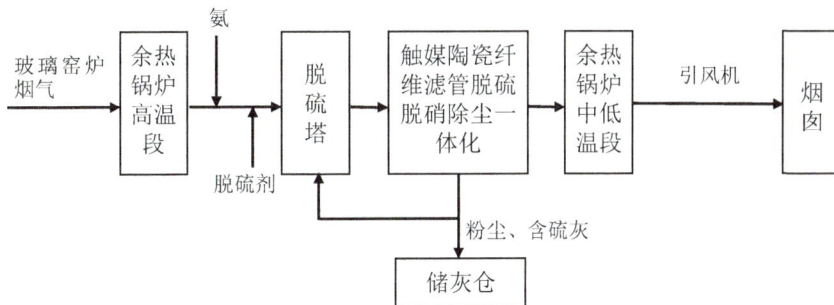

图 4-26 触媒陶瓷纤维滤管脱硫脱硝除尘一体化工艺流程

注：工艺流程介绍及图片来源于《科技与创新》（2023 年第 19 期）中"硫硝尘一体化在平板玻璃熔窑烟气治理中的应用"。

（2）技术优缺点

通过查阅文献资料可知，触媒陶瓷纤维滤管脱硫脱硝除尘一体化工艺的核心设备是陶瓷催化剂袋式过滤器。陶瓷催化剂袋式过滤器可以通过单一的单元控制过程同步脱除烟气中的硫氧化物、氮氧化物、氯、氟和灰尘。据文献资料描述，该设备主要有以下特点：①可在 350℃高温条件下操作运行，使脱硫和脱硝效率达到最佳；②污染物的脱除效果较好；③陶瓷催化剂袋式过滤器的使用寿命长达 5～8 年；④一体化工艺设备包含若干个仓室，每个仓室单独设置隔热层、进气阀门、反吹系统、输灰系统和清灰系统，当某个仓室出现故障或需要更换滤筒时，可将该仓室单独停止运行，进行设备检修和更换，其余仓室不受影响，从而保证玻璃生产线的正常运行；⑤投资金额相对较高，但综合运行费用相对较低。

2. 应用现状

根据全国排污许可证管理信息平台统计，2023 年新增玻璃熔窑治理措施为触媒陶瓷纤维滤管脱硫脱硝除尘一体化工艺的占比为 48.7%。2023 年，428 座玻璃熔窑中采用一体化工艺治理措施的占比为 18.22%，较 2022 年占比增长 40.69%（图 4-27、图 4-28）。

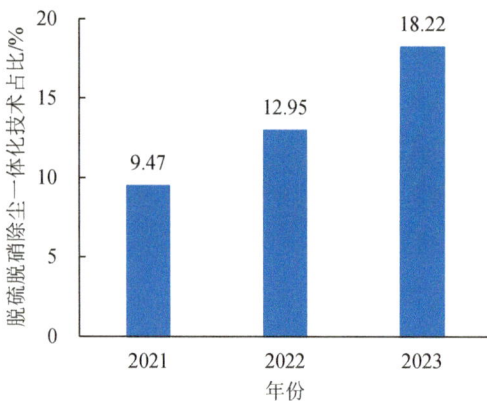

图 4-27　一体化技术占比情况

资料来源：全国排污许可证管理信息平台。

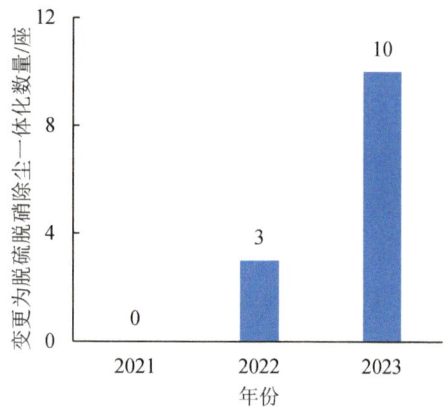

图 4-28　治理措施技术改造情况

资料来源：全国排污许可证管理信息平台。

随着行业环境管理要求的不断提升，玻璃熔窑治理措施也在逐步进行技术改造。触媒陶瓷纤维滤管脱硫脱硝除尘一体化工艺采用多仓室工作，各仓室在保证压差情形下可以互为备用，在生产设施和治理设施检修时最大限度地避免玻璃熔窑烟气的超标排放。根据全国排污许可证管理信息平台统计，自 2021 年以来，玻璃熔窑治理措施技术改造为一体化措施的数量逐年增加。

3．应用实例分析

根据全国排污许可证管理信息平台统计，2023 年经过技术改造变更治理措施为一体化的熔窑有 10 座，通过对改造前后污染物排放量的统计，颗粒物、二氧化硫、氮氧化物污染物排放量较 2022 年分别减少 18.16%、11.78%、7.76%（图 4-29、图 4-30）。

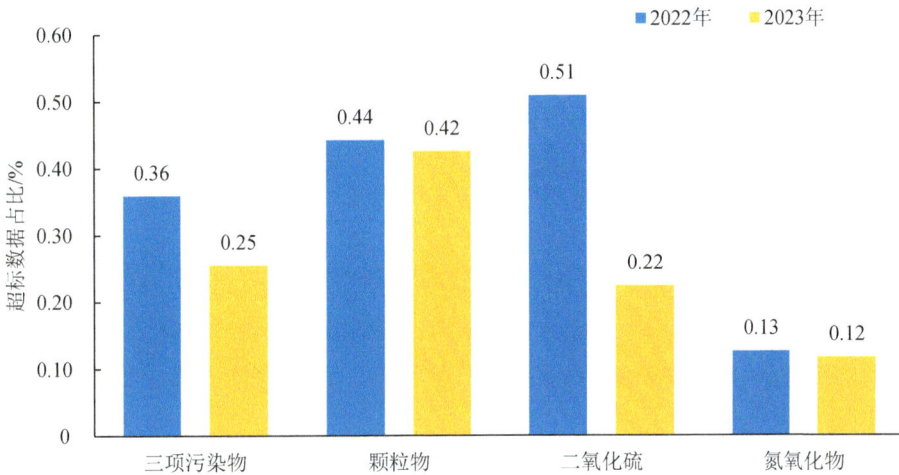

图 4-29 超标数据占比变化情况

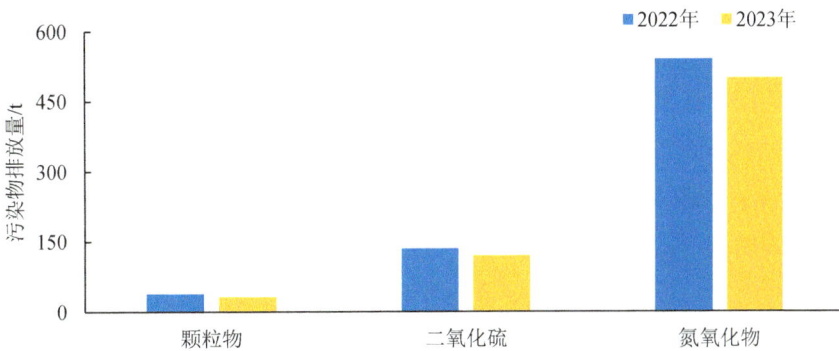

图 4-30 污染物排放量变化情况

江苏省某平板玻璃制造企业建厂后玻璃熔窑烟气采用"袋式除尘器+钠碱法脱硫"工艺进行处理，为适应日趋严格的环保要求，企业对治理措施升级改造为"触媒陶瓷纤维滤管脱硫脱硝除尘一体化工艺"。根据国家污染源在线监测平台数据，熔窑废气排放口除颗粒物以外，二氧化硫、氮氧化物等小时浓度均值均较改造前有所降低。收集该企业污染物排放总量数据可知，改造后颗粒物、二氧化硫、氮氧化物排放量较改造前均减少

50%以上（表 4-1）。

表 4-1　治理措施改造前后在线监测结果

污染物	小时浓度折算值/（mg/m³）		执行标准/（mg/m³）
	改造前	改造后	
颗粒物	1.76	1.66	30
二氧化硫	17.75	16.04	200
氮氧化物	135.93	128.09	400

注：在线监测数据来源于国家在线监测平台，剔除非正常数据后计算全年小时浓度平均值。

该企业综合考虑熔窑烟气量，将一体化装置设计为 6 仓室（1 仓室备用），某个仓室出现问题的情况下，压差可以满足在线检修需求。通过收集采用一体化工艺企业投资情况可知，设备总投资费用在 2 500 万～5 000 万元不等，运行费用在 1.5 万～2.0 万元/d 不等。

第四节　环境管理

一、环境政策

1. 严格控制行业产能发展

为促进行业绿色低碳循环发展，自 2013 年起国家先后下发了《国务院关于化解产能严重过剩矛盾的指导意见》（国发〔2013〕41 号）、《关于印发部分产能严重过剩行业产能置换实施办法的通知》（工信部产业〔2015〕127 号）、《国务院办公厅关于促进建材工业稳增长调结构增效益的指导意见》（国办发〔2016〕34 号）、《中共中央 国务院关于全面加强生态环境保护 坚决打好污染防治攻坚战的意见》（2018 年 6 月 16 日）和《关于严肃产能置换严禁水泥平板玻璃行业新增产能的通知》（工信厅联原〔2018〕57 号），严格限制平板玻璃行业新增产能，确需建设的须执行等量或减量置换政策，促进行业绿色低碳循环发展。

为进一步巩固玻璃行业去产能成果，2021 年工业和信息化部印发《关于印发钢铁水泥玻璃行业产能置换实施办法的通知》（工信部原〔2021〕80 号），明确新建平板玻璃项目产能置换具体要求，并将光伏压延玻璃列入可不制订产能置换方案的情形，但明确光伏压延玻璃建设要建立产能风险预警机制，规定新建项目由省级工业和信息化主管部门委托全国性的行业组织或中介机构召开听证会，论证项目建设的必要性、技术先进性、能耗水平、环保水平等，并公布项目信息。

2．行业污染物排放标准不断加严

2011 年，环境保护部发布《平板玻璃工业大气污染物排放标准》（GB 26453—2011，该标准于 2023 年 1 月 1 日废止），规定新建项目玻璃熔窑排放大气污染物限值为颗粒物 50 mg/m³、二氧化硫 400 mg/m³、氮氧化物 700 mg/m³，以上限值指干烟气中 O_2 含量 8%状态下（纯氧燃烧为基准排气量条件下）的排放浓度限值。2022 年 10 月，生态环境部修订发布《玻璃工业大气污染物排放标准》（GB 26453—2022），玻璃熔窑排放大气污染物限值加严，颗粒物 30 mg/m³、二氧化硫 200 mg/m³、氮氧化物 400 mg/m³。

山东、天津、河北均在《玻璃工业大气污染物排放标准》（GB 26453—2022）发布前制定了严于行业标准的排放限值，安徽、四川等地也在国家标准发布后相继出台了更严格的地方标准，广东省地方标准二氧化硫（除天然气燃料以外）、氮氧化物宽于新修订发布的行业标准，目前尚未修订（表 4-2）。

表 4-2　地方平板玻璃行业大气污染物排放标准 单位：mg/m³

标准名称	地区	主要大气污染物排放限值		
		颗粒物	二氧化硫	氮氧化物
《玻璃工业大气污染物排放标准》（GB 26453—2022）	国家	30	200	400
《平板玻璃工业大气污染物排放标准》（DB 12/1100—2021）	天津	10	50	200
《建材工业大气污染物排放标准》（DB 37/2373—2018）	山东	重点控制区：10 一般控制区：20	重点控制区：50 一般控制区：100	重点控制区：100 一般控制区：200
《平板玻璃工业大气污染物超低排放标准》（DB 13/2168—2020）	河北	10	50	200
《玻璃工业大气污染物排放标准》（DB 34/4295—2022）	安徽	10	100	200
《玻璃工业大气污染物排放标准》（DB 44/2159—2019）	广东	30	280（以天然气为燃料的执行 GB 26453）	550
《玻璃工业大气污染物排放标准》（DB 51/3164—2024）	四川	20	100	控制区：300 其他区：400

3．稳步推进平板玻璃行业节能降碳

为贯彻落实党中央、国务院关于碳达峰、碳中和的重大战略决策，扎实推进碳达峰行动，2021年10月26日，国务院印发《2030年前碳达峰行动方案》，其中提出了推动建材行业碳达峰的重点任务，对于平板玻璃行业而言，要加强产能置换监管，加快低效产能退出，严禁新增平板玻璃产能，因地制宜利用风能、太阳能等可再生能源，逐步提高电力、天然气应用比重。推广节能技术设备，开展能源管理体系建设，实现节能增效。

2022年2月，国家发展改革委、工业和信息化部、生态环境部、国家能源局联合发布《高耗能行业重点领域节能降碳改造升级实施指南（2022年版）》，对平板玻璃行业提出了工作方向和目标，包括加强先进技术攻关，如玻璃熔窑利用氢能成套技术及装备、玻璃窑炉烟气二氧化碳捕集提纯技术等研发；推广节能技术应用，如玻璃熔窑全氧燃烧、纯氧助燃工艺技术及装备的推广应用；加强清洁能源原燃料替代，如支持有条件的平板玻璃企业实施天然气、电气化改造提升；合理压减少终端排放，研发超低排放工艺及装备。力求到2025年，平板玻璃行业能效标杆水平以上产能比例达到20%，能效基准水平以下产能基本清零。

二、环评管理

1．环评审批权限以省级为主

2021年5月31日，生态环境部发布《关于加强高耗能、高排放建设项目生态环境源头防控的指导意见》（环环评〔2021〕45号，以下简称《意见》），要求省级生态环境部门加强对基层"两高"项目环评审批程序、审批结果的监督与评估，对审批能力不适应的依法调整上收。《意见》还指出，平板玻璃项目不得以改革试点名义随意下放环评审批权限或降低审批要求。各省（区、市）积极响应，陆续调整省级建设项目环评审批权限，部分地区还对市级建设项目环评审批权限进行了调整，上收了"两高"项目环评审批权限。

目前，平板玻璃制造行业有22个省（区、市）由省级生态环境主管部门审批，分别为北京、天津、河北、内蒙古、辽宁、吉林、上海、浙江、江西、河南、广东、海南、重庆、四川、陕西、云南、西藏、甘肃、青海、宁夏、新疆等省（区、市），其他10个省（区）（山西、江苏、黑龙江、安徽、福建、山东、湖北、湖南、广西、贵州）均由市级生态环境主管部门审批。

2．新批复项目主要为光伏玻璃制造

根据《环境影响评价分类管理名录（2021年版）》的规定，平板玻璃制造项目应编制报告书。2023年全国共审批平板玻璃制造建设项目14个，其中平板玻璃制造项目6个，主要包含迁建、改建、技改项目，无新建项目，不涉及产能增加；含平板玻璃原片生产的特种玻璃制造项目8个，其中有4个项目对污染物排放制订了区域削减方案（图4-31）。

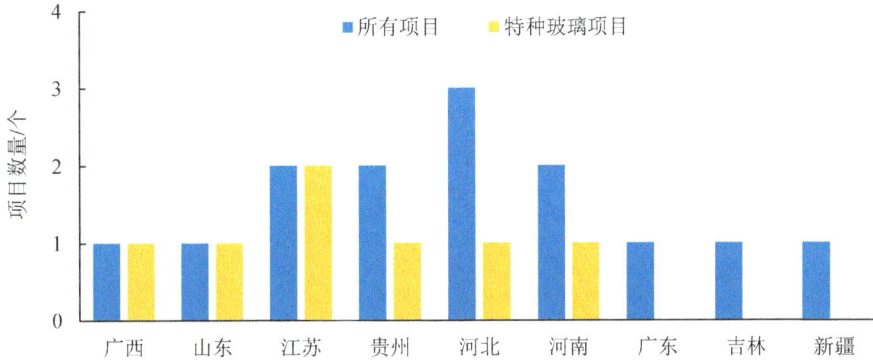

图 4-31　2023 年全国审批平板玻璃项目情况

2023 年新审批的含平板玻璃原片生产的特种玻璃制造项目中，7 个项目为光伏玻璃制造，1 个为电子玻璃制造。其中光伏玻璃制造项目新增熔窑能力 22 650 t/d，主要分布在广西、山东、江苏、贵州、河北、河南 6 个省（区），广西新增熔窑能力最多，占比 46%（图 4-32）。

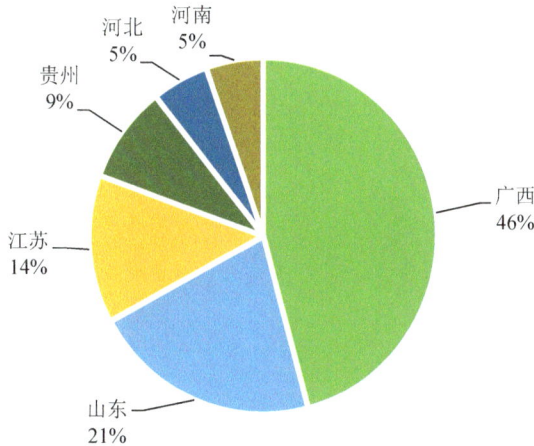

图 4-32　2023 年全国审批平板玻璃项目新增熔窑能力情况

3. 新批复项目以一体化工艺治理措施为主

平板玻璃制造项目重点关注玻璃熔窑大气污染物排放及治理措施，2023 年审批的 14 个项目中，12 个项目的熔窑烟气处理均采用了复合陶瓷滤筒除尘脱硝一体化工艺，其中绝大部分项目采用"干法脱硫+复合陶瓷滤筒除尘脱硝一体化"组合工艺，少数项目还增加了旋风除尘措施。

4. 多数项目开展了碳排放评价

2023 年审批的 14 个项目中，有 11 个项目设置了碳排放评价章节，其中 1 个技改项目未核算碳排放量、碳排放绩效，其余 10 个项目均按照《温室气体排放核算与报告要求第 7 部分：平板玻璃生产企业》（GB/T 32151.7—2015，该标准已于 2024 年 7 月 1 日废止）及《中国平板玻璃生产企业温室气体排放核算方法与报告指南（试行）》（发改办气候〔2013〕2526 号）的要求核算了碳排放量，同时核算了工业产值碳排放强度、工业增加值碳排放强度、产品碳排放强度中的部分或全部数据。

三、排污许可

1. 许可证核发情况

根据全国排污许可证管理信息平台统计，截至 2024 年 3 月底，平板玻璃制造（C3041）行业共核发 185 张排污许可证，特种玻璃制造（C3042）重点管理类别共核发 24 张排污许可证，剔除其中电子玻璃制造后，共核发 204 张排污许可证，与 2022 年相比，许可证数量增加 18 张，其中特种玻璃制造（光伏玻璃）类别占比 77.78%（表 4-3）。

表 4-3　各省（区、市）排污单位许可证核发情况

省（区、市）	排污许可证核发数量/张	省（区、市）	排污许可证核发数量/张
安徽	22	江西	7
福建	7	辽宁	6
甘肃	2	内蒙古	4
广东	13	宁夏	1
广西	5	青海	1
贵州	4	山东	14
海南	1	山西	3
河北	29	陕西	5
河南	13	四川	9
黑龙江	1	天津	5
湖北	10	新疆	4
湖南	4	云南	2
吉林	2	浙江	6
江苏	18	重庆	6

2. 执行报告与监管情况

根据全国排污许可证管理信息平台统计，全国平板玻璃制造排污单位有 3 家企业的执行报告年报退回修改未重新提交，年报提交率为 98.5%。

经过对企业许可排放量和已报送企业年度实际排放量核算，剔除企业执行报告中异

常数据后可知，各省份均未出现 3 种污染物超许可量排放情况。

四、在线监测

根据国家污染源在线监测平台数据，本书分析 169 家参与联网统计的平板玻璃企业 331 个玻璃熔窑排放口 2023 年在线监测数据达标情况。本书达标分析以 HJ 856 提出的以 1 h 平均浓度作为达标判定依据，达标判定结果剔除非正常数据（企业标记异常数据和无效数据）。

结果表明，各省（区、市）纳入联网统计的平板玻璃企业熔窑烟气颗粒物、二氧化硫达标率均在 98.5% 以上，95% 以上省（区、市）氮氧化物达标率在 98% 以上。贵州省纳入联网统计的熔窑烟气氮氧化物达标率 95.7%，相对其他省份较低，考虑原因可能是纳入联网统计的熔窑燃料以煤（生产煤制气）为主，氮氧化物本身产生浓度较高（表 4-4）。

表 4-4　2023 年玻璃熔窑烟气小时均值达标情况

省（区、市）	排放口数量/个	玻璃熔窑烟气达标率/%		
		颗粒物	二氧化硫	氮氧化物
安徽	46	99.46	99.05	99.04
福建	15	99.48	99.26	99.67
甘肃	2	99.43	99.54	98.7
广东	19	99.52	99.32	99.55
广西	6	99.71	99.65	99.6
贵州	3	98.69	98.82	95.7
海南	2	98.98	99.05	99.76
河北	48	99.91	99.87	99.5
河南	12	99.71	99.79	99.97
黑龙江	1	99.43	99.32	99.72
湖北	24	99.87	99.14	99.4
湖南	10	99.79	99.84	99.87
吉林	3	99.66	98.9	99.63
江苏	20	99.93	99.91	99.94
江西	10	99.28	99.57	99.67
辽宁	11	99.71	99.74	99.8
内蒙古	5	99.73	99.41	98.17
宁夏	1	99.98	100	99.98
青海	1	99.83	99.5	99.1

省（区、市）	排放口数量/个	玻璃熔窑烟气达标率/%		
		颗粒物	二氧化硫	氮氧化物
山东	28	99.03	99.5	99.4
山西	8	98.79	99.97	99.72
陕西	10	99.16	98.69	98.21
四川	15	99.86	99.74	99.14
天津	8	99.98	99.97	99.86
新疆	3	99.73	99.82	99.85
云南	3	99.17	98.94	99.23
浙江	12	99.96	99.96	99.99
重庆	5	99.94	99.83	99.72

总体来看，剔除非正常数据后，各省（区、市）玻璃熔窑 3 项污染物达标率多数能达到 98%，部分污染物达标率相对较低，可能与燃料使用情况有关。

第五节　行业绿色发展水平评价

一、评价目标

本书拟结合行业技术装备水平、能耗水平、污染防治技术能力及环境管理特点，以全国排污许可证管理信息平台、全国环境监管执法平台、重点排污单位自动监控与数据库系统等数据为基础，以国内现行《玻璃行业绿色工厂评价要求》（JC/T 2635—2021）和《平板玻璃行业清洁生产评价指标体系》等为参考，筛选平板玻璃行业关键技术参数，构建环境指标与评价体系，针对全国平板玻璃企业，探索开展全行业整体绿色发展水平评价。

二、评价指标体系及标准

1. 指标体系

参照《关于发布平板玻璃等 5 个行业清洁生产评价指标体系的公告》（公告　2015 年第 25 号）、《玻璃行业绿色工厂评价要求》（JC/T 2635—2021）、《重污染天气重点行业应急减排措施制定技术指南（2020 年修订版）》（环办大气函〔2020〕340 号）等政策文件要求，构建以技术装备水平、能耗水平、污染防治技术能力、环境管理水平等 4 项一级指标和 13 项二级指标为基础的全行业整体绿色发展水平评价指标体系（表 4-5）。

表 4-5　平板玻璃行业绿色发展水平评价指标体系

序号	一级指标	一级指标权重	二级指标	二级指标权重	评价基准 I	评价基准 II	评价基准 III	计分说明
1	技术装备水平	32	玻璃熔窑熔化能力/（t/d）	10	≥900	≥700	≥500	达到Ⅰ级基准值对应分值为100分，Ⅱ级基准值对应分值为80分，Ⅲ级基准值对应分值为60分，对于达到Ⅲ级基准值对应的分值按实际达到的水平用差值法取值，不能满足Ⅲ级基准值的按外延法取值。有多座熔窑的企业，对单座熔窑赋分后按总座数量计算企业平均值
2			企业平均规模/万重量箱	8	≥600	≥400	≥100	达到Ⅰ级基准值对应分值为100分，Ⅱ级基准值对应分值为80分，Ⅲ级基准值对应分值为60分，对于达到Ⅲ级基准值对应的分值按实际达到的水平用差值法取值，不能满足Ⅲ级基准值的按外延法取值
3			熔窑燃料品种	14	熔窑燃料全部为天然气	熔窑燃料类型采用两种及以上，但主要燃料包括天然气	熔窑燃料类型采用，未包括天然气的	达到Ⅰ级基准值对应分值为100分，Ⅱ级基准值对应分值为80分，Ⅲ级基准值对应分值为60分。有多座熔窑的企业，对单座熔窑赋分后按总座数量计算企业平均值
4	能源消耗水平	6	平板玻璃熔窑热耗（不折算窑龄系数及燃料等效系数）/（kJ/kg 玻璃液）	6	≤5 650	≤6 400	≤6 700	达到Ⅰ级基准值对应分值为100分，Ⅱ级基准值对应分值为80分，Ⅲ级基准值对应分值为60分，不能满足Ⅲ级基准值要求的按外延法取值

| 序号 | 一级指标 | 一级指标权重 | 二级指标 | 二级指标权重 | 评价基准 | | | 计分说明 |
					I	II	III	
5			单位产品颗粒物排放强度/（kg/t 产品）	6	≤0.01	≤0.03	≤0.08	达到 I 级基准值对应分值为 100 分，II 级基准值对应分值为80分，III级基准值对应分值为 60 分，不能满足III级基准要求的按外延法取值。停产冷修熔窑和未上报数据熔窑为 80 分
6			单位产品二氧化硫排放强度/（kg/t 产品）	11	≤0.03	≤0.1	≤0.4	
7			单位产品氮氧化物排放强度/（kg/t 产品）	11	≤0.1	≤0.5	≤1.2	
8	污染防治技术能力	58	建设备用治理设施或采用一体化技术	6	有备用治理设施或采用一体化技术		未采用一体化技术且未设置备用治理设施的	达到 I 级、II 级基准值对应分值为 100 分，III级基准值对应分值为60分。有多座熔窑的企业，对单座熔窑分别赋分后按总数量计算企业平均值
9			颗粒物在线监测设施达标率/%	6	≥99.9	≥99.5	≥99.0	达到 I 级基准值对应分值为 100 分，III级基准值对应分值为80分，不能满足III级基准要求的按外延法取值。未上报数据熔窑为80分
10			二氧化硫在线监测设施达标率/%	6	≥99.9	≥99.5	≥99.0	
11			氮氧化物在线监测设施达标率/%	6	≥99.9	≥99.5	≥99.0	

序号	一级指标	一级指标权重	二级指标	二级指标权重	评价基准			计分说明
					I	II	III	
12	环境管理情况	10	执行报告上报情况	5	年报或季报均按时提交	年报或季报存在超时提交情况	年报或季报未提交	达到I级基准值对应分值为100分，II级基准值对应分值为80分，III级基准值对应分值为60分。分别计算年报和季报提交情况后计算平均值
13			环境违法处罚情况	5	全年未处罚	处罚次数≤2	处罚次数≤3	达到I级基准值对应分值为100分，II级基准值对应分值为80分，III级基准值对应分值为60分。处罚次数大于3次的为0分

注：权重及评价基准值确定依据如下：

①熔窑熔化能力根据《平板玻璃行业清洁生产评价指标体系》《产业结构调整指导目录（2024年本）》和全国平均规模等综合确定。

②燃料类型根据《重污染天气重点行业应急减排措施制定技术指南（2020年修订版）》（环办大气函〔2020〕340号）中能源类型绩效分级指标和《平板玻璃行业清洁生产评价指标体系》确定。

③平板玻璃熔窑热耗根据《平板玻璃行业清洁生产评价指标体系》和全国企业水平等综合确定。

④污染物排放强度和治理措施根据《平板玻璃行业清洁生产评价指标体系》《玻璃行业绿色工厂评价要求》（JC/T 2635—2021）、《重污染天气重点行业应急减排措施制定技术指南（2020年修订版）》（环办大气函〔2020〕340号）中污染治理技术绩效分级指标和全国企业平均排放强度等综合确定。

⑤废气污染物在线监测设施达标率，通过计算获得了全国企业主要污染物小时平均排放浓度达标率，结合全国平均达标率确定。

⑥环境管理指标根据《平板玻璃行业近年未执行报告上报情况、守法情况进行划分。

⑦基准值主要依据《平板玻璃行业清洁生产评价指标体系》《玻璃行业绿色工厂评价要求》（JC/T 2635—2021）和全国企业统计数据排名分级确定。

2．评价标准

本书评价指标体系将行业绿色发展水平划分为优秀水平、良好水平、一般水平三级（表4-6）。

表4-6　平板玻璃行业绿色发展综合指标评价指数

行业绿色发展水平	评价指标值（P）
优秀水平	$P \geqslant 85$
良好水平	$70 \leqslant P < 85$
一般水平	$P < 70$

三、评价结果

通过对全国平板玻璃企业 2022 年和 2023 年 13 项指标赋分评价可知，两个年度的行业绿色发展水平均为绿色发展良好水平，且稳定向好发展（表4-7、图4-33）。

表4-7　平板玻璃行业绿色发展水平评价结果

一级指标	二级指标	2022 年绿色发展水平	2023 年绿色发展水平
技术装备水平	玻璃熔窑熔化能力	70.71	72.46
	企业平均规模	78.64	79.85
	熔窑燃料品种	88.12	88.63
资源能源消耗水平	平板玻璃熔窑热耗	65.73	73.38
污染防治技术能力	单位产品颗粒物排放强度	74.76	78.95
	单位产品二氧化硫排放强度	67.59	71.59
	单位产品氮氧化物排放强度	65.48	72.68
	建设备用治理设施或采用一体化技术	72.77	73.60
	颗粒物在线监测设施达标率	86.94	85.84
	二氧化硫在线监测设施达标率	85.06	84.78
	氮氧化物在线监测设施达标率	83.02	84.29
环境管理情况	执行报告上报情况	95.74	81.88
	环境违法处罚情况	96.03	93.53
行业绿色发展水平		78.02	79.53

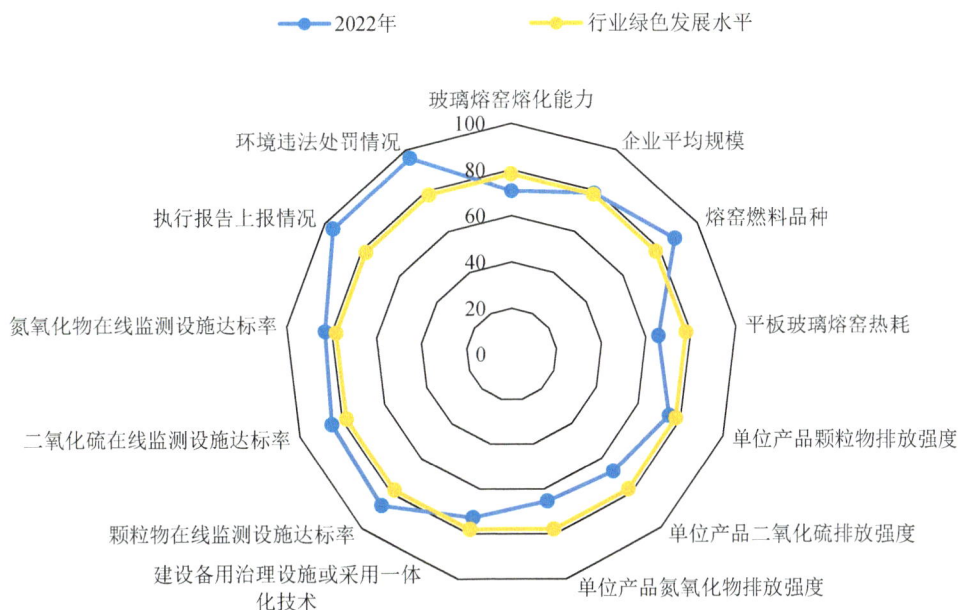

（a）2022 年

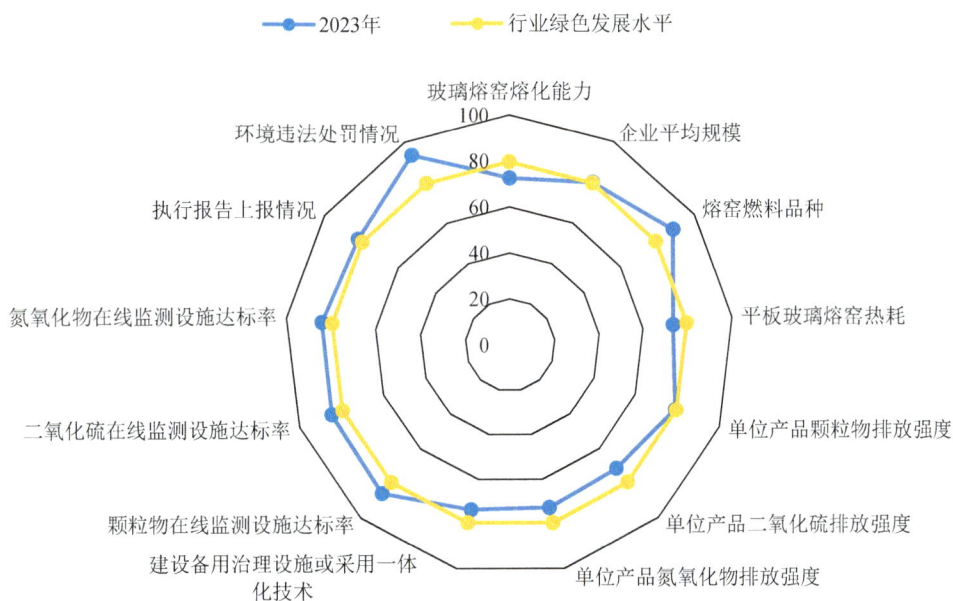

（b）2023 年

图 4-33 平板玻璃行业绿色发展水平评价结果

从 2023 年评价结果来看，行业内各指标绿色水平分值为 71.59～93.53，经加权计算后，行业绿色发展水平得分 79.53。从技术装备水平来看，平板玻璃行业 3 项指标绿色水平差异不大，结合行业发展现状分析可知，平板玻璃行业技术装备水平整体发展向好；从资源能源消耗水平来看，玻璃熔窑热耗处于绿色发展良好水平；从污染防治技术能力来看，行业 7 项指标绿色水平差异不大，污染物排放强度指标值中颗粒物的绿色水平值较高，氮氧化物和二氧化硫差异不大，3 种污染物在线监测设施达标率均相对较高；从环境管理情况来看，行业行政处罚情况较少，得分较高，但分析过程发现企业执行报告季报上报情况有待提高，部分企业未能保证四个季度执行报告均上报（图 4-34）。

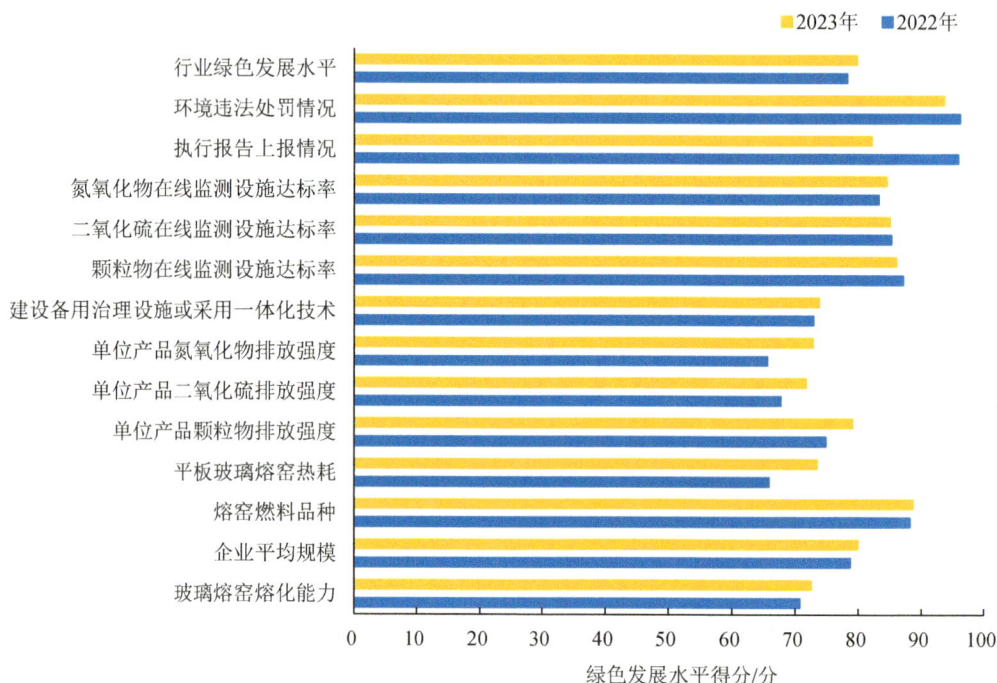

图 4-34 平板玻璃行业绿色发展水平评价结果对比

对比 2022 年与 2023 年评价结果可知，行业整体绿色发展水平向好。除颗粒物在线监测达标率、环境管理水平以外，其他指标均较 2022 年有所提升，其中玻璃熔窑热耗、3 种污染物单位产品排放强度提升较大。

第五章　焦化行业环境评估报告

第一节　行业发展现状

焦化行业是煤炭加工产业链的重要环节，主要通过高温处理煤炭来生产焦炭（半焦）、煤焦油和煤气等产品，是钢铁行业的重要上游产业。超过 85%的焦炭用于钢铁冶炼生产，焦化行业也是高能耗、高排放的行业之一。我国是世界上最大的焦炭生产国和消费国，产量占比接近全球产量的 70%。"十三五"时期以来，受资源、能源、环境等因素约束，焦化行业开启淘汰置换、兼并重组等供给侧结构性改革，在"以钢定焦""上大关小""减量置换""粗钢产量压减""钢铁行业碳达峰"等综合政策的实施下，焦化行业逐步进入较好的盈利期。"十四五"期间，焦化行业实施超低排放改造与节能降碳，推进"煤—焦—化""钢—焦—化—氢"等优势产业链发展，促进焦化行业绿色低碳高质量发展。2023 年，焦化行业持续稳步推进供给侧结构性改革，加快结构调整、转型升级，行业运行总体平稳。

一、规模布局

1．产能产量

（1）产量持续增长

焦化企业分为钢焦联合企业和独立焦化企业，包含常规焦炉、热回收焦炉、半焦（兰炭）炭化炉 3 种生产工艺。2023 年我国焦炭产量为 49 260 万 t，同比增长 3.6%，为历史最高，其中，钢焦联合企业焦炭产量为 12 928.8 万 t，同比增长 4.4%；独立焦化企业焦炭产量为 36 331.2 万 t，同比增长 3.3%（图 5-1）。

图5-1　我国焦炭产能产量变化情况

资料来源：国家统计局。

2023年，全国仅9个省（区、市）焦炭产量下降，其余19个省（区、市）焦炭产量均增长，增幅在2.33%～32.24%，其中吉林、新疆（含生产建设兵团）、广西、江苏、甘肃、河南6个省（区）增幅靠前。焦炭产能大省中，山西、陕西2省产量下降，河北、内蒙古、新疆（含生产建设兵团）、山东、河南省（区）产量均增长（表5-1）。

表5-1　2023年焦炭产量变化情况

序号	省（区、市）	2023年产量/万t	2022年产量/万t	同比/%
1	山西	9 571.6	9 799.7	−2.33
2	内蒙古	5 069.3	4 672.47	8.49
3	陕西	4 565.2	4 735.94	−3.61
4	河北	4 315.7	4 133.77	4.40
5	新疆（含生产建设兵团）	3 390.9	2 635.92	28.64
6	山东	3 067.7	2 910.97	5.38
7	河南	2 240.7	1 999.35	12.07
8	辽宁	2 065.5	2 199.06	−6.07
9	江苏	1 833.4	1 536.51	19.32

序号	省（区、市）	2023 年产量/万 t	2022 年产量/万 t	同比/%
10	安徽	1 374.9	1 297.96	5.93
11	宁夏	1 351.9	1 225.37	10.33
12	广西	1 301	1 084.79	19.93
13	云南	1 239.9	1 268.4	−2.25
14	湖北	987.3	939.43	5.10
15	四川	977.6	1 038.83	−5.89
16	黑龙江	889.3	1 112.32	−20.05
17	广东	767.5	735.35	4.37
18	江西	705	645.91	9.15
19	湖南	660.7	662.07	−0.21
20	甘肃	560.3	494.6	13.28
21	上海	526.7	514.69	2.33
22	吉林	499.4	377.66	32.24
23	重庆	333.8	312.9	6.68
24	贵州	313.2	331.31	−5.47
25	福建	243	222.38	9.27
26	浙江	220.6	209.24	5.43
27	天津	169.9	157.21	8.07
28	青海	18	89.53	−79.90
	合计	49 260	47 343.64	3.60

资料来源：国家统计局。

（2）产能基本保持平稳

据全国排污许可证管理信息平台统计，截至 2024 年 3 月底，全国炼焦企业共计 460 家（不含涉及兰炭炭化炉的煤化工、金属镁和电石生产企业）、焦炭产能 6.51 亿 t，较 2022 年增长 1.4%；其中钢焦联合企业 62 家、产能 1.47 亿 t（占比 23.6%），独立焦化企业 398 家、产能 5.04 亿 t（占比 76.4%）；独立焦化产能增长 0.83%，钢焦联合产能增长 4.29%，全国焦炭产能向钢焦联合化转变。按照生产工艺划分，其中常规焦炉产能 55 167 万 t，半焦（兰炭）产能 8 170 万 t，热回收焦炉产能 1 777 万 t；常规焦炉和热回收焦炉产能小幅增长。

（3）持续淘汰落后产能

山东、青海、云南、黑龙江 4 省焦炭产能均有所削减，其中山东省退出焦炭产能451 万 t、青海省退出 198 万 t。从企业数量来看，2023 年全国独立焦化企业共减少 45 家，其中河北省退出 6 家、辽宁省 5 家、山东省 5 家、山西省 5 家等。加快淘汰 4.3 m 焦炉，山东省已全面淘汰 4.3 m 焦炉，山西省 4.3 m 焦炉已全部关停（共 21 座）。截至 2024 年3 月底，全国 4.3 m 及以下焦炉产能 7 338 万 t，其产能占比常规焦炉产能同比下降 3 个百分点。《产业结构调整指导目录（2024 年本）》要求：京津冀及周边地区、汾渭平原2025 年 12 月 31 日前淘汰炭化室高度 4.3 m 及以下焦炉，将进一步引导全国范围内 4.3 m焦炉置换淘汰。

2．产业布局

除北京、海南、西藏 3 个省（区、市）无焦炭产能以外，我国焦炭产能主要分布在山西、陕西、河北、内蒙古、新疆、山东、河南等省（区），占全国焦炭产能的 66%；其中山西省焦炭产能 1.26 亿 t，河北省焦炭产能 7 347 万 t，内蒙古自治区焦炭产能 6 299 万t，陕西省焦炭产能 6 100 万 t，山东省焦炭产能 3 794 万 t。常规焦炉产能主要集中在山西、河北、山东、内蒙古、辽宁、河南等省（区），占全国常规焦炉产能的 50% 以上；半焦（兰炭）炭化炉主要集中在陕西、新疆、内蒙古及宁夏等省（区），其中陕西占全国半焦（兰炭）产能的 58%；热回收焦炉主要集中在山西、河北，占全国热回收焦炉产能的 44%。独立焦化企业数量和产能约占八成，其中山西、河北、内蒙古、山东和河南5 个省（区）以独立焦化企业为主，江苏以钢焦联合企业为主。

（1）大气污染防治重点区域产能持续降低，独立焦化企业占比仍较高

2023 年，津冀晋鲁豫焦炭产能 2.6 亿 t，较 2022 年下降 0.7%；苏浙沪皖焦炭产能4 862 万 t，与 2022 年持平，分别占全国焦炭（不含半焦）产能的 46.5% 和 8.6%。津冀晋鲁豫、苏浙沪皖焦炭独立焦化企业的产能占比分别为 85.8%、31.9%，其中津冀晋鲁豫地区高于全国平均水平（77.4%）。

（2）企业规模持续提高

据全国排污许可证管理信息平台统计，2023 年我国独立焦化企业焦炭产能平均规模为144 万 t，较 2022 年提升 4.3%；钢焦联合企业焦炭产能平均规模为 238 万 t，较 2022 年提升 7.7%。其中津冀晋鲁豫和苏浙沪皖地区独立焦化企业平均产能规模分别为 147 万 t、220 万 t，钢焦联合企业平均产能规模分别为 184 万 t、302 万 t。2023 年，津冀晋鲁豫地区企业产能规模以 100 万～200 万 t 为主，苏浙沪皖地区企业产能规模仍以 300 万 t 以上为主。

3．产业集中度

2023 年河北、山西、山东、内蒙古等省（区）积极推动区域焦化企业兼并重组，促进行业集群式发展，提高产业链和产业集中度。山东省提出"推进钢焦铝产业布局优化。围绕钢焦联动、煤基化工一体化，加快现有焦化产能优化整合，焦钢比稳定在 0.4 左右"。山西省提出"2023 年底前，全省焦化企业全面实现干法熄焦，全面完成超低排放改造，全面关停 4.3 m 焦炉以及不达超低排放标准的其他焦炉。新建焦化升级改造项目和各设区市城市建成区及周边 20 km 范围内的现有焦化企业按规定时限实施环保深度治理。推动焦化企业集群集聚发展，延伸上下游产业链，降低物流运输及能耗成本，打造'钢—焦—化—氢'特色优势产业链条。"

内蒙古君正化工有限责任公司整合已建成的泰和煤焦化、德晟煤焦化和黄河能源科技集团等焦化产能，新建 4 座 6.78 m 捣固焦炉，产能规模达到 300 万 t。山西茂盛煤化集团有限公司、长治祥源新型煤化工有限公司、山西盛隆泰达通过产能置换，"上大关小"，关停 4.3 m 焦炉，进一步提高产业集中度，推动焦炉煤气（制氢、甲醇、乙二醇、LNG、合成氨）、煤焦油、粗苯等焦化副产品延伸产业链。2023 年，旭阳集团焦炭产量为 1 396.90 万 t，居全国首位。

二、装备水平

1．生产装备以领先与先进水平为主

我国焦炉炉型以常规焦炉为主，常规焦炉占全国产能的 84.7%。据全国排污许可证管理信息平台数据显示，2023 年我国共有常规焦炉 969 座，涉及焦炭产能 55 107 万 t。按照中国钢铁工业装备水平分级标准，常规焦炉的领先水平和先进水平占比分别为 65.79%、20.91%，较 2022 年分别提高 3 个百分点和 0.6 个百分点。2023 年全国新建投产焦炉共 39 座、产能 2 585.75 万 t；其中领先水平 10 座、产能占比 28.4%，先进水平焦炉共 29 座、产能占比 71.6%。对照《产业结构调整指导目录（2024 年本）》，全国限制类焦炉 207 座，产能 7 438 万 t（占比 13%），较 2022 年下降 4.8 个百分点（表 5-2）。

表 5-2　2023 年常规焦炉装备水平情况

装备水平		领先水平	先进水平	一般水平	合计
		≥7 m	5～7 m	4.3 m	
全国	数量/座	142	624	203	969
	占比/%	14.62	64.26	20.91	100
	产能/万 t	11 536	36 293	7 278	55 107
	占比/%	20.91	65.79	13.19	100

装备水平		领先水平	先进水平	一般水平	合计
		≥7 m	5～7 m	4.3 m	
独立焦化	数量/座	74	504	181	759
	占比/%	9.72	66.23	23.78	100
	产能/万 t	5 778	29 159	6 477	41 414
	占比/%	13.93	70.31	15.62	100
钢焦联合	数量/座	68	120	22	210
	占比/%	32.38	57.14	10.48	100
	产能/万 t	5 758	7 134	801	13 693
	占比/%	42.05	52.10	5.85	100

资料来源：全国排污许可证管理信息平台。

2．干熄焦技术应用比例大幅提升

干熄焦工艺是焦化企业改善焦炭强度、回收余热、降低炼焦工序能耗的重要手段。新建焦炉全部配置干熄焦，现有焦炉熄焦方式从湿法熄焦向干法熄焦转变，2023 年全国常规焦炉企业干熄焦装置配备比例 79%，较 2022 年提高 4.5 个百分点；其中独立焦化企业和钢铁联合企业干熄焦装置配备比例分别达到 72.4%和 99.6%。北京、天津、河北、山西、山东、河南 6 个省（市）干熄焦装置配备比例为 89%，较 2022 年提升约 5 个百分点，其中河北、山东 2 个省已实现 100%配置干熄焦；江苏、浙江、上海、安徽 4 个省（市）干熄焦装置配备比例为 98.8%，与 2022 年相比基本持平，江苏实现 100%配置。山西、内蒙古产焦大省（区）干熄焦装置配备比例分别为 81.8%、56.7%，较 2022 年分别提升 10 个百分点和 4 个百分点。焦炉多段加热、废气循环、集气管压力单调技术、焦炉自动测温技术、上升管余热回收技术、循环氨水余热制冷技术等得到了广泛应用，新建焦炉能耗达到标杆水平，污染物产生量大幅降低。据中国炼焦行业协会 135 家会员企业的 2023 年统计数据，反映焦化行业的资源能源利用水平四大能耗指标同比三降、一微升，其中 2023 年吨焦电耗 81.25 kW·h，说明在干熄焦率提高情况下，焦化行业末端治理增加电耗较高，需要协同推进减污降碳（表 5-3）。

表 5-3　2023 年焦化行业会员单位资源能源消耗情况

指标名称	单位	2023 年	2022 年	增减量	增减比例/%
吨焦综合能耗	kg 标准煤	128.18	129.04	−1.21	−0.9
吨焦电耗	kW·h	81.25	80.62	+0.63	+0.8
吨焦耗新水量	m³	1.64	1.84	−0.20	−10.8
干熄焦率	%	93.42	92.01	+1.41	+1.5

资料来源：中国炼焦行业协会。

第二节　污染物排放

　　焦化企业生产工序多，污染物产生源多，产生的污染物包括废气、废水、噪声和固体废物，其中以废气和废水为主。废气的产污环节主要是装煤、推（出）焦、干熄焦、焦炉烟囱等有组织排放，以及焦炭储存和输送、焦炉炉体、煤气净化和库区储罐贮槽等无组织排放，挥发性有机物产排污量较大，排放的苯并[a]芘、苯、酚类以及多环和杂环芳烃等特征污染物均为有毒有害物质，伴有硫化氢、氨、二硫化碳等恶臭气体排放。焦化废水的组成复杂而多变，有害物质（氨氮、挥发酚、氰化物、多环芳烃 PAHs）浓度高、毒性大且难以处理，主要包括熄焦废水、剩余氨水和煤气净化过程中产生的废水等。目前，焦化行业对污染物排放总量仍重点关注颗粒物、二氧化硫、氮氧化物、COD、氨氮等常规污染物，对 VOCs 及氨、苯并[a]芘等特征污染物监管相对薄弱。

　　由于钢焦联合企业焦化工序污染物排放量与钢铁部分合并填报排污许可执行报告，无法单独获取其焦化工序污染物排放量；半焦（兰炭）企业污染物治理水平低、无组织排放严重，有组织排放量数据失真，本书重点分析独立焦化（不含兰炭）企业污染物排放情况。全国排污许可证管理信息平台显示，2023 年底独立焦化企业 398 家，其中兰炭（半焦）企业 101 家，课题组重点对 297 家独立焦化（不含兰炭）企业进行统计分析。2023 年评估范围内有 13 家企业全年停产，6 家企业未提交年度执行报告，本书重点对提交 2023 年年度执行报告的 278 家独立焦化企业（占全国焦炭产能的 64%）的废气、废水排放情况进行评估，其中废气污染物包括二氧化硫、氮氧化物、颗粒物，废水污染物包括化学需氧量、氨氮等。

一、废气污染物排放

1. 废气污染物排放量

　　据 2023 年钢焦化企业排污许可证年度执行报告统计，278 家独立焦化企业废气颗粒物、二氧化硫、氮氧化物许可排放量分别为 3.94 万 t、5.81 万 t、14.54 万 t；2023 年废气颗粒物、二氧化硫、氮氧化物有组织排放量分别为 1.09 万 t、2.04 万 t、6.75 万 t，较 2022 年同口径企业废气颗粒物排放量下降 10.2%，二氧化硫排放量升高 13.9%，氮氧化物排放量基本持平。其中山西省颗粒物、二氧化硫、氮氧化物排放量均位居全国第一，同时焦炭产量也位居全国第一。内蒙古颗粒物、二氧化硫、氮氧化物排放量均上升。2023 年重点地区（"2+36"城市）颗粒物、二氧化硫、氮氧化物排放量分别约为 0.19 万 t、0.48 万 t、0.93 万 t，占比全国排放量分别为 17.8%、23.5%、13.8%，其中颗粒物排放量占比基本不变，二氧化硫、氮氧化物分别上升3个百分点和2个百分点。

2023年独立焦化企业颗粒物排放量前5位分别为山西、新疆、河北、内蒙古、辽宁，占颗粒物总排放量的65%；与2022年相比，重点地区中河南、陕西、江苏等省颗粒物排放量均明显下降；安徽、河北、山东、山西、天津不降反升（图5-2）。

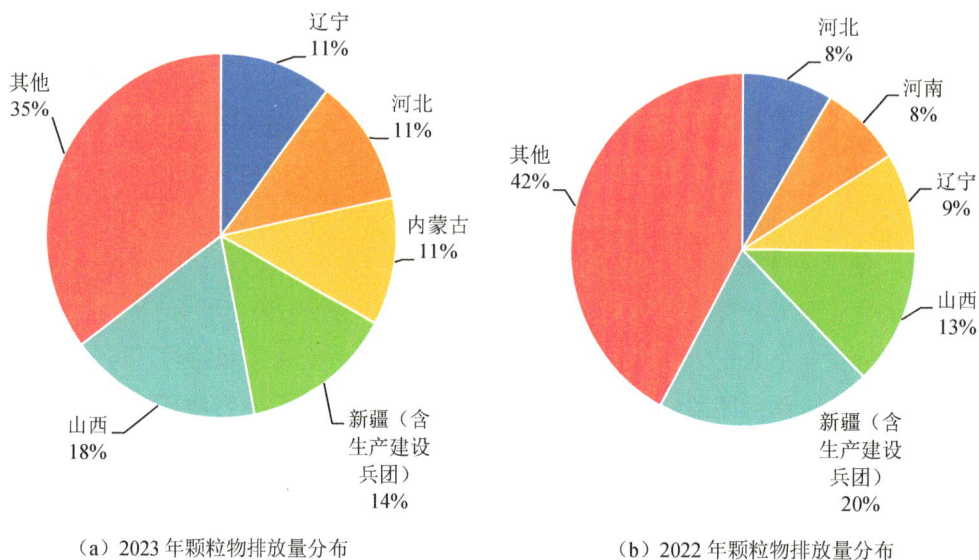

（a）2023年颗粒物排放量分布　　　　　（b）2022年颗粒物排放量分布

图5-2　独立焦化企业颗粒物排放量分布

资料来源：全国排污许可证管理信息平台。

2023年独立焦化企业二氧化硫排放量前5位分别为山西、内蒙古、河北、山东、河南省（区），占二氧化硫总排放量的62%；与2022年相比，重点地区中仅陕西二氧化硫排放量明显下降；安徽、甘肃、河北、河南、江苏、山东、山西、天津、内蒙古等省（区、市）不降反升。其中，安徽、甘肃、河南、江苏、内蒙古排放量增幅均超过50%，尤其是上述地区增产幅度超过10%。在河南省大气污染防治形势严峻情况下，焦化行业产量持续增加、大气污染物排放量不降反升，需要加快推进河南省焦化行业大气污染物减排（图5-3）。

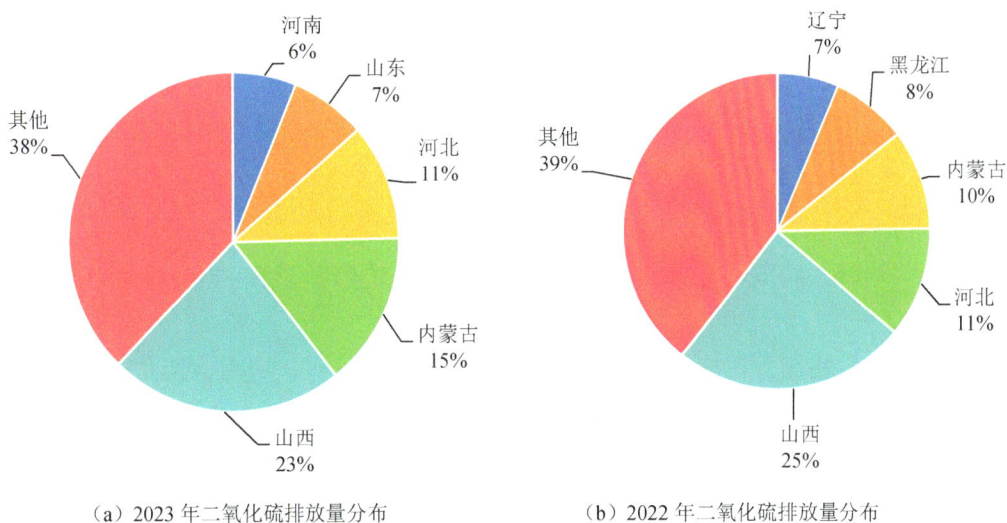

（a）2023 年二氧化硫排放量分布　　　（b）2022 年二氧化硫排放量分布

图 5-3　独立焦化企业二氧化硫排放量分布

资料来源：全国排污许可证管理信息平台。

　　2023 年独立焦化企业氮氧化物排放量前 5 位分别为山西、内蒙古、云南、新疆、辽宁，占颗粒物总排放量的 58%；与 2022 年相比，重点地区中安徽、陕西氮氧化物排放量明显下降；河北、河南、江苏、山东、山西、天津等省（市）不降反升（图 5-4）。

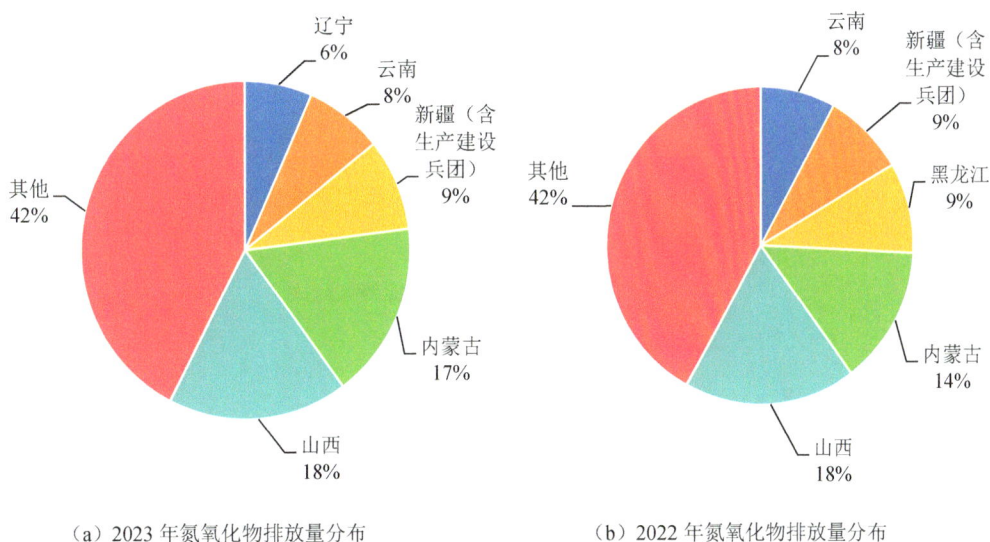

（a）2023 年氮氧化物排放量分布　　　（b）2022 年氮氧化物排放量分布

图 5-4　独立焦化企业氮氧化物排放量分布

资料来源：全国排污许可证管理信息平台。

2．废气污染物排放强度

颗粒物、二氧化硫、氮氧化物污染物排放强度持续降低，2023 年全国独立焦化企业颗粒物、二氧化硫、氮氧化物吨焦排放量分别为 0.030 kg、0.067 kg、0.214 kg，较 2022 年废气颗粒物、二氧化硫、氮氧化物排放强度分别下降 21.1%、3.0%、10.2%。2023 年重点地区（"2+36"城市）颗粒物、二氧化硫、氮氧化物排放强度分别为 0.023 kg、0.057 kg、0.112 kg，优于全国平均水平；与 2022 年同口径企业相比，在焦炭产量增长 30% 情况下，"2+36"城市颗粒物和氮氧化物排放强度分别下降 33%、8%，二氧化硫排放强度上升 2%。

与 2022 年相比，在颗粒物排放强度方面，福建、贵州、河南、黑龙江、湖北、江苏、江西、辽宁、宁夏、山东、山西、陕西、四川、新疆（含生产建设兵团）等省（区）有所降低，安徽、甘肃、河北、内蒙古、吉林、青海、云南等省（区）略有升高。独立焦化企业颗粒物排放强度对比情况见图 5-5。

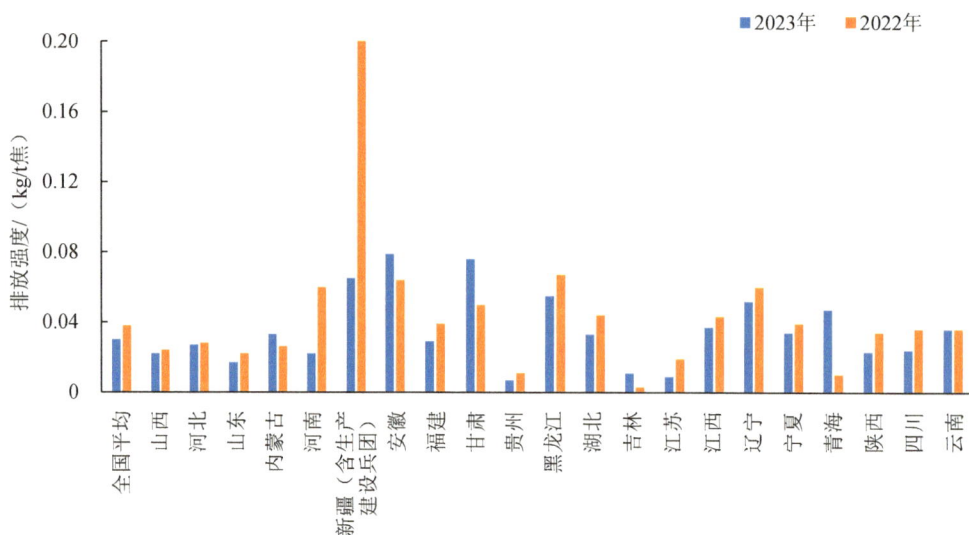

图 5-5　独立焦化企业颗粒物排放强度对比

资料来源：全国排污许可证管理信息平台。

与 2022 年相比，在二氧化硫排放强度方面，福建、黑龙江、湖北、宁夏、山东、山西、陕西、四川、新疆（含生产建设兵团）等省（区）有所降低，安徽、甘肃、贵州、河北、河南、江苏、江西、辽宁、内蒙古、吉林、青海、云南等省（区）略有升高。独立炼焦企业二氧化硫排放强度对比情况见图 5-6。

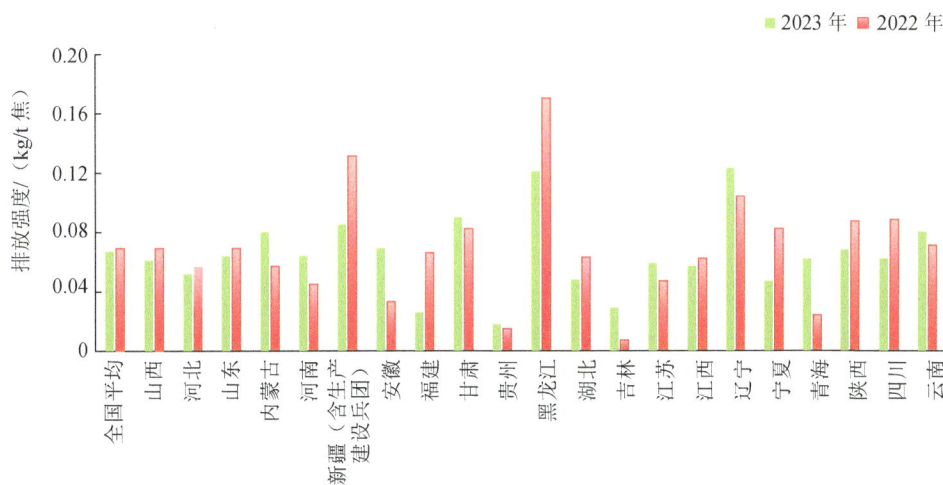

图 5-6 独立焦化企业二氧化硫排放强度对比

资料来源：全国排污许可证管理信息平台。

与 2022 年相比，氮氧化物排放强度方面，福建、黑龙江、吉林、湖北、宁夏、青海、山东、山西、陕西、四川、新疆（含生产建设兵团）、云南等省（区）有所降低，安徽、甘肃、贵州、河北、河南、江苏、江西、辽宁、内蒙古等省（区）略有升高。独立炼焦企业氮氧化物排放强度对比情况见图 5-7。

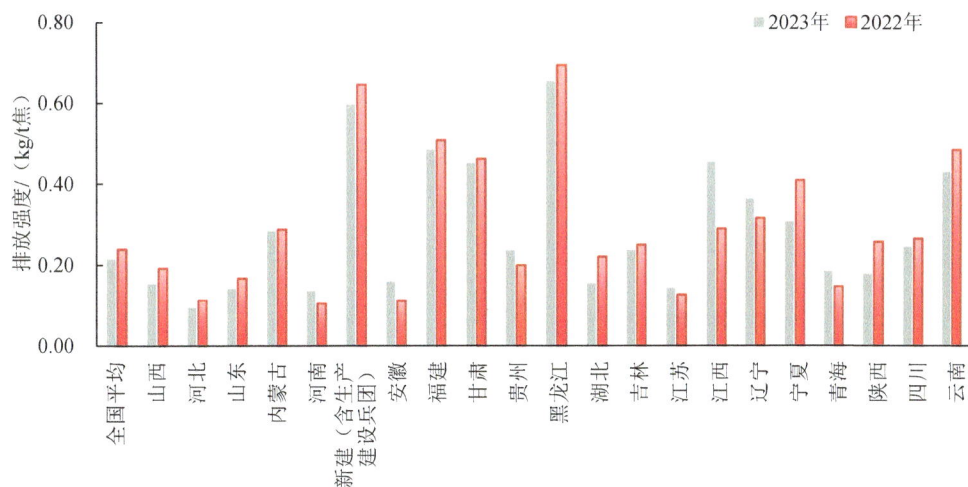

图 5-7 独立焦化企业氮氧化物排放强度对比

资料来源：全国排污许可证管理信息平台。

从图 5-5～图 5-7 来看，山西、河北、河南、山东等重点地区三项污染物排放强度均较低，也与上述地区先行先试开展超低排放改造有关。非重点地区颗粒物、二氧化硫、氮氧化物排放强度分别为 0.043 kg/t 焦、0.079 kg/t 焦和 0.344 kg/t 焦，是重点地区的 1.96 倍、1.32 倍和 2.53 倍。

二、废水污染物排放

约 90%的独立焦化企业不外排生产废水，278 家独立焦化企业中仅有 24 家企业外排生产废水（含直接排放外部水体或排入城镇污水处理厂），较 2022 年外排水企业数量下降 37%。2023 年化学需氧量许可排放量 1 480 t、氨氮许可排放量 212.52 t，实际共计排放化学需氧量 1 103.1 t、排放氨氮 59.11 t，较 2022 年同口径企业废水化学需氧量、氨氮排放量分别上升 48.7%、30.3%。主要原因是个别企业 2023 年废水外排量大幅增加，导致化学需氧量、氨氮排放量上升。

第三节　污染防治措施

炼焦化学工业就是将炼焦煤按一定配比装入隔绝空气的密闭炼焦炉内，经干馏转化为焦炭、焦炉煤气和焦油等化学产品的工艺过程；其中常规焦炉生产工艺包括备煤、炼焦、熄焦、煤气净化以及酚氰废水处理等，热回收焦炉生产工艺包括备煤、炼焦、熄焦和余热发电等。热回收焦炉无废水产生，产生的煤气全部燃烧，燃烧废气余热用于发电后实施脱硫脱硝除尘净化，是一种相对环保节能型工艺，近年来在行业内逐渐推广应用。

焦化行业的固体废物处置和噪声治理技术相对简单成熟。炼焦除尘灰、生化污泥、焦油渣、粗苯残渣等集中回配炼焦煤；脱硫废液制酸或提取副产品盐，实现综合利用。采取减振、隔声、消声等措施可有效控制噪声污染。课题组重点对废气、废水治理技术及应用情况进行分析评估。

一、废气污染防治技术评估

1. 焦炉烟囱脱硫脱硝技术

随着钢焦联合企业焦化工序超低排放改造（7 392 万 t 焦炭产能已完成超低排放评估监测公示），以及重点地区（河北、山西、山东）2019 年率先启动了地方焦化行业超低排放改造，部分独立焦化企业开展了 A 级环保绩效企业创建，常规焦炉烟气正在实施脱硫脱硝治理，基本形成以"干法（半干法）脱硫+SCR 脱硝"和"活性焦脱硫脱硝一体化"的焦炉烟气治理路线。津冀晋鲁豫和苏浙沪皖地区废气污染物达标率略高于非重点地区，其中颗粒物、二氧化硫达标率高出非重点地区约 0.5 个百分点，氮氧化物达标率高出 1 个百分点。常规焦炉烟气治理以脱硝和脱硫扩容为主，2023 年无脱硝治理措施的焦炭产能较 2022 年减少 1 个百分点（图 5-8、图 5-9）。SCR 脱硝技术应用占比最高（接近80%），为焦炉烟气主流脱硝治理措施，且应用占比持续提高。

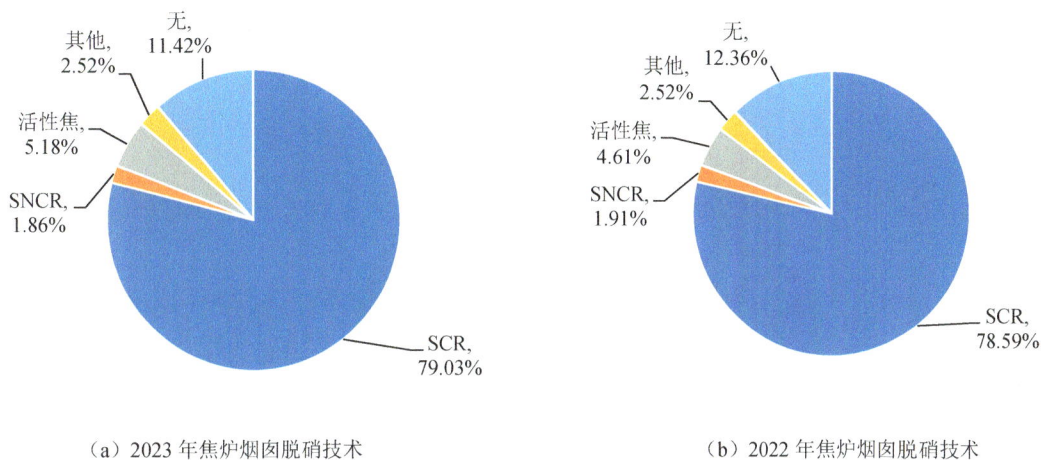

（a）2023 年焦炉烟囱脱硝技术　　　　　　　　　　（b）2022 年焦炉烟囱脱硝技术

图 5-8　焦炉烟囱烟气脱硝技术情况

资料来源：全国排污许可证管理信息平台。

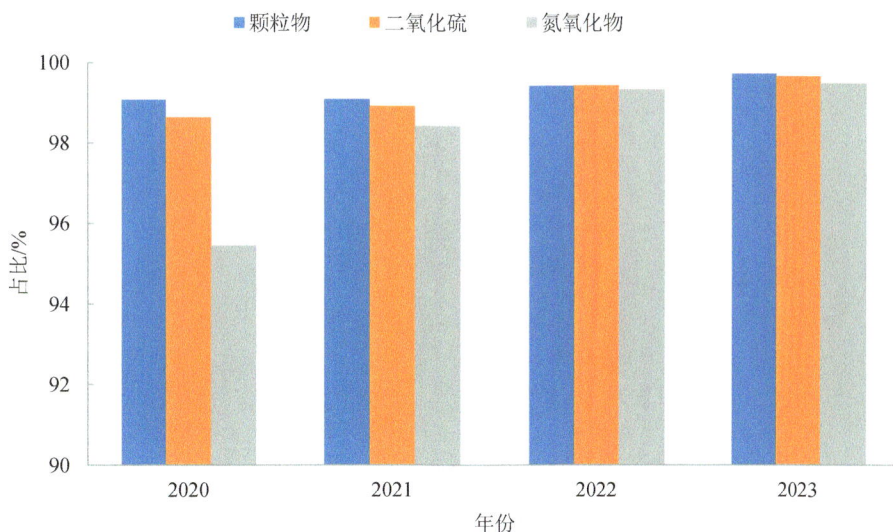

图 5-9　焦炉烟囱烟气污染物历年达标情况

资料来源：重点排污单位自动监控与数据库系统。

　　重点地区焦炉烟气脱硫脱硝治理进展更快，应用技术更成熟。非重点地区未安装焦炉烟气脱硫、脱硝比例分别为 10.6% 和 21.7%；且湿法脱硫比例约为 25%，也存在大量氨法脱硫（图 5-10）。

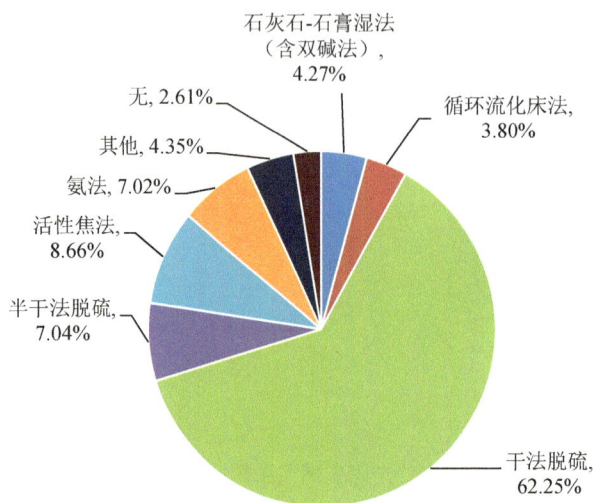

（a）重点地区焦炉烟囱烟气脱硫技术

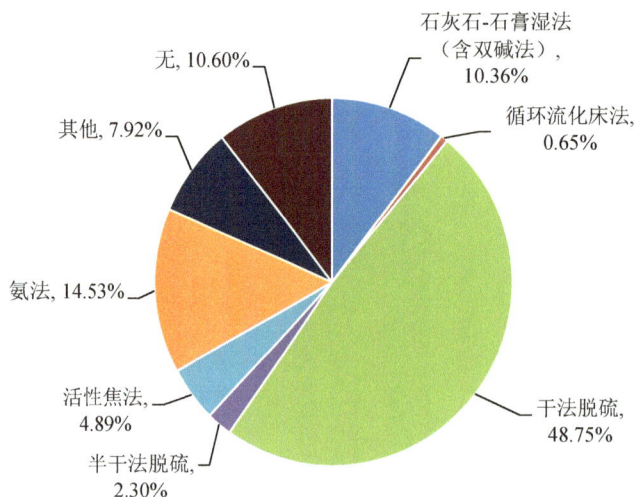

（b）非重点地区焦炉烟囱烟气脱硫技术

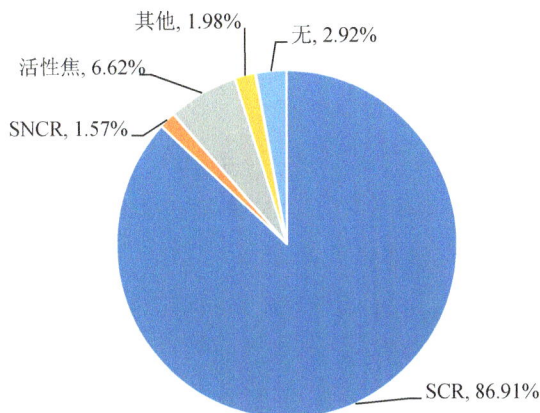

（c）重点地区焦炉烟囱烟气脱硝技术

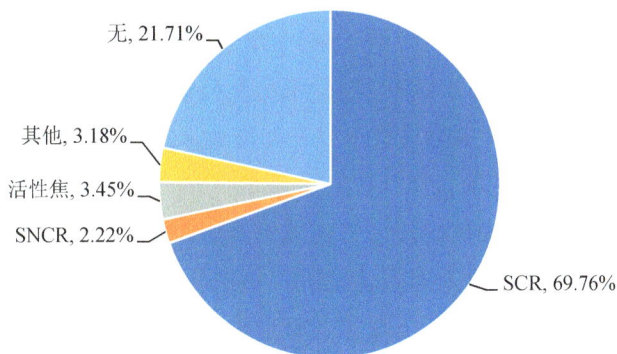

（d）非重点地区焦炉烟囱烟气脱硝技术

图 5-10　不同地区焦化企业焦炉烟囱脱硫脱硝技术

资料来源：全国排污许可证管理信息平台。

常规焦炉烟气脱硫脱硝以干法（半干法）脱硫+SCR 脱硝为主，可达到超低排放水平。根据排污许可证管理信息平台数据，统计 297 家独立焦化企业焦炉烟气脱硫脱硝治理措施应用情况，目前行业内最主流的脱硫脱硝技术为"SDS 脱硫+SCR 脱硝"和"钙基干法脱硫+SCR 脱硝"两种，应用占比超过 50%。通过筛选应用不同组合技术的企业焦炉烟囱 2023 年在线监测数据，分析颗粒物、二氧化硫、氮氧化物达标情况，目前行业内脱硫脱硝治理技术基本能保证焦炉烟囱三项污染物达标率稳定在 98%以上，但活性焦脱硫脱硝一体化技术的氮氧化物达标率略低。现场对河北、山东、山西独立焦化企业调研监测，完成焦炉烟囱超低排放改造后颗粒物（10 mg/m³）、二氧化硫（30 mg/m³）、氮氧化物（150 mg/m³）、非甲烷总烃（100 mg/m³）排放浓度基本可以稳定达到超低排放限值要求。其中颗粒物排放浓度为 2～8 mg/m^3、二氧化硫排放浓度在 20 mg/m^3 以下，NO$_x$ 排放浓度可稳定控制在 150 mg/m^3 以内，采用干法脱硫+SCR 脱硝工艺 NO$_x$ 排放浓度为 26～141 mg/m^3，采用半干法脱硫+SCR 脱硝工艺 NO$_x$ 排放浓度为 44～97 mg/m^3，采用活性焦一体化脱硫脱硝工艺 NO$_x$ 排放浓度为 61～76 mg/m^3，采用湿法脱硫+SCR 脱硝工艺 NO$_x$ 排放浓度为 89～136 mg/m^3。调研实测了 42 座焦炉的非甲烷总烃排放浓度，炭化室高度涵盖 4.3～7.63 m，按 8%基准含氧量折算后浓度为 0.19～438.58 mg/m^3。10%焦炉非甲烷总烃排放浓度超过 100 mg/m^3，表明焦炉疏于日常维护，焦炉炉墙串漏会导致焦炉烟囱非甲烷总烃排放浓度不能稳定达到超低排放浓度限值。

2. 干熄焦脱硫技术

干熄焦生产过程中产生的烟气包括高硫烟气和低硫烟气，其中预存室放散口（紧急排放口）、循环风机放散口废气为高硫烟气。干熄炉顶部装入口以及高硫烟气等属于周期性阵发排放，导致未采取脱硫的干熄焦烟气二氧化硫排放浓度波动较大，极易造成超标排放。由于早期干熄焦烟气治理过程中将高硫烟气和低硫烟气混合后进入除尘地面站治理，导致干熄焦烟气污染物排放浓度变化较大（20～200 mg/m^3），烟气氧含量可达到 20%左右，部分企业存在增大烟气收集能力，涉嫌稀释排放。目前，当多数企业在干熄焦烟气脱硫治理时，将干熄焦高硫烟气实施单独脱硫或回焦炉烟囱，干熄焦低硫烟气采用地面除尘站，颗粒物、二氧化硫稳定达到 7 mg/m^3、30 mg/m^3 以下，稳定达到超低排放浓度限值。脱硫形式主要有石灰-石膏法、循环流化床、氨法、活性焦法、钙基/钠基干法、固定床干法、其他工艺等（图 5-11）。

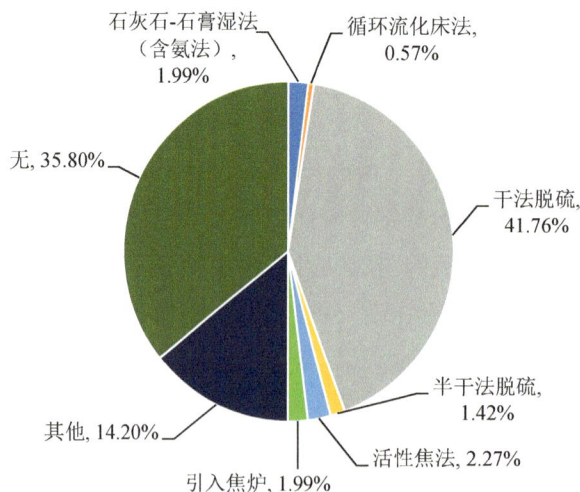

（a）2023 年干熄焦脱硝技术

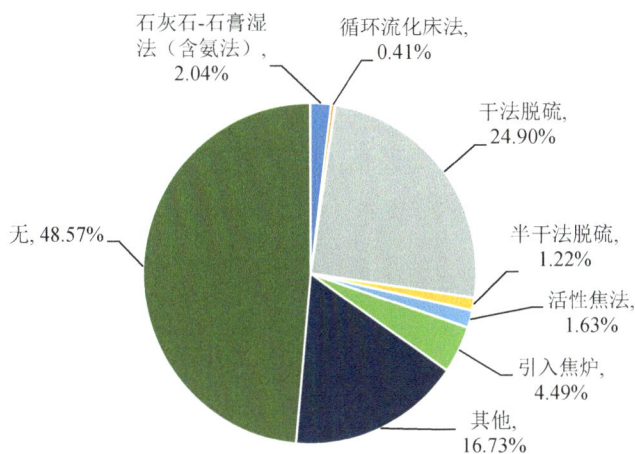

（b）2022年干熄焦脱硝技术

图 5-11　焦化企业干熄焦烟气脱硫技术

资料来源：全国排污许可证管理信息平台。

3. 挥发性有机物治理技术

强化无组织收集治理，实现"应收尽收"。全行业聚焦焦炉冒烟和厂区异味治理，装煤车、推焦车、拦焦车封闭，焦炉炉头烟收集治理以及单孔炭化室压力调节技术、高压氨水喷射技术、双室双闸给料技术、微负压炼焦技术和焦炉正压密封、砖缝灌浆、陶瓷焊补、炉门清理与泄漏修复等源头减排控制措施普及，对焦炉煤气净化系统、罐区、酚氰废水预处理设施区域以及装卸产生的挥发性有机物（VOCs）废气进行单独收集处理。根据《挥发性有机物无组织排放控制标准》（GB 37822—2019），对涉 VOCs 物料的存储、转移和输送，化工生产过程，设备与管线组件泄漏控制以及废水敞开液面等环节 VOCs 进行控制。以 100 万 t 规模的独立常规焦炉企业为例，估算 VOCs 排放量在 200～1 000 t，强化 VOCs 收集治理后排放量减少至约 50 t。目前，全行业 VOCs 无组织排放控制水平差异较大，现场调研重点地区部分企业基本可以做到"现场无异味"，达到焦化行业超低排放的要求。

VOCs 排放控制和治理技术已基本成熟。加强 VOCs 废气应急排放口和煤气放散管理等源头管控，根据《关于加快解决当前挥发性有机物治理突出问题的通知》（环大气〔2021〕65 号），对 VOCs 废气旁路和煤气应急放散口（含火炬）按要求向管理部门报备，并实施铅封、安装流量计、记录开启信息等措施。提高 VOCs 废气治理效能，超过70%的焦化企业将化产区域废气治理技术从单一洗净塔（酸洗、水洗、油洗）改造为低浓度 VOCs 废气和高浓度 VOCs 废气分类治理。将冷鼓、脱硫、硫铵、洗脱苯、中间槽、装车的低浓度 VOCs 废气经洗涤后进入燃烧装置燃烧（焦炉、锅炉或 RTO 等），焦油、粗苯储罐的高浓度 VOCs 废气送回煤气负压系统，基本实现化产区域 VOCs 废气"近零排放"。重点地区焦化企业和部分重点企业全部完成酚氰废水的调节池、气浮池、隔油池等预处理设施和厌氧池、预曝气池加盖收集，废气经洗涤、生物滤池、光氧催化、活性炭吸附等方式组合处理达标后排放，甚至部分企业将废水处理系统全部池体加盖收集处理。

二、废水污染防治技术评估

结合不同排放要求和消纳途径，焦化废水处理采用预处理、生化处理、深度处理回用、高效蒸发结晶等组合工艺。预处理技术包括除油、脱氰等，生化处理技术包括一级生物脱氮处理和两级生物脱氮处理，深度处理主要包括混凝沉淀、高级氧化［臭氧氧化、芬顿（Fenton）氧化］、吸附过滤超滤+反渗透等。目前，钢焦联合企业焦化废水普遍采用"预处理+生化处理"后用于其他生产工序消纳，实现焦化废水不外排；北方钢铁企业在此基础上采用深度处理后回用，浓水用于配料、冲渣消纳。

对于独立焦化企业，处理后废水主要用于湿法熄焦；随着干熄焦配置率的不断提高，独立焦化企业失去了原有的废水消纳途径（酚氰废水无法全部回用），"倒逼"焦化企业废水需经深度处理后回用，以解决废水不外排的问题。根据排污许可证管理信息平台数据统计分析焦化企业废水处置排放情况，对于酚氰废水，93.5%的企业不外排，4.7%的企业间接排放（排入其他单位，或工业/城镇污水集中处理厂），1.8%的企业排放到外环境；对于其他废水，92.4%的企业不外排，5.5%的企业间接排放（排入其他单位，或工业/城镇污水集中处理厂），2.1%的企业排放到外环境。通过梳理 2023 年已批复炼焦项目，焦化废水全部不外排。大多数企业采用预处理（重力除油+调节+气浮）、生化法处理—生物脱氮 A^2/O 法（A/O，A^2/O_2 等）以及深度处理和超滤、多级反渗透处理以尽量减少浓盐水产生量，并直接回用于料场抑尘；不能自身消纳废水经高效蒸发结晶器转化为杂盐类固体废物并进行减量化、资源化处置利用。

焦化废水"零排放"技术路线核心包括：一是从生产工艺源头减少酚氰废水产生量；二是深度处理技术对废水中有机物和"硬度"降解，减少对反渗透膜的堵塞以及蒸发结晶盐的二次利用等制约；三是结晶盐综合利用，避免出现杂盐等危险废物处置问题。调研典型企业发现，焦化废水一般运行成本 12～15 元/m^3（不含蒸氨），如果实现废水"零排放"，运行成本将增加 1 倍。焦化废水深度处理及浓水蒸发结晶运行极其不稳定，能耗增加以及带来固体废物和危险废物的二次污染风险，运行成本大幅增加，导致很多企业建设了蒸发结晶装置而实际不运行；间接造成了仍需要消纳处置酚氰废水途径，容易出现"独立焦化企业长期运行湿熄焦装置消纳处理后酚氰废水，涉嫌污染物转移排放"等问题，逃避监管。从行业发展和环境治理角度来看，通过冲渣、熄焦、回用配料等消纳焦化废水的处理方式不是根本解决焦化废水"零排放"技术途径，应该从源头上减少焦化废水和污染物产生量，如煤调湿减少入焦炉水分、蒸氨废水余热和氨回收技术减少废水氨浓度，以及新型高级氧化技术普及应用，实现焦化废水产生、处理的循环利用。

第四节　环境管理

一、环评审批

构建了较为完整的炼焦项目环评准入管理体系。在环评准入管理方面，除环评分类管理名录和总纲、各要素导则、行业导则以外，生态环境部先后出台了炼焦项目环评文件审批原则、重大变动清单、源强核算技术指南和污染防治可行技术指南等环评配套文件。在项目选址方面，明确应符合生态环境分区管控要求，应布设在依法合规设立的产业园区，避开泉域保护范围以及岩溶强发育、存在较多落水洞和岩溶漏斗的区域等；在污染防治方面，强化清洁生产源头防控，废气治理达到焦化超低排放要求；在温室气体排放控制方面，正在按照相关政策要求探索将温室气体排放纳入炼焦项目环评，推进减污降碳协同增效，推动减碳技术创新示范应用。

1. 审批权限

炼焦项目环评审批权限分布在省、市两级生态环境部门，目前全国 31 个省（区、市）及新疆生产建设兵团现行省级审批环评文件目录中，20 个省（占比 63%）规定由省级审批，9 个省完全下放到地市级生态环境部门。2023 年甘肃省上收了焦化项目环评审批权限，其他省份无变化。

2. 审批情况

2023 年共批复 29 个项目，其中报告书 20 个，报告表 9 个，全部为山西省干熄焦改造项目。历次环评分类管理名录中，炼焦项目环评类别均为环境影响报告书；对于单独干熄焦项目，部分地方认为干熄焦装置不属于焦化企业主体工程，需要编制报告表。批复项目以常规焦炉淘汰升级置换和低阶煤清洁高效综合利用为主，落实超低排放和区域削减。根据"全国建设项目环评统一审批系统"及"环评智慧监管平台"数据，2023 年批复炼焦项目主要分布在新疆（含生产建设兵团）、山西，其中涉及兰炭炭化炉项目 10 个、产能 2 510 万 t，焦炉升级置换项目 8 个、产能 1 287 万 t。从建设性质来看，主要以改扩建及技术改造类项目为主（19 个），新建项目较少。从建设内容来看，其包括涉产能焦炉建设项目、干熄焦改造项目、化产系统及环保改造类项目。其中涉产能的焦炉建设项目 10 个（均采用干熄焦工艺），以干熄焦及其配套设施改造为主的项目 9 个。涉焦炭产能的项目类别主要有 3 类：一是"上大关小"产能置换项目，如"山西美锦煤化工有限公司 180 万 t/a 焦化升级改造项目"等；二是提标改造类项目（含重大变动项目），如"湖南华菱湘潭钢铁有限公司 4.3 m 焦炉环保提质改造变更项目"等；三是新增产能类项目，如"广西柳州钢铁集团有限公司镍铁冶炼项目配套清洁环保低碳能源保供项目""吉林鑫达钢铁有限公司 300 万 t 钢配套 120 万 t/a 炼焦项目"2 个热回收焦炉项目，其余 8 个项目为常规机焦炉项目，捣固焦炉炭化室高度均在 5.5 m 以上，顶装焦炉炭化室高度均在 6.0 m 以上。

常规焦炉按照钢铁行业超低排放要求批复，涉及兰炭炭化炉项目批复的有组织大气污染物排放标准不统一（未严格执行超低排放限值），采用双室双闸给料技术、炉体密封、水封上升管、微负压操作、密闭熄焦（低水分熄焦）等减排技术。环评文件弱化运输结构对环境影响，大部分项目没有开展清洁运输评价，少数项目也仅仅是论证与相关政策及要求的符合性，忽视了运输结构调整对炼焦项目绿色低碳水平的促进作用。苯并[a]芘、硫化氢、氨等特征污染物源强核算结果差异较大，部分项目类比来源不明确，导致同类型项目大气防护距离结果差异也很大，甚至不得不采用"焦炉加罩"等措施来缩短防护距离。

3. 环境风险评价情况

环境风险评价有待与突发环境事件后评估工作衔接。焦化生产产生的焦炉煤气、焦油和粗苯及残渣等危险化学品，以及生产过程中消耗的酸、碱、氨、洗油、脱硫废液等环境风险物质的储存、输送也会带来较大环境风险。焦化建设项目通常依托三级风险防控体系和环境风险应急预案进行评价与管理，重点识别焦炉煤气泄漏、爆炸的大气环境风险以及焦油、粗苯泄漏对地下水和土壤环境风险。近年来，生态环境部印发了《炼焦化学工业企业土壤污染隐患排查技术指南》《突发环境事件后评估工作指南》，针对 2022 年贵州省盘州市宏盛煤焦化有限公司（以下简称宏盛公司）洗油泄漏次生重大突发环境事件开展后评估工作，现场发现建设项目环境风险评价内容针对性不强，未结合项目特点识别风险源。抽查 2023 年批复炼焦项目环境影响报告书发现，大多数项目环境影响报告书环境风险评价内容未关注行业已经发生的突出环境风险事件可能造成环境影响。跟踪分析生态环境部应急中心对宏盛公司洗油泄漏次生重大突发环境事件开展后评估试点工作，强化对源头工程设计规范管理和生产过程中隐患排查管理，并在环境风险应急预案中体现与执行，形成闭环—提升的风险防控管理体系。

二、排污许可

生态环境部先后出台了排污许可证申请与核发技术规范、自行监测指南等排污许可配套文件，且炼焦排污单位在排污许可制度中均为重点管理排污单位，可有效承接环评中的污染物排放量、污染防治措施等内容要求。本书对 297 家独立焦化企业（不含兰炭）排污许可证和年度执行报告进行抽查，其中首次申请 17 张，重新申请 109 张，变更 146 张，延续 25 张，以评价炼焦行业排污许可制度执行情况。

（1）排污许可证核发质量仍有待提高。2023 年，以平台抽查与现场调研相结合的方式，发现炼焦企业排污许可证主要存在以下质量问题：许可证记载内容与设施实际建设情况不一致，填报内容错误或不完整；未按证排污；自行监测计划不完善，特别是土壤及地下水等监测信息；环境管理台账记录不完善、附图附件不完整、示意不清晰；依据已废止的规范性文件等。主要原因：一是部分排污单位专业基础薄弱，对自身产排污相关信息掌握不够全面深入，导致企业填报的排污许可申请信息存在许多问题。二是各地生态环境主管部门技术力量不足，加之排污许可证核发任务重、技术难度大，审核部门仅依靠自身力量很难保质保量完成排污许可证的审核工作。三是第三方机构参差不齐。一些企业和环境管理部门已经委托第三方技术单位开展排污许可的申请与审核工作，但由于部分第三方机构对技术规范理解不够深刻，不清楚行业工艺流程及装备执行标准等情况，导致排污许可证申请与核发工作仍存在问题。

（2）执行报告质量基本满足要求，证后监管有待加强。对 297 家独立炼焦企业 2023 年度执行报告进行复核，年度执行报告内容基本满足技术规范要求。但仍存在部分企业产品产量信息未填报、污染防治设施异常运转信息未填报、自行监测非正常时段排放信息未填报、实际排放情况超标排放量信息未填报、特殊时段废气污染物排放信息未填报等问题。截至 2024 年 3 月 30 日，2023 年度执行报告提交率为 98%，有 12 家排污单位废气污染物实际排放量超过许可排放量，其中氮氧化物超总量排放情况较突出（9 家），6 家排污单位废水污染物（化学需氧量或氨氮）实际排放量超过许可排放量。

三、环境监管

以 2023 年大气监督帮扶为例进行分析，共开展 16 轮次，对 307 家独立焦化企业进行监督帮扶，其中 55 家焦化企业无问题，252 家焦化企业共发现 1 594 个问题。其中，在线监测、无组织排放和环评及排污许可制度类问题突出，分别占比 37.0%、18.4% 和 18.6%。重点是在线监测设备运维不规范或不正常运行、工业粉尘无组织排放、治污设施不正常运行或运行不规范及超标排放、VOCs 无组织排放、物料堆场未落实扬尘治理，其次是排污许可规定的环境管理台账记录不规范、遗漏排放口、环评与许可证不一致及自行监测造假。与钢铁行业相比，除在线监测、无组织排放问题占比高以外，污染治理设施运行、环评与排污许可制度类落实情况等方面存在较大差距，表明焦化行业环境管理水平亟待提升，环境治理成果仍较薄弱，需要持续稳定满足环境管理要求，减少违法违规问题（表5-4）。

表5-4　2023年焦化行业大气监督帮扶问题分析

环节	问题类型	问题数量/个	问题占比/%
在线监测问题（589个）	未按照排污许可要求安装自动监控设施或联网	45	37.0
	在线监测设备不正常运行	74	
	在线设备运行维护不规范	339	
	未按技术规范开展自动监控维护工作	64	
	自动监控设备技术性能不符合规范要求	40	
	自动监控站房设施不完善	21	
	自动监测数据弄虚作假	5	
	其他自动监控问题	1	
有组织排放问题（168个）	超标排污或未执行超低排放标准（其他）	54	10.5
	通过旁路、暗管偷排污染物	9	
	未安装治污设施	15	
	治污设施不正常运行	25	
	治污设施运行不规范	65	
无组织排放问题（293个）	工业粉尘无组织排放	98	18.4
	含VOCs工艺废气未按要求收集处理	17	
	建筑工地未落实"六个百分之百"要求	10	
	焦炉封闭不严有可见烟尘外逸	42	
	涉VOCs原辅料储存、输送等不符合要求	19	
	未按要求开展VOCs治理设施去除效率检测	6	
	未要求进行无组织管控（氨、异味等）	8	
	未按频次开展LDAR检测	3	
	现场抽测设备或管线存在泄漏	18	
	开式循环水未开展监测修复	7	
	物料堆场未落实扬尘治理措施	65	

环节	问题类型	问题数量/个	问题占比/%
环评及排污许可制度类（297 个）	排放口未纳入许可证或与许可证不一致	55	18.6
	实际建设情况与环评或排污许可不符	40	
	排污许可证其他（发证质量）问题	41	
	未按排污许可证规定的方式或去向排污	8	
	未按许可证要求开展监测并保存原始记录	49	
	未办理环评审批手续（未批先建）	12	
	未建立台账或台账记录不规范	78	
	未取得排污许可证或届满未延续	13	
	相关生产数据存储不符合要求	1	
应急预案合理性及其他问题（49 个）	减排比例或方式不符合编制技术指南要求	5	3.1
	清单中的减排措施与企业执行措施不一致	8	
	清单中的生产线与企业实际建设不符	3	
	未落实移动源管控措施	4	
	未落实重污染天气应急管控措施	13	
	未设置"一厂一策"公示牌或内容错误	16	
其他环境管理问题（198 个）	监测报告不实或造假	46	12.4
	排污口设置不规范	42	
	台账记录造假	7	
	设有旁路排口但未纳入日常监管	18	
	其他环境问题	85	

四、其他环境政策

2018 年 1 月，环境保护部发布的《关于京津冀大气污染传输通道城市执行大气污染物特别排放限值的公告》（公告 2018 年第 9 号）要求，京津冀大气污染传输通道城市（"2+26"城市）焦化企业执行二氧化硫、氮氧化物、颗粒物和挥发性有机物特别排放限值。2019 年 7 月，生态环境部联合四部门印发的《关于印发〈工业炉窑大气污染综合治理方案〉的通知》（环大气〔2019〕56 号）提出，重点区域焦化行业二氧化硫、氮氧化物、颗粒物、挥发性有机物排放全面执行大气污染物特别排放限值；推进具备条件的焦化企业实施干熄焦改造，在保证安全生产的前提下，重点区域城市建成区内焦炉实施炉体加罩封闭，并对废气进行收集处理；焦化行业严格按照排污许可管理规定安装和运行自动监控设施。目前，河北、河南、山东、天津、陕西出台炼焦化学工业大气污染物排放地方标准，山西、辽宁、内蒙古、辽宁、新疆、宁夏、青海、安徽、江苏、上海、重庆、四川、湖北、湖南、广东等 16 个省（区、市）约 80%的焦炭产能执行炼焦大气污染物特别排放限值。2021 年 8 月，生态环境部印发《关于加快解决当前挥发性有机物治理突出问题的通知》（环大气〔2021〕65 号），强调各地组织焦化（含兰炭）企业针对挥发性有机液体储罐、装卸、敞开液面、泄漏检测与修复（LDAR）、废气收集、废气旁路、治理设施、非正常工况、产品 VOCs 含量等 10 个关键环节，认真对照《中华人民共和国大气污染防治法》、排污许可证、相关排放标准和产品 VOCs 含量限值标准等开展排查整治。2022 年 11 月，生态环境部联合相关部门印发的《深入打好重污染天气消除、臭氧污染防治和柴油货车污染治理攻坚战行动方案》（环大气〔2022〕68 号）提出，坚持源头防控、系统治理，全面提升焦化行业污染治理水平。鼓励钢化联产，推动焦化行业转型升级，到 2025 年，基本完成炭化室高度 4.3 m 焦炉淘汰退出，山西省全面建设国家绿色焦化产业基地。全面开展焦化行业全流程超低排放改造。强化 VOCs 无组织排放整治，焦化行业重点治理酚氰废水处理未密闭、煤气管线及焦炉等装置泄漏等问题。4.3 m 焦炉产能占比常规焦炉产能从 2019 年的 36.7%下降至 2023 年的 13.3%，《产业结构调整指导目录（2024 年本）》也将加速推进 4.3 m 焦炉淘汰或升级置换。2023 年焦化行业重点围绕推进产业结构优化、超低排放改造、减污降碳协同，统筹焦化行业高质量发展。

（1）全面推进焦化行业超低排放改造，助力行业绿色低碳高质量发展。2023 年，国家相继发布了《中共中央 国务院关于全面推进美丽中国建设的意见》《空气质量持续改善行动计划》，提出"高质量推进钢铁、水泥、焦化等重点行业及燃煤锅炉超低排放改造"。2024 年 1 月 29 日，生态环境部会同有关部门印发了《关于推进实施焦化行业超低排放的意见》（以下简称《意见》），提出"到 2025 年底，重点区域力争 60%焦化产能完成改造；到 2028 年底，重点区域基本完成改造，全国力争 80%的产能完成改造"。焦化行业成为继火电、钢铁行业之后又一个即将实施超低排放的行业。《意见》聚焦氮氧化物和 VOCs 减排，坚持精准治污、科学治污、依法治污，可提升焦化行业全工序、全流程大气污染治理水平，促进结构优化调整和空气质量持续改善，为深入打好污染防治攻坚战提供有力支撑。20 个省（区、市）出台地方文件，推进焦化行业超低排放改造；山西、山东、江苏、宁夏已经发布了本省（区）的焦化行业超低排放改造实施方案。同时全行业正在开展焦炉烟气脱硫脱硝备用设施建设，从根本上减少脱硫脱硝设施检修、故障等非正常工况下焦炉烟气直排问题。据不完全统计，目前已超过 20 家焦化企业实现焦炉烟气脱硫脱硝全部备用，随着焦化行业超低排放对备用设施或 SCR 分仓式改造要求，焦化行业非正常工况污染物排放量将大幅减少，特别是焦化产能集中地市全面促进空气质量改善。

（2）严把准入关，推进产业结构优化升级。2022 年底，生态环境部修订出台了《钢铁/焦化行业建设项目环境影响评价审批原则（试行）》，落实生态环境保护相关法律法规及政策要求，统一管理尺度、加强源头防控、推进减污降碳协同增效，进一步指导各级管理部门规范焦化建设项目审批，推动行业绿色低碳发展。2023 年 12 月，国家发展改革委发布《产业结构调整指导目录（2024 年本）》，调整了焦化行业的淘汰类和限制类清单；提出"京津冀及周边地区、汾渭平原 2025 年 12 月 31 日前淘汰炭化室高度 4.3 m 及以下焦炉"，推动焦化行业装备升级置换。工信部等八部门联合印发《关于加快传统制造业转型升级的指导意见》，提出"推进石化化工、钢铁、有色、建材、电力等产业耦合发展，推广钢化联产、炼化集成、资源协同利用等模式，推动行业间首尾相连、互为供需和生产装置互联互通，实现能源资源梯级利用和产业循环衔接"。2024 年 3 月，国家市场监管总局等七部门印发《以标准提升牵引设备更新和消费品以旧换新行动方案》，提出"加快修订火电、炼化、煤化工、钢铁、焦炭、多晶硅等行业能耗限额标准，持续完善污染物排放标准，升级焦化、铅锌、煤矿等行业大气污染物排放标准"。重点地区严禁新增焦化产能，内蒙古、四川、云南等省（区）实施产能置换，严把炼焦项目环境准入关，以环保、能耗、碳排放等协同约束机制，推进焦化行业优化产业结构。

（3）综合施策，统筹推进焦化行业减污降碳协同。近年来，生态环境部通过实施重点行业环保绩效分级，充分发挥标杆企业示范引领效应，在推动行业绿色低碳转型、助力打赢蓝天保卫战、实现减污降碳协同增效发挥了积极作用。河北省印发《关于推进全省重点行业环保绩效创 A 的实施意见》，要求：2025 年底前，全省 20 家焦化企业创建环保 A 级绩效企业。将焦化行业全面创 A 工作作为全省经济绿色转型和高质量发展的重要举措，以实现超低排放为引领，促进企业装备大型化、高端化、智能化、绿色化。山西、山东 2 省将超低排放及绩效分级应用于行业差异化管控，山西对于符合绩效分级 A 级的焦化企业落实税收优惠待遇，优先予以大气污染防治专项资金重点支持，纳入环境执法监督正面清单，减少现场检查频次，豁免错峰生产和重污染天气应急减排，充分释放先进产能。山东对完成超低排放改造的焦化企业，在焦炭产量指标分配、重污染天气绩效分级等方面予以政策倾斜；对未完成超低排放改造和未按照产能转出协议停产的焦化企业，加大联合惩戒力度，不得评为绩效 A 级或 B 级企业，对其执行差别电价政策。2023 年，山东、四川、河南、湖北、上海等省（市）相继发布减污降碳协同增效实施方案或行动方案，探索开展大气污染物与温室气体排放协同控制改造提升工程试点，鼓励重点行业企业探索采用多污染物和温室气体协同控制技术工艺，开展协同创新，高效推进工业领域协同增效。

第五节　行业绿色发展水平评价

焦化行业是煤化工产业的重要组成部分，也是钢铁行业最重要的上游产业，VOCs 排放量大、煤炭消耗量高、资源利用率低，是减污降碳的重点领域。焦化行业绿色低碳高质量发展对我国碳达峰、碳中和具有重要示范作用和标志性意义。本书借鉴评估中心已形成的重点行业企业绿色发展水平评价指标体系，结合行业建设、生产运行及环境管理特点，筛选关键技术参数，构建焦化行业（不含兰焦）绿色发展水平评价指标体系。基于全国排污许可证管理信息平台数据信息、全国环境监管执法平台、重点排污单位自动监控与数据库系统、行业协会发布数据以及公开数据，对焦化行业评价指标体系进行试用，以期为推动焦化行业协同减污降碳、制定相关环境管理政策与策略提供参考。

一、绿色发展指标体系

1. 评价指标

调研国内外绿色发展相关评价指标与方法，参考焦化行业清洁生产标准、绿色工厂评价导则等技术文件，遵循"全面性、客观性、科学性、可比性"的原则，重点依据典型焦化企业污染治理工作（包括装备水平、设施运行与各类污染控制技术水平、节能降碳），同时也兼顾构建以排污许可制为核心的固定源环境管理监管体制体系、"事前、事中、事后"全过程环境管理等环境监督管理要求。考虑到焦化行业相关数据的易获取性，构建了包括工艺结构及装备技术、资源能源消耗、污染控制与排放绩效、环境管理水平 4 项一级指标和 22 个二级指标有内的行业绿色发展评价指标体系（表 5-5）。

表 5-5　焦化行业绿色发展水平评价指标体系

一级指标	一级权重	二级指标	二级权重
工艺结构及装备技术	28	钢焦联合比例/%	4
		企业平均规模/万 t	6
		常规焦炉领先水平/%	6
		干熄焦装置配备比例/%	4
		清洁运输比例/%	5
		绿色低碳技术应用情况	3

一级指标	一级权重	二级指标	二级权重
资源能源消耗	22	吨焦耗洗精煤/t	5
		吨焦综合能耗/kcet	7
		吨焦电耗/kW·h	4
		吨焦耗新水量/m³	6
污染控制与排放绩效	32	焦炉烟囱脱硫比例/%	3
		焦炉烟囱脱硝比例/%	3
		VOCs 治理比例/%	4
		生产废水"零排放"比例/%	5
		固体废物综合处置率/%	5
		吨焦颗粒物排放量/g	4
		吨焦二氧化硫排放量/g	4
		吨焦氮氧化物排放量/g	4
环境管理水平	18	环保绩效 A 级企业数量/家	6
		在线设施达标率/%	3
		排污许可证执行报告报送率/%	5
		环境违法处罚情况	4

2．权重确定

绿色发展水平评价指标的权重值将直接影响最终评价结果的准确性与科学性。指标权重值是根据研究者的经验法、专家咨询法、资料文献参考法确定。本书以行业协会、重点企业、评价单位、技术咨询单位的 10 名行业专家打分加权平均，参考《中国钢铁工业协会装备水平分类标准》、焦化行业清洁生产评价指标体系技术要求、《钢铁企业绿色高质量发展指数》等文件中有关权重的分配比例，综合确定各个评价指标的权重值。

3．评价标准

本书评价指标体系将行业绿色发展水平划分为优秀水平、良好水平、一般水平三级。绿色发展等级对应的综合评价指标应符合评价规定（表 5-6）。

表 5-6　焦化行业绿色发展综合指标评价指数

企业绿色发展水平	评价指标值（P）
优秀水平	$P \geqslant 85$
良好水平	$70 \leqslant P < 85$
一般水平	$P < 70$

按式（5-1）计算：

$$P = \sum_1^n P_i \qquad (5\text{-}1)$$

式中：P —— 绿色发展评价考核总分值；

　　　n —— 参与评价考核的一级指标总数；

　　　P_i —— 第 i 项评价单项一级指标的考核总分值。

$$P_i = \sum_1^m P_{ij} = \sum_1^m S_{ij} / 100 \times K_{ij} \qquad (5\text{-}2)$$

式中：P_i —— 第 i 项评价单项一级指标的考核总分值；

　　　m —— 第 i 项评价一级指标下参与定量考核的二级指标总数；

　　　P_{ij} —— 第 i 项评价一级指标下第 j 项二级指标的单项评价指标；

　　　S_{ij} —— 第 i 项一级指标下第 j 项评价二级指标的单项评价指标（j 对应Ⅰ、Ⅱ、

　　　　　　Ⅲ不同等级）；

　　　K_{ij} —— 第 i 项定量评价一级指标下第 j 项二级指标的权重值。

二级评价指标 S_{ij} 按评价作用分为正向指标和逆向指标。正向指标是指该指标的数值越高（大）符合绿色发展要求（如单机规模和污染物达标率）；逆向指标是指该指标的数值越低（小）越符合绿色发展要求（如资源与能源消耗、污染物排放绩效等）。因此，对于二级指标的考核评分，应根据其类别采用不同的内插法进行核算。

①内插法

对于处于Ⅰ级和Ⅱ级评价基准的指标：

正向指标：

$$S_i = \frac{X_i - X_{i,\min}}{X_{i,\max} - X_{i,\min}} \times 20 + 80 \qquad (5\text{-}3)$$

逆向指标：

$$S_i = \frac{X_{i,\max} - X_i}{X_{i,\max} - X_{i,\min}} \times 20 + 80 \qquad (5\text{-}4)$$

对于处于Ⅱ级和Ⅲ级评价基准的指标：

正向指标：

$$S_i = \frac{X_i - X_{i,\min}}{X_{i,\max} - X_{i,\min}} \times 20 + 60 \qquad (5\text{-}5)$$

逆向指标：

$$S_i = \frac{X_{i,\max} - X_i}{X_{i,\max} - X_{i,\min}} \times 20 + 60 \qquad (5\text{-}6)$$

②外延法（低于Ⅲ级评价基准的指标）

正向指标：

$$S_i = 60 - \frac{X_{i,3} - X_i}{X_{i,3}} \times 20 \qquad (5\text{-}7)$$

逆向指标：

$$S_i = 60 \times \frac{X_{\text{设定值}} - X_i}{X_{\text{设定值}} - X_{i,3}} \qquad (5\text{-}8)$$

式中：X_i —— 第 i 项评价指标的实际值；

　　　$X_{\min(i)}$ —— 第 i 项评价指标的最小值；

　　　$X_{\max(i)}$ —— 第 i 项评价指标的最大值。

具体见表5-7。

表5-7　焦化行业绿色发展水平评价指标体系权重值及基准值

一级指标	一级权重	二级指标	二级权重	评价基准			赋分说明
				Ⅰ	Ⅱ	Ⅲ	
工艺结构及装备技术	28	钢焦联合比例/%	4	50	40	20	当采用外延法取值时，以0为0
		企业平均规模/万t	5	300	200	100	当采用外延法取值时，以50为0
		常规焦炉领先水平/%	5	60	40	20	顶装焦炉炭化室高度≥6 m 和捣鼓焦炉炭化室高度≥5.5 m；当采用外延法取值时，以0为0
		干熄焦装置配备比例/%	4	100	60	40	当采用外延法取值时，以0为0

一级指标	一级权重	二级指标	二级权重	评价基准			赋分说明
				I	II	III	
工艺结构及装备技术	28	清洁运输比例/%	5	50	40	20	铁路、水路、管装带式输送机、皮带通廊或新能源车辆运输比例，当采用外延法取值时，以清洁运输比例10%及以下为1
		绿色低碳技术应用情况	5	5项	4项	3项	采用以下绿色低碳技术情况： 1. 焦炉煤气上升管余热回收技术应用比例超过30%； 2. 焦炉煤气精脱硫技术（$H_2S \leqslant 50$ mg/m³）应用比例超过30%； 3. 酚氰废水或中水采用深度处理技术占比超过30%； 4. 高压氨水喷射技术、单孔炭化室压力调节技术、分段（多段）加热技术、废气循环技术占比超过30%； 5. 焦炉煤气等副产品深加工固碳比例超过30%：当采用外延法取值时，以0为0
资源能源消耗	22	吨焦耗洗精煤/t	5	1.3	1.35	1.4	当采用外延法取值时，以1.6为0
		吨焦综合能耗/kcet	7	110	125	135	当采用外延法取值时，以165为0
		吨焦电耗/kW·h	4	70	90	120	当采用外延法取值时，以150为0
		吨焦耗新水量/m³	6	1.5	2	2.5	当采用外延法取值时，以3.5为0
污染控制与排放绩效	32	焦炉烟囱脱硫比例/%	3	100	95	90	当采用外延法取值时，以80%为0
		焦炉烟囱脱硝比例/%	3	100	80	60	当采用外延法取值时，以30%为0
		VOCs治理比例/%	4	100	50	30	当采用外延法取值时，以0为0

一级指标	一级权重	二级指标	二级权重	评价基准			赋分说明
				I	II	III	
污染控制与排放绩效	32	生产废水"零排放"比例/%	5	100	90	80	当采用外延法取值时，以50%为0
		固体废物综合处置率/%	5	100	95	90	当采用外延法取值时，以50%为0
		吨焦颗粒物排放量/g	4	15	30	50	当采用外延法取值时，以100为0
		吨焦二氧化硫排放量/g	4	30	70	105	当采用外延法取值时，以200为0
		吨焦氮氧化物排放量/g	4	200	300	450	当采用外延法取值时，以800为0
		环保绩效A级企业数量/家	6	30	20	10	当采用外延法取值时，以0为0
环境管理水平	18	在线设施达标率/%	3	100	99	98	以焦炉烟囱颗粒物、二氧化硫、氮氧化物三项因子加权平均计算，当采用外延法取值时，以95%为0
		排污许可证执行报告报送率/%	5	100	97	95	当采用外延法取值时，以50%为0
		环境违法处罚情况	4	未处罚	处罚≤100次	处罚≤200次	当采用外延法取值时，以300次为0

达到I级基准值对应的分值 s=100
达到II级基准值对应的分值 s=80
达到III级基准值对应的分值 s=60
对于达到I级或II级、II级或III级基准值对应的分值按实际装机采用内插法取值，不能满足III级基准值要求的，采用外延法取值

二、评价结果

基于构建的焦化行业绿色发展水平指标评价体系和各指标 2022 年、2023 年实际结果开展试评价，焦化行业 2022 年（得分 75.41）、2023 年（得分 77.78）绿色发展水平评价为良好水平，2023 年同比上升 3.1%，焦化行业绿色发展水平持续提高。从各二级分项指标得分来看，焦化行业的装备水平、生产废水"零排放"比例、固体废物综合处置率、吨焦颗粒物排放量、吨焦二氧化硫排放量、吨焦氮氧化物排放量、排污许可证执行报告报送率等指标得分较高，钢焦联合比例、清洁运输比例、VOCs 治理比例、环境违法处罚情况等指标得分较低。从各一级分项指标得分来看，资源能源消耗水平较好，环境管理水平差距较大，特别是在环境违法方面（图 5-12）。

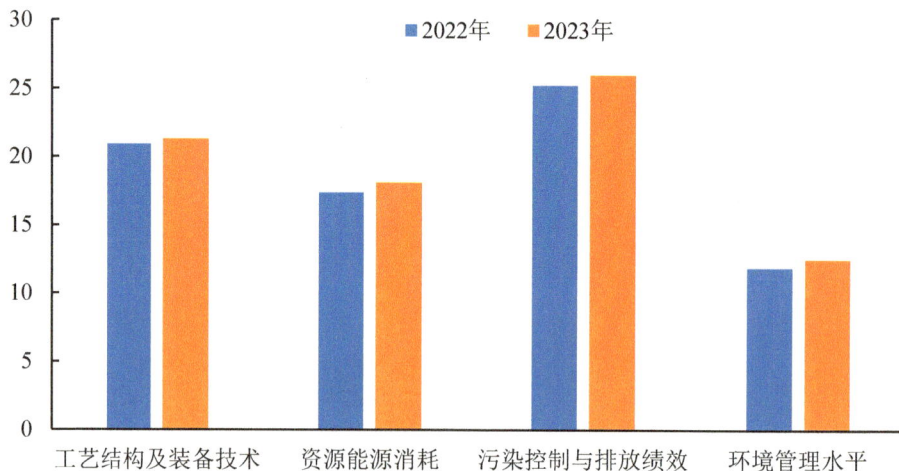

图 5-12　焦化行业绿色发展水平对比情况

与 2022 年相比，2023 年工艺结构及装备技术、资源能源消耗、污染控制与排放绩效、环境管理水平一级指标得分分别提高 1.8%、4.2%、3.0% 和 5.2%；二级指标中得分提高 14 个、基本不变 5 个、下降 3 个，其中吨焦耗新水量、吨焦颗粒物排放量、环保绩效 A 级企业数量等二级指标得分提高幅度较高。

第六章　水电行业环境评估报告

第一节　行业发展现状

在 2023 年碳达峰碳中和战略目标引领下，我国能源电力系统的清洁转型之路加速迈进，截至 2023 年底，非化石能源发电装机容量达 15.7 亿 kW，占总发电装机容量比重首次突破 50%，达到 53.9%，其中水电行业呈现稳中有进的发展态势，装机规模再创新高。

一、装机规模及结构组成

长期以来，我国水电装机规模一直处于稳步增长态势，于2004年、2010年、2014年、2022年相继突破 1 亿 kW、2 亿 kW、3 亿 kW、4 亿 kW。截至 2023 年底，全国水电总装机容量为 4.215 4 亿 kW，占全国发电总装机容量的 14.4%，占全国非化石能源装机容量的 26.8%，先后被光伏和风电超越，排在全国非化石能源装机容量的第 3 位（图6-1～图6-3）。

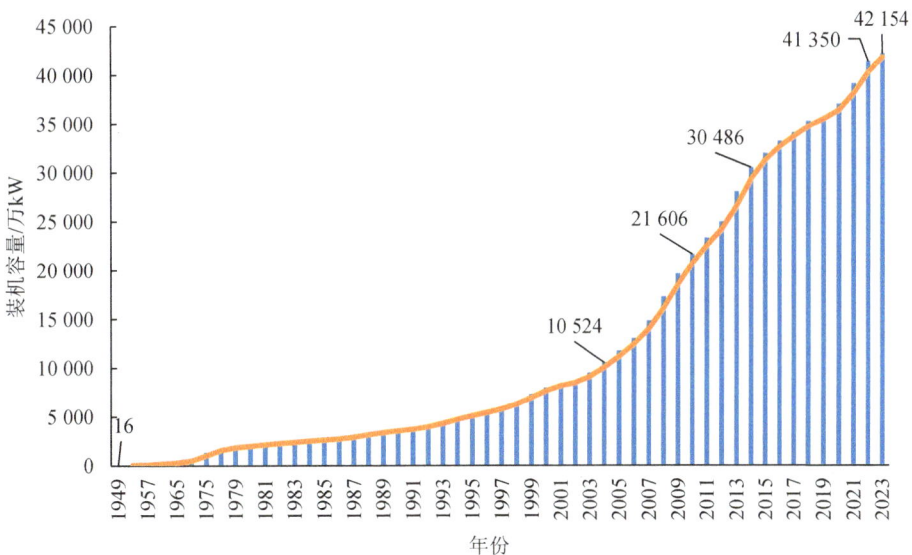

图 6-1　1949—2023 年全国水电装机容量变化（未包括港澳台地区）

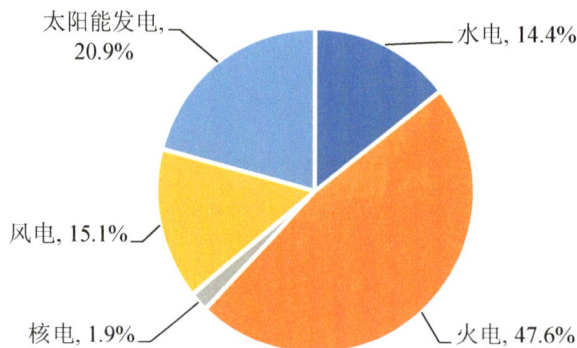

图 6-2　2023 年全国发电装机结构

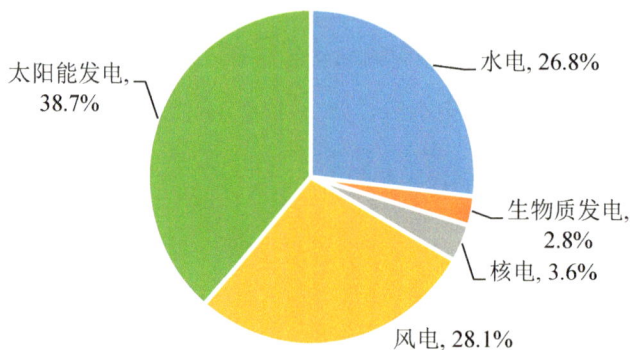

图 6-3　2023 年全国非化石能源装机结构

在装机结构组成方面，截至 2023 年底，我国常规水电装机容量为 3.706 亿 kW，占比 87.9%，其中大中型常规水电装机占比 68.6%，小水电装机占比 19.4%；抽水蓄能装机容量为 5 094 万 kW，占比 12.1%。"十三五"时期以来，我国水电装机结构组成总体呈现大中型常规水电占比稳中有升、小水电占比逐步降低、抽水蓄能占比较快增长的态势（图 6-4）。

2023 年，共有 203 个水电相关的项目被列入年度重点省级项目行列，其中雅砻江牙根一级、金沙江昌波、大渡河老鹰岩二级等大型常规水电项目核准开工，核准总装机容量 415 万 kW，新增核准抽水蓄能电站 49 座，核准总装机容量 6 343 万 kW。全年新增水电并网容量为 804 万 kW，同比降低 66%。其中常规水电 289 万 kW，抽水蓄能 515 万 kW。

从装机增速来看，2023 年水电新增装机增幅 1.94%，较 2022 年降低 4.2 个百分点，增速放缓。受新能源装机规模快速增加影响，近年来水电装机容量占我国发电装机容量的比重一直呈下降趋势，2023 年水电装机容量占全国发电装机容量比重较 2022 年下降 1.7 个百分点；2023 年水电装机容量占全国非化石能源装机容量比重较 2022 年下降 5.8 个百分点（图 6-5～图 6-7）。

图 6-4　"十三五"时期以来我国水电装机结构组成变化情况

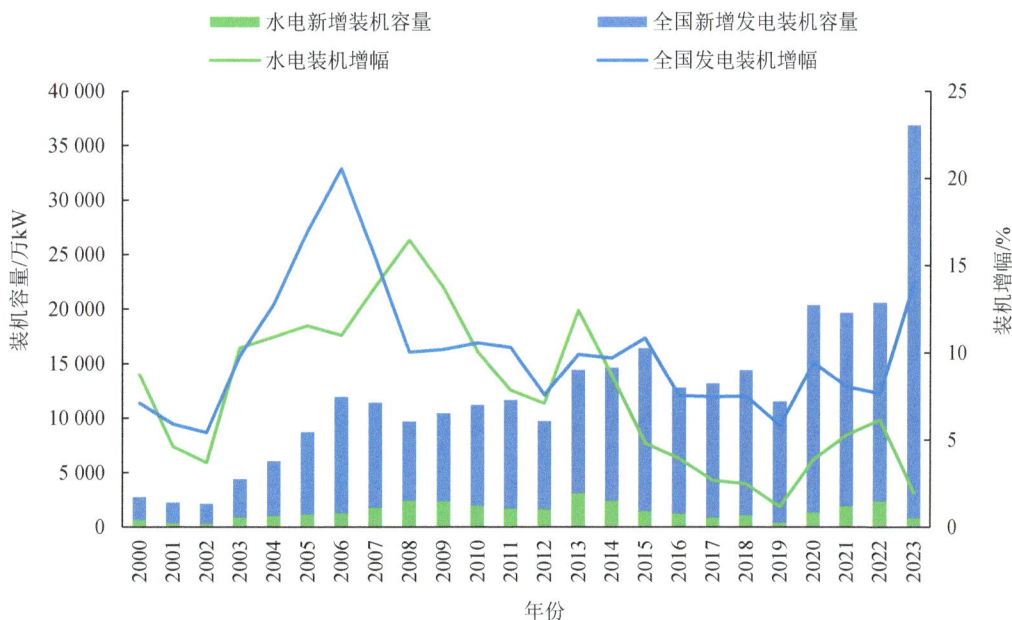

图 6-5　2000—2023 年我国水电装机容量及增幅变化情况

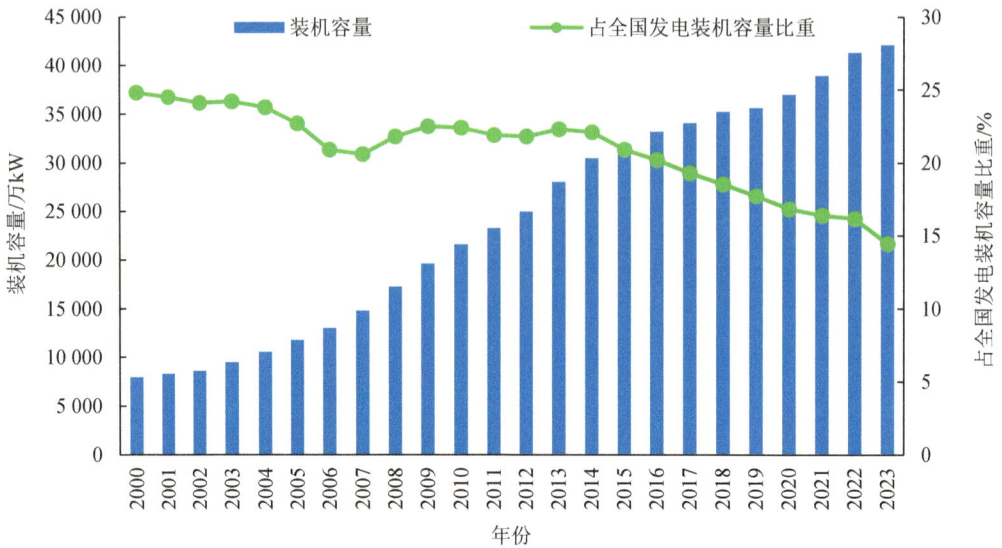

图 6-6　2000—2023 年我国水电装机容量及占全国发电装机容量比重变化

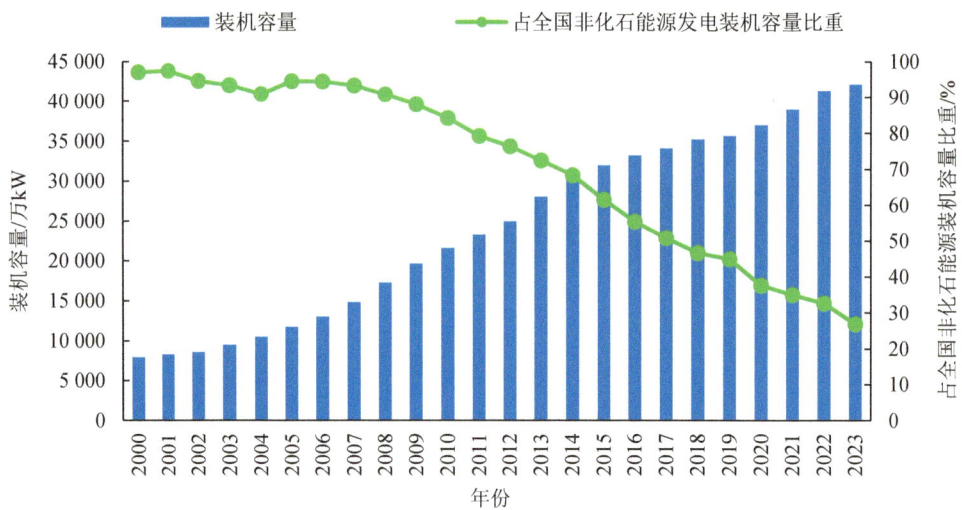

图 6-7　2000—2023 年我国水电装机容量及占全国非化石能源装机容量比重变化

二、发电运行情况

受 2023 年初主要水库蓄水不足以及全年来水持续偏枯的影响，2023 年全国水电发电量为 12 858.5 亿 kW·h，同比下降 5.1%，占全国全口径发电量的 13.6%，比重下降了 2 个百分点，占非化石能源发电量的 40.3%，比重下降了 2.8 个百分点，但仍居第二位。全国水电发电量排名前 3 的分别为四川、云南和湖北，合计发电量占全国水电发电量的 60.1%。2023 年，全国水电设备平均利用小时数为 3 133 h，同比降低 285 h，为 2012 年以来年度最低，其中，常规水电设备平均利用 3 423 h，同比降低 278 h；抽水蓄能利用 1 175 h，同比降低 6 h（图 6-8～图 6-10）。

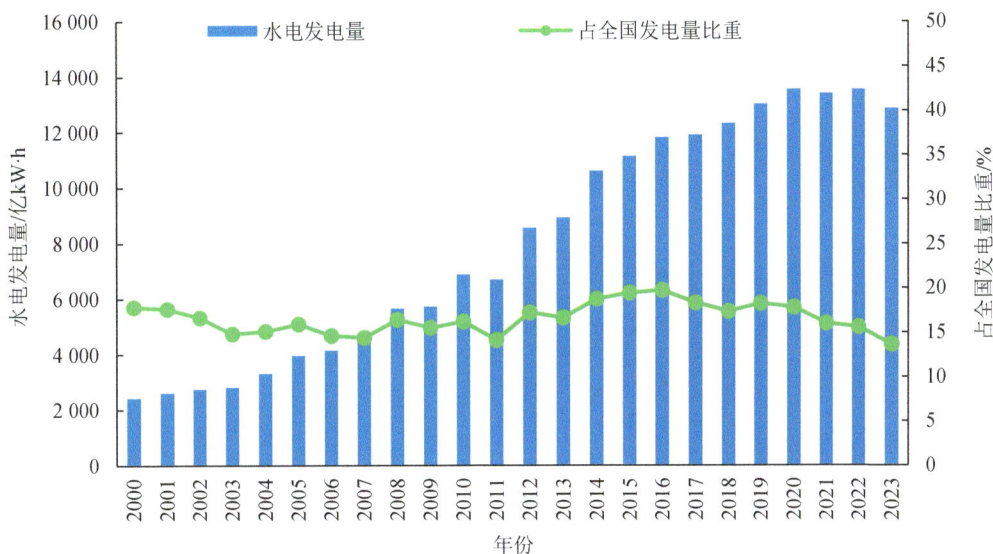

图 6-8　2000—2023 年我国水电发电量及占全国发电量比重变化

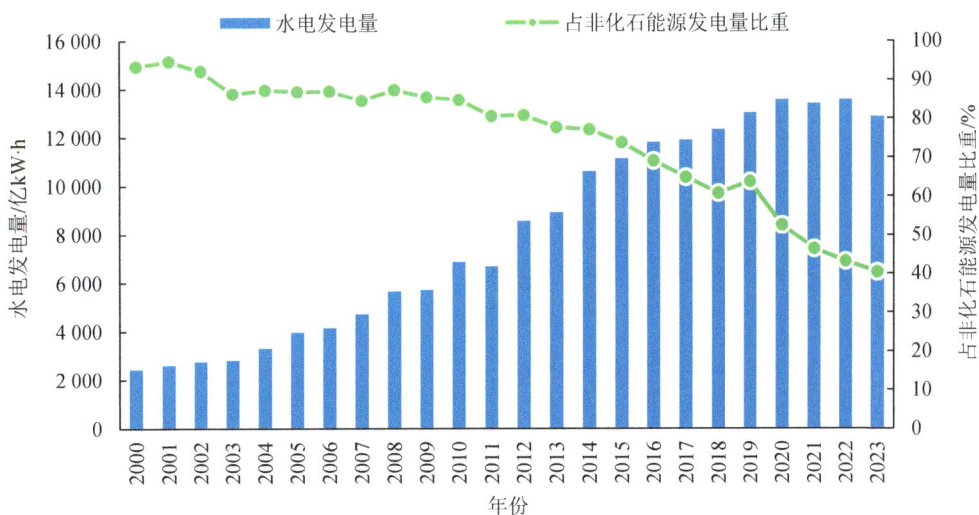

图 6-9　2000—2023 年我国水电发电量及占全国非化石能源发电量比重变化

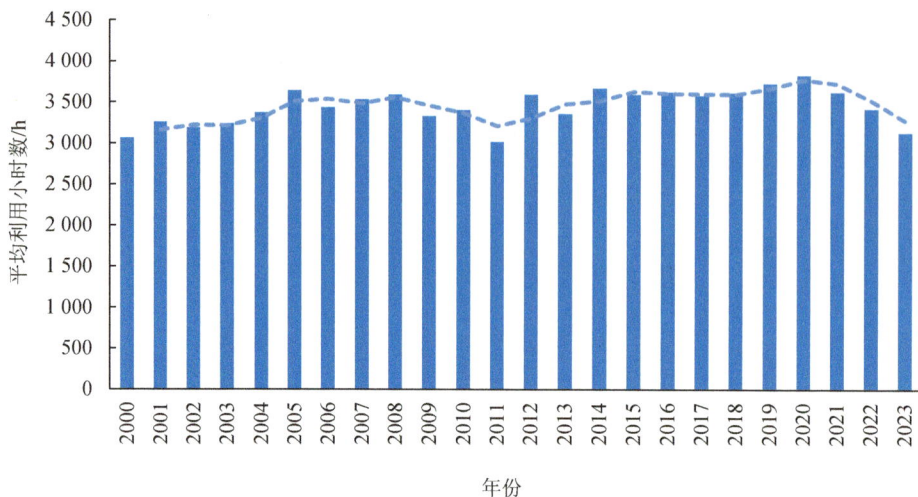

图 6-10 2000—2023 年我国水电平均利用小时数变化

三、发展布局情况

从区域上看，截至 2023 年底，四川、云南、湖北、贵州、广东、广西、湖南、福建、浙江、青海等水电开发重点省份水电装机容量分别为 9 759 万 kW、8 143 万 kW、3 793 万 kW、2 287 万 kW、1 912 万 kW、1 886 万 kW、1 633 万 kW、1 606 万 kW、1 388 万 kW、1 305 万 kW，分别占全国水电总装机容量的 23.2%、19.3%、9.0%、5.4%、4.5%、4.5%、3.9%、3.8%、3.3%、3.1%；上述 10 省（区）水电总装机容量 33 712 万 kW，占全国水电总装机容量的 80.0%。

从流域上看，截至 2023 年底，金沙江、长江上游、雅砻江、大渡河、乌江、黄河上游、南盘江—红水河以及西南诸河 8 个主要水电基地已建成及在建水电装机容量分别为 6 893 万 kW、2 522 万 kW、2 292 万 kW、2 317 万 kW、1 158 万 kW、1 888 万 kW、1 368 万 kW、2 748 万 kW，已建成及在建装机容量分别占基地水能资源技术可开发量的 84.4%、80.6%、80.1%、92.8%、100%、70.8%、90.7%、17.1%，除西南诸河以外，其余水电基地总体已处于较高开发水平。上述 8 个主要水电基地已建成水电总装机容量 1.85 亿 kW，占全国常规水电总装机容量的 50%，占全国大中型常规水电总装机容量的 63.8%（表 6-1）。

表 6-1　2023 年主要水电基地开发情况

序号	河流名称	技术可开发量/万 kW	已建成装机/万 kW	在建装机/万 kW	待开发规模/万 kW	已建成及在建装机比例/%
1	金沙江	8 167	6 032	861	1 274	84.4
2	长江上游	3 128	2 522	0	606	80.6
3	雅砻江	2 862	1 920	372	570	80.1
4	大渡河	2 496	1 737	580	179	92.8
5	乌江	1 158	1 110	48	0	100
6	黄河上游	2 665	1 548	340	777	70.8
7	南盘江红水河	1 508	1 368	0	140	90.7
8	西南诸河	16 107	2 288	460	13 359	17.1
	合计	38 091	18 524	2 661	16 906	55.6

注：本节部分行业发展现状数据来自国家能源局官网、水电水利规划设计总院、中国电力企业联合会、中国水力发电工程学会抽水蓄能行业分会、可再生能源专委会、中国电力知库、农村水电统计年鉴等。

第二节　环境管理

一、政策法规情况

1. 《中华人民共和国青藏高原生态保护法》为青藏高原区域水电开发生态环境保护提供了有力法律保障

2023 年 4 月 26 日，第十四届全国人民代表大会常务委员会第二次会议通过《中华人民共和国青藏高原生态保护法》，自 2023 年 9 月 1 日起施行。《中华人民共和国青藏高原生态保护法》严格生态环境分区管控，保障青藏高原生态安全布局，强化水电开发的前期准入要求。针对青藏高原自然生态系统先天脆弱敏感，自我维持和恢复能力差的现状，突出系统保护和风险防范的重要性，强化重大工程生态影响全生命周期监测，强化生物多样性保护。鼓励因地制宜地以清洁能源为主体的能源体系建设，禁止非特殊需要的小水电建设。

2. 《关于进一步优化环境影响评价工作的意见》进一步对水电项目事中事后监管提出了要求

2023 年 9 月 19 日，为贯彻落实党中央、国务院决策部署，进一步强化环境影响评价要素保障，持续释放改革效能，以高水平保护推动经济高质量发展，生态环境部印发《关于进一步优化环境影响评价工作的意见》。该意见要求加强生态影响类建设项目环评管理，对水利水电项目，应重点关注生态流量泄放、过鱼、增殖放流、分层取水、栖息地保护、生态修复等措施及其落实情况。夯实属地监管责任，加大环评、"三同时"及自主验收监督检查力度，加大"未批先建""未验先投"及不落实环评要求等违法行为查处力度。栖息地保护、生态调度、环保搬迁等对策措施不落实或落实进度缓慢的，依法实施通报、约谈或限批。区域性、行业性问题突出的，规划环评要求落实不力导致区域环境质量下降、生态功能退化的，按有关要求纳入生态环境保护督察。鼓励利用卫星遥感、大数据等先进技术手段开展非现场监管，推动水利水电项目及时将生态流量、分层取水、过鱼等监测数据接入有关信息平台。

二、水电项目环评审批总体情况

根据环评智慧监管平台数据，截至 2023 年底，全国环评审批水电项目共 266 个，项目投资共计 5 767.43 亿元，其中环保投资共计 84.49 亿元，平均占比 1.46%（图 6-11）。

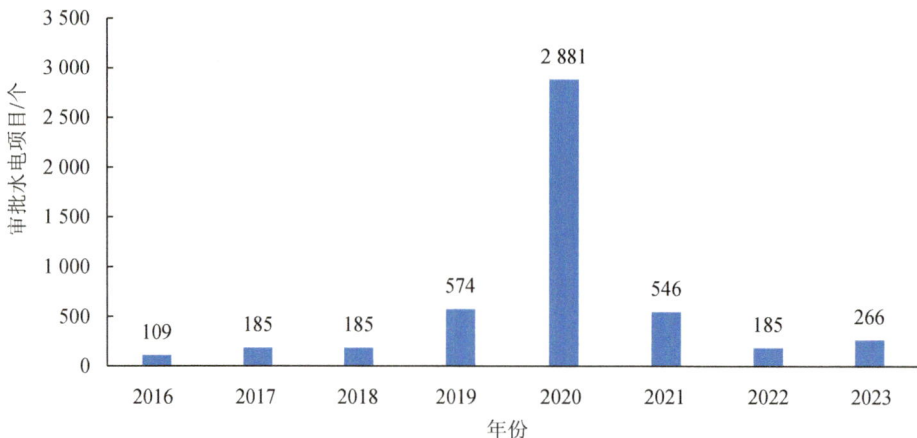

图 6-11   2016—2023 年全国环评审批水电项目数量

注：2020 年为长江经济带小水电清理整改的攻坚阶段，项目补办环评手续的情况较为集中。

2023 年环评审批水电项目较多的地区包括广东、浙江、湖北、河北、湖南、广西等省（区），数量分别为 129 个、28 个、15 个、13 个、11 个、10 个，占全国审批项目总数的 77.44%（图 6-12）。

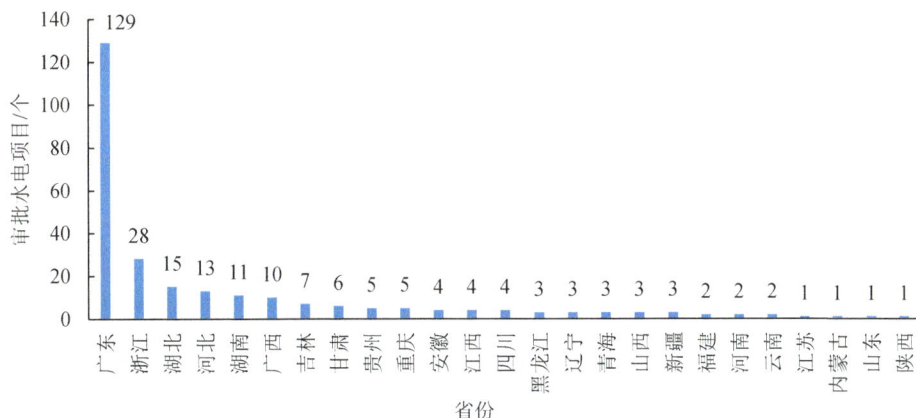

图 6-12　2023 年全国环评审批水电项目区域分布情况

按环评文件类别统计，编制环评报告书项目 102 个、占比 38.3%，编制环评报告表项目 164 个、占比 61.7%。按审批级别统计，国家级审批项目 2 个、占比 0.8%，省级审批项目 26 个、占比 9.8%，市级审批项目 44 个、占比 16.5%，区（县）级审批项目 194 个、占比 72.9%（图 6-13）。

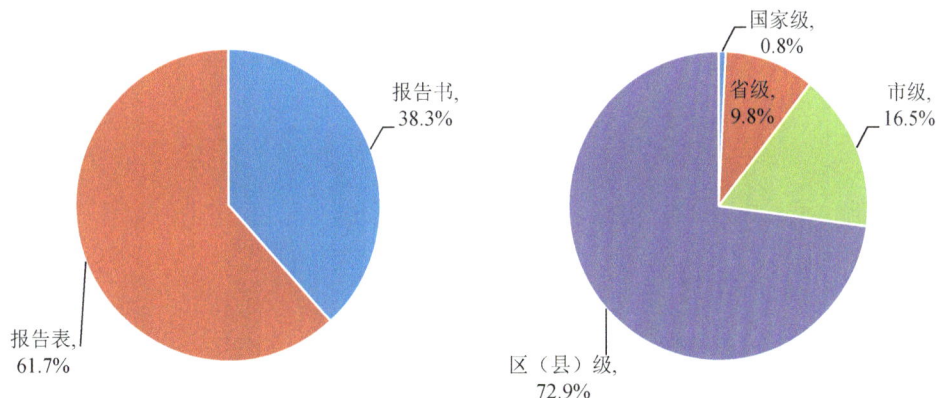

图 6-13　2023 年全国环评审批水电项目环评文件类型和审批级别情况

2023 年环评审批的 266 个水电项目中含常规水电项目环评 209 个，以改扩建、技术改造或清理整改补办环评手续为主。较 2022 年增加 46 个，同比增长 28%；涉及总投资 1 085.82 亿元，较 2022 年增加 852.22 亿元，同比增长 364.82%。其中 72 个项目为改扩建或技术改造项目，占比 34.45%。全年项目数量最多的是广东，这与广东正在持续开展小水电分类整改工作有关。

2023 年环评审批的 266 个水电项目中含抽水蓄能项目 57 个，较 2022 年增加 35 个，同比增长 159.09%；项目总投资 4 681.61 亿元，较 2022 年增加 2 823.51 亿元，同比增长 151.96%，占水电行业总投资的 81.17%。从审批层级来看，省级审批项目 22 个，分布在湖北（9 个）、青海（3 个）、四川（2 个）、新疆（2 个）、安徽（2 个）、湖南（1 个）、吉林（1 个）、辽宁（1 个）、陕西（1 个）；市级审批项目 24 个，分布在湖南（7 个）、广西（5 个）、福建（2 个）、浙江（2 个）、广东（1 个）、贵州（1 个）、河北（1 个）、河南（1 个）、江苏（1 个）、山东（1 个）、山西（1 个）、云南（1 个）；区县级审批项目 11 个，分布在浙江（5 个）、江西（4 个）、河南（1 个）、河北（1 个），市县级审批数占比 61.4%。

三、水电项目自主环保验收备案情况

根据建设项目竣工环境保护验收信息系统数据，2023 年全国共备案环保验收水电项目 339 个（含抽水蓄能电站 6 个），工程投资共计 1 214.3 亿元，其中实际完成环保投资共计 31.05 亿元，平均占比 2.56%。

随着小水电清理整改工作的逐步收尾，补办竣工环保验收手续的小水电数量大幅下降，全国水电项目环保验收备案量逐步减少。2023 年环保验收备案项目数量较 2022 年减少 280 个（图 6-14）。

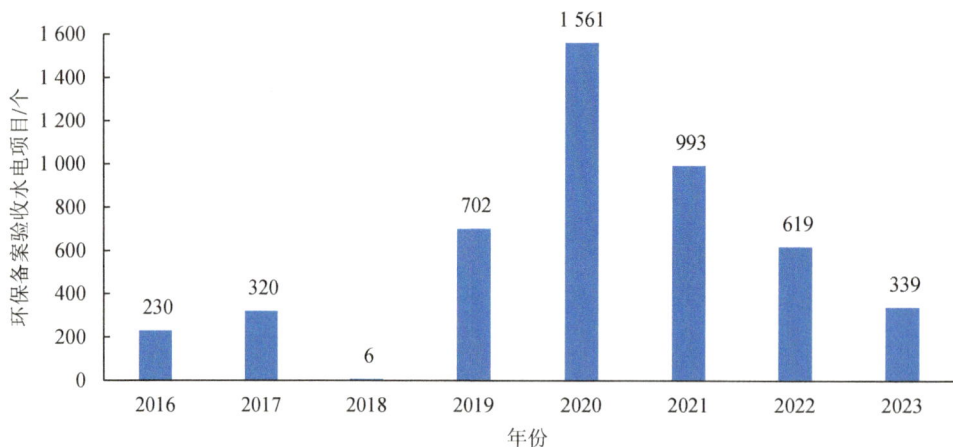

图 6-14　2016—2023 年水电项目环保验收备案情况

注：①2017 年 11 月《建设项目竣工环境保护验收暂行办法》印发后，全国建设项目竣工环境保护验收信息平台同步上线，管理过渡期，2018 年平台备案水电验收项目大幅减少。

②2020 年为长江经济带小水电清理整改的攻坚阶段，项目补办竣工环保验收手续的情况较为集中。

2023 年环保验收备案项目主要分布在广东、福建、湖南、四川、浙江等省，分别为 112 个、60 个、32 个、25 个、19 个，占全国总量的 73.16%（图 6-15）。

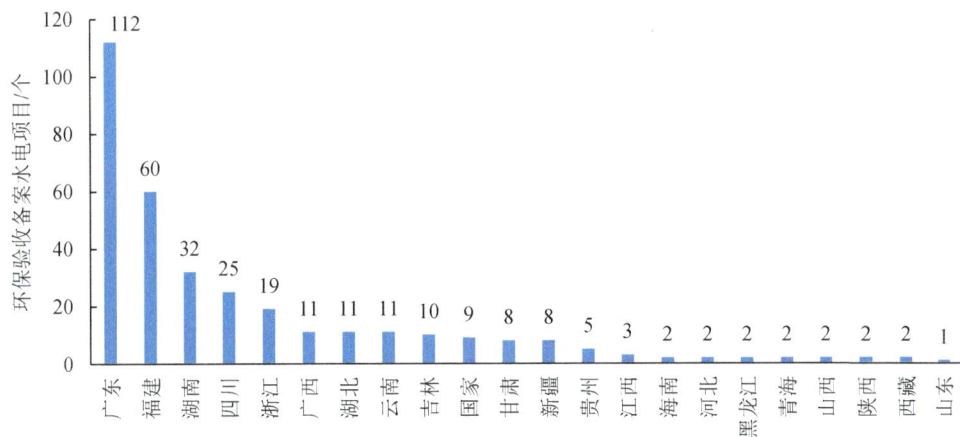

图 6-15 2023 年全国环保验收备案水电项目区域分布情况

按项目环评文件类别统计，编制报告书项目 115 个、占比 33.9%，编制报告表项目 224 个、占比 66.1%。按审批级别统计，国家级审批项目 5 个、占比 1.5%，省级审批项目 37 个、占比 10.9%，市级审批项目 72 个、占比 21.2%，区（县）级审批项目 225 个、占比 66.4%（图 6-16）。

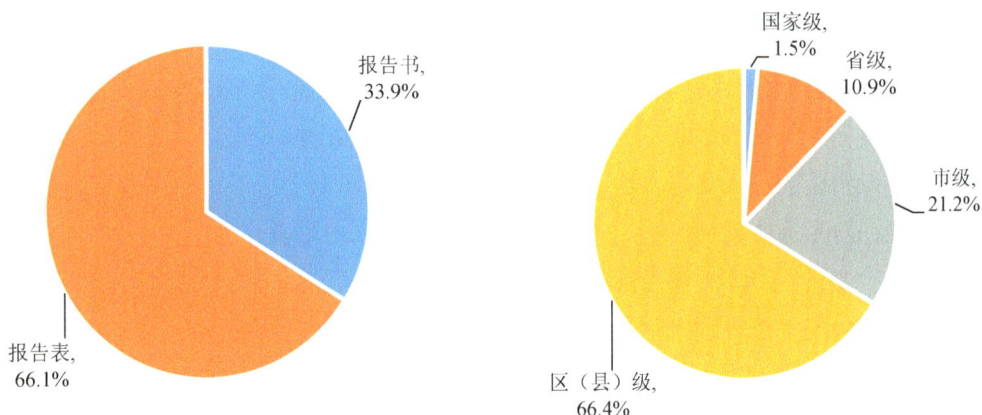

图 6-16 2023 年全国备案环保验收水电项目环评文件类型和审批级别情况

四、黄河流域小水电清理整改情况

为贯彻落实习近平总书记重要讲话精神和党中央决策部署，推动黄河流域生态保护和高质量发展，纠正小水电过度开发问题，2021 年 12 月，水利部、国家发展改革委、自然资源部、生态环境部、农业农村部、国家能源局、国家林草局联合印发了《关于进一步做好小水电分类整改工作的意见》（水电〔2021〕397 号）《关于开展黄河流域小水电清理整改工作的通知》（水电〔2021〕410 号），启动了黄河流域小水电清理整改工作。黄河流域小水电清理整改工作范围涉及青海、甘肃、宁夏、内蒙古、陕西、山西、河南、山东 8 个省（区）黄河干支流流经的县级行政区域内的小水电站。根据黄河流域小水电清理整改总体工作安排，问题核查和综合评估应于 2022 年底前完成，问题整改和长效机制建立应于 2024 年底前完成。

根据黄河流域小水电清理整改管理平台统计，沿黄 8 个省（区）已建、在建小水电站共 2 813 座，其中黄河干支流流经的县级行政区域内的小水电站 754 座纳入清理整改范围，经综合评估列入退出类 222 座（退出率 29.4%）、整改类 503 座、保留类 29 座。目前已完成 332 座水电站问题整改，退出 167 座水电站。

第三节　污染防治措施

一、已建成环保措施总体情况

对主要水电基地的 139 个大中型水电项目环保措施情况进行了梳理，重点统计分析了叠梁门、过鱼等与主体工程结合紧密的环保设施，以及鱼类增殖放流站等具有独立设施和场地的环保措施的建成情况。

在叠梁门分层取水设施方面，2008 年建成的光照水电站叠梁门为我国首个叠梁门分层取水设施，后续又相继建成了溪洛渡、锦屏一级、滩坑、糯扎渡、黄登、乌东德、白鹤滩、两河口、玛尔挡等水电站叠梁门分层取水设施。截至 2023 年底，建成并投入运行的叠梁门分层取水设施共计 10 个（图 6-17）。2023 年新建成的黄河玛尔挡水电站叠梁门创新采用分层立式导叶阀门型式的分层取水工艺。分层立式导叶阀单层门由门框、门叶、潜水电机、减速机、蜗轮蜗杆机构等主要部件组成，通过电机经减速机驱动蜗杆转动，从而带动蜗轮和门叶转动，实现单层导叶阀门的开合。分层立式导叶阀结构叠梁门各层门单扇均可单独控制，可根据取水要求实现不同取水层单独或同时开启，具有快速（5 min 内）灵活启闭，水力学条件好，受水压影响小，启闭扭矩小，运行安全可靠，更好地维护等特点（图6-18）。

图6-17　叠梁门累计建成措施

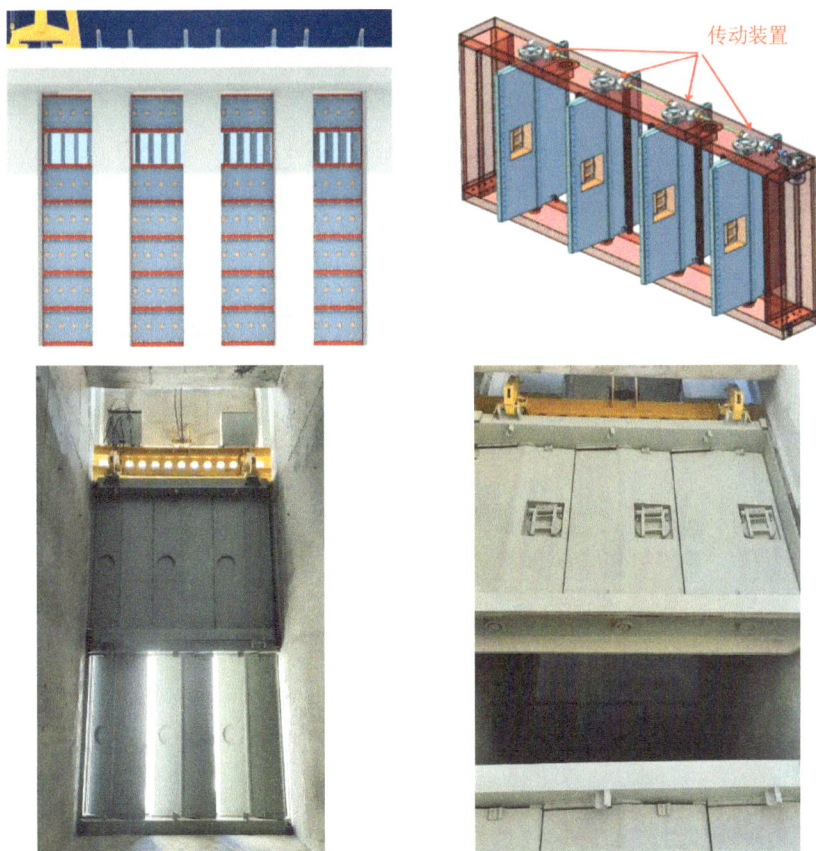

图6-18　玛尔挡分层立式导叶阀结构叠梁门设计示意图和实物

注：图片来源于设计单位，版权归原作者所有。

在过鱼设施方面，所有过鱼设施均在 2014 年及之后建成，并于近 3 年迎来投运高峰，数量占已建成总数的 51%。早期建设的过鱼设施以鱼道为主，2015 年彭水集运鱼系统的建成开创了我国水电集运鱼过鱼设施的先河，近年来集运鱼系统（升鱼机）建成数量增加明显，并在 2021 年数量上首次超越鱼道成为主要过鱼设施类型。截至 2023 年底，已建成过鱼设施 43 个，其中鱼道 16 个、占比 37%，集运鱼系统（升鱼机）27 个、占比 63%（图 6-19）。2023 年，铜街子水电站补建完成的竖缝式鱼道全长 1 388 m，包含 1 个鱼道进口、进口段、绕闸段、坝后开挖段、过坝段、出口段、调节池、1 个鱼道出口、20 个休息池等部分（图 6-20），对推动大渡河流域深溪沟以下梯级河段鱼类生境连通具有重要意义；巴塘水电站创新采用天然河道+技术性鱼道组合的过鱼方式，为全国首例，在巴楚河河口附近设置拦导鱼设施，将鱼拦至支流巴楚河内，利用巴楚河约 1.85 km 的天然河道上溯至技术性鱼道进口，技术性鱼道全长 2 176 m，包含进口明渠段、隧洞段、出口明渠段（图 6-21）；新集水电站鱼道布置在电站厂房右侧与船闸之间，进口位于尾水下沿，设 2 个进口，1 个出口，全长 810 m，进口段设有观察室，出口段设有观察室和采样池（图 6-22）。

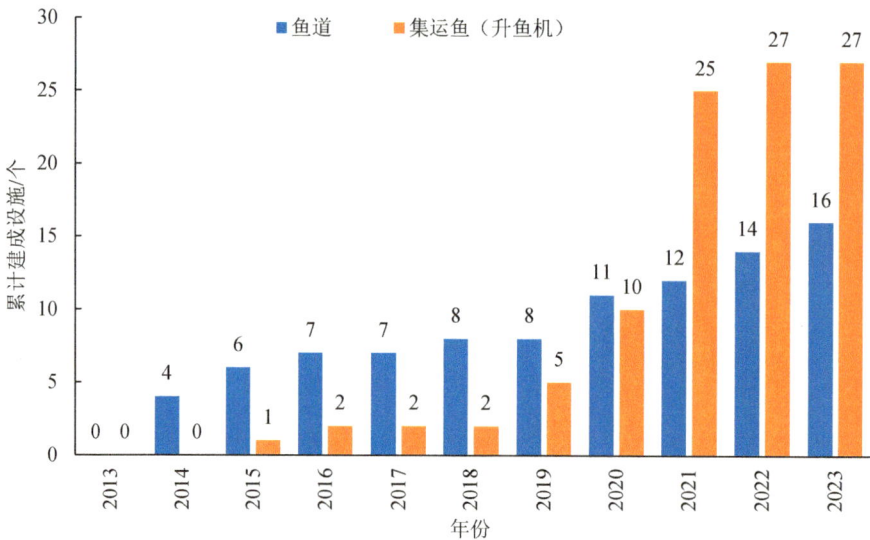

图 6-19 过鱼设施累计建成设施

图 6-20　铜街子水电站补建鱼道（鱼道进口、进口段、绕闸段、过坝段、出口段）

注：图片来源于建设单位，版权归原作者所有。

图 6-21　巴塘水电站技术性鱼道进口明渠段、出口明渠段

注：图片来源于建设单位，版权归原作者所有。

图 6-22 新集水电站鱼道进鱼口、进口段、出口段

注：图片来源于建设单位，版权归原作者所有。

在鱼类增殖放流站方面，2010 年之后进入投产高峰期，占比达 84%。目前全国主要水电基地已建成鱼类增殖放流站 64 座（图 6-23），包括金沙江乌东德、向家坝和观音岩，雅砻江锦屏官地，大渡河瀑布沟，乌江索风营和彭水，澜沧江黄登等大型综合性鱼类增殖放流站，基本形成了保护鱼类人工驯养繁育和增殖放流设施支撑条件。目前，已初步形成年生产放流苗种 2 000 余万尾的生产能力，最终将形成 3 000 万尾以上年生产能力。2023 年，玛尔挡、绰斯甲、双江口、新集水电站建成了鱼类增殖放流站，其中绰斯甲、双江口鱼类增殖放流站均设置了室外仿生态亲鱼池和野化驯养池，室外仿生态亲鱼池通过模拟野外河流生殖洄游环境提高鱼卵受精率，野化驯养池通过模拟放流水域的生态环境，提高人工繁育苗种进入自然水体后的捕食能力，提升放流苗种的成活率（图 6-24～图 6-27）。

图 6-23 鱼类增殖放流站累计建成设施

图 6-24　玛尔挡水电站鱼类增殖站全貌、亲鱼养殖与催产孵化车间、苗种繁育车间

注：图片来源于建设单位，版权归原作者所有。

图 6-25　绰斯甲水电站鱼类增殖站全貌、催产孵化车间、室外仿生态池、野化驯养池

注：图片来源于建设单位，版权归原作者所有。

图6-26　双江口水电站鱼类增殖放站环形亲鱼培育池、野化驯养池、仿生态池、

孵化鱼苗车间、亲鱼车间

注：图片来源于建设单位，版权归原作者所有。

图 6-27　新集水电站鱼类增殖站全貌、室外鱼苗培育池、育苗车间、孵化器

注：图片来源于建设单位，版权归原作者所有。

二、叠梁门分层取水措施技术评估

本年度结合往年评估情况，考虑近几年叠梁门分层取水措施的陆续投运，为评估提供了条件，选择以叠梁门为对象开展了典型水电环保措施技术评估。

截至目前，生态环境部共对 14 个项目提出了建设叠梁门分层取水设施的要求，从建设进展情况来看，有 10 个项目的叠梁门已建成，占比 71.4%，其中黄河玛尔挡水电站的分层立式导叶阀结构叠梁门已建成尚未投入运行；有 2 个项目的叠梁门正在建设，占比 14.3%；有 2 个项目的叠梁门尚未建设，占比 14.3%。本年度重点对已建成投入运行的光照、黄登、锦屏一级、两河口、糯扎渡、滩坑、乌东德、白鹤滩、溪洛渡 9 个水电站项目的叠梁门分层取水设施进行评估和分析。

1. 叠梁门分层取水设施基本情况

从流域分布来看，珠江流域 1 座，位于北盘江；澜沧江流域 2 座；长江流域 5 座，其中金沙江 3 座、雅砻江 2 座；瓯江流域 1 座。

从行政区划来看，贵州省 1 座，云南省 2 座，四川省 2 座，浙江省 1 座，其余 3 座位于四川、云南两省交界处。

从建设时间来看，叠梁门分层取水设施基本与工程同步建成运行，建成时间集中在 2008—2021 年。其中，光照水电站是国内第一个建成并投入运行的进水口采用六孔叠梁门后置分层取水的水电站，光照水电站进水口分层取水方案于 2005 年 3 月开始设计研究，2006 年 11 月开始施工，2008 年 7 月完工并通过验收，2009 年 9 月正式投入运行。

从设计型式来看，叠梁门通常设计为一层一层的叠置闸门，布置在进水口前端的进水塔前缘，根据水库调度期的水位变化及进水口数量确定具体的尺寸和门叶数量，启闭方式主要采用启闭机起吊，各水电站叠梁门的结构和布置方式基本一致，型式差异较小，主要区别在于叠梁门的层数、尺寸和门叶数量不同。在叠梁门设计过程中，乌东德、白鹤滩水电站对门高、启闭系统、抓梁型式等进行了优化改进，增加了启闭机和悬吊臂数量，单层叠梁门设计启闭时间较其他项目平均缩短约 60%，进一步提高了设施运行效率和保证率；两河口水电站从提高叠梁门调度灵活性的角度，优化了叠梁门组合方式，降低了门叶高度，增加了启闭设备，缩短了叠梁门启闭耗时。

2．叠梁门分层取水设施设计建设情况

光照水电站：采用两洞、两井、四机分组供水方式，叠梁门分层取水进水口是在原单层进水口的基础上向上游延长 11.5 m，主要由直立式拦污栅、叠梁闸门、喇叭口段、检修闸门段等组成。两个引水洞前均设置叠梁门，分别为 1#、2# 叠梁门。叠梁门设置 6 孔，孔口尺寸 7.5 m×60 m（宽×高），底坎高程 670 m，操作条件为动水启闭，采用平面滑动门型，门高 60 m，下游止水，每孔分 20 节，一孔一门。每节叠梁门层高 3 m，门顶最小控制取水深度 15 m，最高门顶高程 730 m（图 6-28）。

图 6-28　光照水电站叠梁门分层取水设施

注：图片来源于建设单位，版权归原作者所有。

黄登水电站：布置 4 台机组，进水口共设 20 扇水平面滑动叠梁门，闸门孔口尺寸为 3.2 m×27 m（宽×高），每扇叠梁闸门由 6 节 4.5 m 高的叠梁组成，闸门总高 27 m，门顶最小控制取水深度 23.5 m（图 6-29）。

图 6-29　黄登水电站叠梁门分层取水设施

注：图片来源于建设单位，版权归原作者所有。

锦屏一级水电站：布置 6 台机组，每台机组进水口前缘由栅墩分成 4 个过水栅孔，布设平面滑动叠梁闸门，门叶尺寸为 3.8 m×3.5 m（宽×高），利用双向门机上游回转吊通过液压自动抓梁起吊，叠梁门分为 3 层，第 1 层高度为 7 m，第 2、3 层高度均为 14 m。门顶最小控制取水深度 21 m（图 6-30）。

两河口水电站：布置 6 台机组，每台机组进水口前缘由栅墩分成 4 个过水栅孔，每孔设置一扇叠梁门，每扇叠梁门尺寸为 3.8 m×28 m（宽×高），每扇叠梁门由 4 节门叶组成，单节门叶高 7 m，6 台机组共设 24 扇平面叠梁门，96 节门叶。门顶最小控制取水深度 20 m（图 6-31）。

图 6-30 锦屏一级水电站叠梁门分层取水设施

注：图片来源于建设单位，版权归原作者所有。

图 6-31 两河口水电站叠梁门分层取水设施

注：图片来源于建设单位，版权归原作者所有。

糯扎渡水电站：布置 9 台机组，每台机组进水口前缘由栅墩分成 4 个过水栅孔，每孔设置一扇叠梁门，每扇叠梁门尺寸为 3.8 m×38.04 m（宽×高），每扇叠梁门由 3 节门叶组成，单节门叶高 12.68 m，9 台机组共设 36 扇平面叠梁门，共 108 节门叶。门顶最小控制取水深度 29 m（图 6-32）。

图 6-32　糯扎渡水电站叠梁门分层取水设施

注：图片来源于建设单位，版权归原作者所有。

滩坑水电站：设置 3 个进水口，每个进水口前缘布设两孔叠梁门，共 6 扇叠梁门，叠梁门孔口宽 5.5 m，每扇叠梁门由 8 节门叶组成，每节高度 5 m，门顶最小控制取水深度 10 m（图 6-33）。

图 6-33　滩坑水电站叠梁门分层取水设施

注：图片来源于建设单位，版权归原作者所有。

乌东德、白鹤滩、溪洛渡水电站叠梁门设计、建设情况较为相似。3 座水电站水轮发电机组均采用单机单管方式引水，每台机组进水口依次布置有拦污栅、叠梁门、检修门、快速门和启闭设备等，每个进水口由隔墩分为多个拦污栅孔，乌东德水电站为6孔，白鹤滩、溪洛渡水电站为5孔。

乌东德水电站：左右岸分别布置6台水轮发电机组，12台水轮发电机组布设72扇叠梁门、576节门叶。每扇叠梁门为8节门叶，左岸叠梁门由7节4 m高、1节8 m高门叶组成，总高36 m；右岸叠梁门由6节4 m高、2节8 m高门叶组成，总高40 m。门顶最小控制取水深度为22 m。

白鹤滩水电站：左右岸分别布置8台水轮发电机组，16台水轮发电机组布设总计80扇叠梁门、800节门叶。每扇叠梁门为10节门叶，由9节4 m高、1节2 m高门叶组成，叠梁门总高38 m。门顶最小控制取水深度25 m。

溪洛渡水电站：左右岸分别布置9台水轮发电机组，18台水轮发电机组布设90扇叠梁门、360节门叶。每扇叠梁门为4节门叶，均为3.8 m宽、12 m高，叠梁门总高48 m。门顶最小控制取水深度25 m。

3座水电站均属于金沙江下游梯级电站，建设规模较大，因此叠梁门门叶结构较多，规模庞大，但布置方式总体一致（图6-34～图6-36）。

图6-34　乌东德水电站叠梁门左、右岸分层取水设施

注：图片来源于建设单位，版权归原作者所有。

图 6-35 白鹤滩水电站叠梁门分层取水设施

注：图片来源于建设单位，版权归原作者所有。

图 6-36 溪洛渡水电站分层取水设施

注：图片来源于建设单位，版权归原作者所有。

3. 叠梁门分层取水设施运行情况

叠梁门运行方式主要是根据水库水位变化，通过调整门叶层数，改变门顶高度实现水库表层取水，即取得水温较高的浅层水，以提高下泄水温。运行时间集中在每年的 3—10 月，即水库水温垂向分层较为明显的时段。

本年度黄登、糯扎渡 2 座水电站的叠梁门未运行，光照、锦屏一级、两河口、乌东德、白鹤滩、溪洛渡、滩坑 7 座水电站的叠梁门总体处于试验性运行状态。

光照水电站：2023 年 3—8 月委托操作叠梁门共计 88 节次，叠梁门门顶淹没水深控制在 17～20.8 m。

锦屏一级水电站：2023 年 3—4 月，按照 1#、4#、2#、5#、3#、6# 机组的顺序逐渐提起叠梁门；10 月，按照 4#、1#、5#、2#、6#、3# 机组的顺序逐渐下放三层叠梁门。

两河口水电站：2023 年 4—5 月水位未达到分层取水设施运行条件；6—7 月随水库三期蓄水水位上涨，依次放下第四、三、二、一节叠梁门；9—10 月，开展分层取水效果评估试验，依次提起第一、二、三、四节叠梁门。

乌东德水电站：采取全部 12 台机组落 3 层门（共计 216 节）的运行方式，其中 2022 年 12 月 13 日—2023 年 1 月 14 日、2 月 3—28 日为落门阶段，3 月 1 日—4 月 23 日为叠梁门稳定运行阶段（历时 54 天），4 月 24 日—5 月 14 日为提门阶段。

白鹤滩水电站：采取全部 16 台机组落 3 层门（共计 240 节）的运行方式，其中 2022 年 12 月 15 日—2023 年 2 月 24 日为落门阶段，2 月 25 日—4 月 11 日为叠梁门稳定运行阶段（历时 46 天），4 月 12 日—5 月 4 日为提门阶段。

溪洛渡水电站：采取左岸 9 台机组落 1 层叠梁门（45 节）的运行方式。其中 2023 年 1 月 1—15 日为落门阶段，1 月 16 日—4 月 7 日为叠梁门稳定运行阶段（历时 82 天），4 月 8—20 日为提门阶段。

滩坑水电站：2023 年全年水位高于 145 m，8 层叠梁门全部下放。

9 座水电站均结合自身管理要求配套制定了分层取水设施操作运行规程。从运维管理方式上看，光照水电站委托第三方单位负责运行，其他水电站叠梁门由企业自主负责运行。

4. 叠梁门分层取水设施配套监测情况

叠梁门分层取水设施配套监测以水温监测为主，同时布置水位、流量、流速等水文要素监测，监测方式采用自动化监测。水温监测布设位置通常包括入库河段、库区、坝前、尾水口以及下游水温敏感区等。

9 座水电站的叠梁门中有 8 座配套建设了水温在线监测系统，水温在线监测系统总体处于正常运行状态。其中，白鹤滩、乌东德、锦屏一级、两河口、溪洛渡、糯扎渡水电站水温监测设施布置位置包括库区、坝前、坝下；黄登、滩坑水电站水温监测设施布置位置包括坝前、坝下；白鹤滩、溪洛渡、两河口、黄登水电站的水温监测设施接入中控室统一管理。

5. 叠梁门分层取水设施运行效果评估情况

光照水电站：于 2019 年 4—10 月开展分层取水效果观测试验，5 层叠梁门运行期间 4 月 12 日—5 月 10 日，水库运行水位较高且表层水体处于升温阶段，有叠梁门的 1#、2# 机组下泄水温较无叠梁门的 3#、4# 机组下泄水温提高 0.2～1.4℃，平均温升效果为 1.0℃。4 层叠梁门运行期间 5 月 11—17 日，水库运行水位有所下降，表层水体持续升温，有叠梁门的 1#、2# 机组下泄水温较无叠梁门的 3#、4# 机组下泄水温提高 0.1～0.9℃，平均温升效果为 0.4℃。3 层叠梁门运行期间 5 月 18 日—7 月 9 日，有叠梁门的 1#、2# 机组下泄水温较无叠梁门的 3#、4# 机组下泄水温提高 0～1.2℃，平均温升效果为 0.4℃。之后，7 月 10 日—8 月 12 日叠梁门运行层数为 5 层，有叠梁门的 1#、2# 机组下泄水温较无叠梁门的 3#、4# 机组下泄水温提高 0.4～1.2℃，平均温升效果为 0.7℃。8 月 13—17 日，由于水位前期升高，未操作叠梁门，本时段集中下放叠梁门为 5～11 层，8 月 17 日以后水位维持在 725 m 以上。8 月 17 日—10 月 31 日叠梁门运行层数为 11～14 层（9 月 17 日后无提起操作记录，暂均按 14 层处理），有叠梁门的 1#、2# 机组下泄水温较无叠梁门的 3#、4# 机组下泄水温提高 0.7～1.8℃，平均温升效果为 1.0℃。可以看出，叠梁门的使用，使取水口能够取得温跃层内较高温度的水体，从而达到分层取水提高下泄水温效果。

锦屏一级水电站：于 2021 年开展分层取水效果观测试验。实验结果表明，启用 3 层、2 层和 1 层叠梁门较不采用叠梁门可分别提升下泄水温 1～1.9℃（平均 1.53℃）、0.4～1.4℃（平均 0.78℃）、0.5～0.8℃（平均 0.57℃）。相同条件下启用叠梁门层数越多，即取水层高度越高，下泄水温提升幅度越大，不同年份由于水库水温条件不同，叠梁门分层取水效果不同。

两河口水电站：于 2023 年 9—10 月高水位时段（运行水位高于 2 813 m）开展了分层取水效果观测试验。试验结果表明，启用 4 层（进水口底板高程 2 793 m）、3 层（进水口底板高程 2 786 m）、2 层（进水口底板高程 2 779 m）和 1 层（进水口底板高程 27 972 m）叠梁门较不采用叠梁门（进水口底板高程 2 765 m）可以提升下泄水温分别为 0.6～1.0℃（平均 0.81℃）、0.3～0.9℃（平均 0.62℃）、0.4～0.8℃（平均 0.64℃）、0.2～0.4℃（平均 0.26℃），启用 4 层叠梁门相较 3 层、2 层和 1 层分别提升下泄水温 0～0.3℃、0.3～0.6℃、-0.3～0.6℃，平均提升 0.15℃、0.42℃、0.30℃。

滩坑水电站：于 2009 年 8 月—2010 年 3 月开展了工程建成后叠梁门投运前水温观测工作（库水位 140 m 以上，进水口底板高程 95 m），于 2010 年 7—10 月、2011 年 1 月、3—5 月开展了全部叠梁门下放后（库水位 140 m 以上，进水口底板高程 135 m）的水温观测工作，经对比分析，在未采取分层取水设施的情况下，夏季下泄低温水现象明显，其中 8 月下泄水温为 20.2℃，较天然水温降低了 8.3℃。2010 年叠梁门分层取水设施开始正常运行后，8 月下泄水温 22.5℃，较天然水温降低了 6.0℃，较未采取分层取水设施的情况提高了 2.3℃。

乌东德水电站：于 2022 年 3—5 月、2023 年 3—4 月开展了全部 12 台机组落 3 层叠梁门的分层取水效果观测试验，试验结果表明，对比等效高程法推算出的 3 层叠梁门稳定运行期间对应时段无叠梁门取水水温，2022 年，采取 3 层叠梁门情况下下泄水温平均提升 0.4℃；2023 年，采取 3 层叠梁门情况下下泄水温平均提升 0.59℃，其中水温未分层期平均提升 0.23℃，水温分层期平均提升 0.68℃。

白鹤滩水电站：于 2023 年 2—4 月开展了全部 16 台机组落 3 层门叠梁门的分层取水效果观测试验，试验结果表明，对比等效高程法推算出的 3 层叠梁门稳定运行期间对应时段无叠梁门取水水温，采取 3 层叠梁门情况下下泄水温平均提升 0.17℃，其中水温未分层期平均提升 0.05℃，水温分层期平均提升 0.24℃。

溪洛渡水电站：左右岸各 9 台机组，2017 年和 2018 年实施了双边单层叠梁门分层取水，稳定运行期间下泄水温平均提升 0.40℃；2019 年实施了叠梁门分层取水，两层叠梁门稳定运行期间下泄水温平均提升 0.27℃，一层叠梁门稳定运行期间下泄水温平均提升 0.47℃，但由于两层叠梁门运行期间水库分层较弱，水温改善效果不明显；2021 年实施了单边单层叠梁门分层取水，下泄水温平均提升 0.06℃；2022 年实施了单边双层叠梁门方式，下泄水温平均提升 0.11℃；2023 年溪洛渡水电站实施了单边单层叠梁门方式，下泄水温平均提升 0.13℃。

糯扎渡水电站：近几年库水位基本处于 777.15～795.9 m，仅通过采用第一层叠梁门挡水运行，2023 年叠梁门全部提起未运行，根据《糯扎渡水电站 2019—2022 年下泄水温初步对比分析报告》，电站运行后，坝前水温形成了明显的全年垂向分层，且季节性差异显著，相同月份水温垂向分布特征大致相同。坝前实际垂向水温与预测垂向水温的分布规律基本一致，但坝前实际水温比预测水温整体偏高 4.8℃。电站全年实际下泄水温变化区间为 18.1～22.8℃，满足环评报告中对温热带鱼类水温要在 15～28℃范围的要求；在鱼类产卵繁殖期实际下泄水温变化区间为 18.4～21.2℃，满足环评报告中对坝址河段鱼类洄游产卵水温要在 18.4～22.7℃范围内的要求。

黄登水电站：对比了 2019—2020 年的下泄水温和坝址处天然水温过程。与坝址天然水温相比，水库年均下泄水温升高 0.5℃。下泄水温在 2—7 月比建坝前坝址水温有所降低，平均降低了 1.1℃，3 月降低最多，达 1.7℃。8 月至翌年 1 月，下泄水温平均上升 2.1℃，12 月温升幅度最大，为 3.9℃。月均最高温度从建坝前的 17.8℃升为建坝后的

18.5℃，月均最低温度从建坝前的 5.5℃升为建坝后的 6.6℃。根据 2020 年 11 月 16 日—2021 年 1 月 29 日开展的 4 台机组进水口第二层叠梁门落门试验，叠梁门提起及落下对上下游水温无明显影响。

6．叠梁门设计运行监测评估情况分析

从目前叠梁门的落实和运行效果来看，对下泄水温起到了一定的改善效果，但总体改善效果有限，受电站运行调度限制、气象水文条件、设施自身运行机制和操控特点影响，尚存在以下问题亟待优化研究。

（1）设计与建设方面。部分电站叠梁门设计门叶数量较多，单扇门页笨重，且吊装设计不合理，导致操作难度大、工作量重、时间长，甚至存在安全风险和影响机组正常发电。同时门塔结合的布置方式受制于门顶最小淹没水深，所有的叠梁门均无法真正取到表层水，目前已开展的叠梁门设计优化研究思路集中在门叶型式的改进上，难以从根本上解决问题，亟待进一步创新。

（2）运行操控方面。目前多数项目叠梁门均按动水启闭进行设计，但限于行业规范要求，实际运行仍按静水启闭操作，运行过程中需停机，与电网协调难度较大，造成措施难以实现稳定运行。已建成投运的叠梁门运行规范性有待提升，部分电站仅运行少数叠梁门门叶，部分电站仅运行单边单层叠梁门门叶，由于落门层数有限，目前采取的措施效果尚未显现。

（3）监测评估方面。部分电站仅监测了坝前和坝下水温，未监测入库沿程水温，部分电站水温监测系统未接入中控室统一管理。目前尚未形成正式的监测评估标准，现阶段监测和效果评估较为混乱。对于如何对比以体现水温改善，缺少规范指导，部分电站对比同一时段同一工况下有叠梁门机组与无叠梁门机组下泄水温的变化；部分电站对比同一工况下启用不同层数叠梁门下泄水温的变化；部分电站将相似工况下工程建设后叠梁门建设前的下泄水温、工程建设后叠梁门全部运行时的下泄水温分别与工程建设前天然水温进行对比，对比的年份不同，水库水位、气象条件、入库水温等本就有所差异；部分电站将叠梁门稳定运行时下泄水温与等效高程法推算出的叠梁门稳定运行期间对应时段无叠梁门取水水温进行对比。

第四节　行业绿色发展水平评估

为科学评估水电站项目生态环境保护水平，2021 年，根据我国水电开发全过程生态环境保护及管理要求和水电作为可再生能源的资源环境效益属性，从项目环保手续履行、环保措施条件、环保措施落实及运行、自主环境管理、减污降碳效益 5 个方面，研究构建了水电绿色发展指标体系及评估方法并对 27 个水电站项目绿色发展水平开展了试点评估应用，2022 年在试点应用情况、资料调研、专家咨询等的基础上，对指标体系做了进一步的调整与完善并对 43 个水电站项目开展了水电绿色发展评估，2023 年应用优化调整后的指标体系，选取 47 个水电站项目开展水电绿色发展评估，从生态环境保护角度对水电站项目绿色发展水平进行了排序，旨在引导企业积极通过后评价等途径，不断完善生态环境保护措施、提高保护水平，为开展行业"靶向"环境管理提供参考与支撑。

一、评估范围

为落实中央提出的"在保护生态基础上有序开发水电"的要求，国家环境保护总局于 2005 年 12 月 13—14 日组织召开了"水电水利建设项目水环境与水生生态保护技术政策研讨会"。会议就水电水利行业环境保护达成了共识，进一步明确了有关保护要求和措施技术规定，会后印发了《水电水利建设项目河道生态用水、低温水和过鱼设施环境影响评价指南（试行）》（环办函〔2006〕4 号），具有标志性意义。

本书以环办函〔2006〕4 号文的印发为时间节点，选取金沙江、雅砻江、大渡河、乌江、汉江、北盘江、西南诸河、黄河上游、红河、松花江等主要水电基地 2006 年之后批复环评且全部机组投产满 1 年的 47 个水电站项目为样本开展评估，评估基准年为 2023 年。

47 个项目分布于云南、贵州、四川、西藏、青海、陕西、甘肃、湖北、重庆、吉林 10 个省（市），总装机容量 7 288.75 万 kW。从流域分布上看，西南诸河 10 个、大渡河 8 个、金沙江 9 个、北盘江 5 个、黄河上游 5 个、雅砻江 3 个、乌江 2 个、汉江 3 个、红河 1 个、松花江 1 个。

按项目规模划分，大型水电站 37 个，中型水电站 10 个。按开发方式划分，提坝式开发项目 44 个，混合式开发项目 2 个，引水式开发项目 1 个。按企业性质划分，中央企业项目 42 个，地方国有企业项目 5 个。

按审批情况划分，国家级环评审批项目 42 个，省级环评审批项目 5 个。按建设年代划分，开工于 2010 年及之前的项目 22 个，开工于 2010 年之后的项目 25 个。

二、水电绿色发展指标体系

1. 构建思路

自 2000 年以来，随着我国环境管理特别是环评制度的不断改革完善，以及《关于加强水电建设环境保护工作的通知》（环发〔2005〕13 号）、《关于进一步加强水电建设环境保护工作的通知》（环办〔2012〕4 号）、《关于深化落实水电开发生态环境保护措施的通知》（环发〔2014〕65 号）等多项水电环境管理相关政策文件的印发，我国初步形成了流域和水电站专项规划环评、项目环评、环境保护"三同时"、蓄水和竣工环境保护验收、环境影响后评价等覆盖水电开发生态环境保护及管理全过程的制度支撑体系。针对水电环境影响特点，近年来在有关法律法规和水电行业环境管理政策的要求和引导下，我国水电逐步形成了由生态流量泄放及生态调度、分层取水、鱼类栖息地保护、河流连通性恢复（过鱼）、鱼类增殖放流、重要陆生动植物保护等组成的环保措施体系。2014 年，环境保护部部署开展了绿色水电环境管理课题研究工作，有力地推动了行业环保措施技术进步。同时，水电作为可再生能源，在替代化石资源能源利用，减少 CO_2 以及 NO_x、SO_2 等污染物排放方面，发挥着重要的资源环境效益。

基于以上情况，2021 年从环保手续履行、环保措施条件、环保措施落实及运行、自主环境管理、减污降碳效益 5 个方面研究构建符合我国水电生态环境保护及管理实际的水电绿色发展指数及评估指标体系。其中，环保手续履行主要考虑项目环评、重大变动、蓄水环保验收、竣工环保验收、后评价等必要手续的履行情况。环保措施条件主要考虑环保措施的全面性和技术水平两个方面，主要选取生态流量泄放及生态调度、分层取水、鱼类栖息地保护、过鱼设施、鱼类增殖放流、陆生动植物保护等重点环保措施开展评估。环保措施落实及运行从"三同时"制度执行和年度运行管理情况两个方面，关注上述重点环保措施的落实及运行情况。自主环境管理则是从企业环境管理体系建设、年度管理工作开展情况、环境信息公开与报送、环保投入与贡献情况、被投诉与行政处罚情况等方面开展评估。减污降碳效益主要是从替代火电的标准煤量替代效率和 CO_2、NO_x、SO_2 的减排效率方面进行评估。最终形成了由环保手续履行、环保措施条件、环保措施落实及运行、自主环境管理、减污降碳效益 5 个一级指标、16 个二级指标、25 个三级指标、50 个四级指标构成的水电绿色发展指数（GHI）。

2．优化调整

2022 年在试点应用情况、资料调研、专家咨询等的基础上，对 2021 年研究构建的水电绿色发展指标体系做了进一步的优化调整，依据我国水电开发全过程生态环境保护及管理要求和水电作为生态类项目的属性，遵循"统一性、公平性、科学性、可操作性"的原则，重点考虑水电项目生态保护工作开展情况（包括生态流量泄放及生态调度、分层取水、鱼类栖息地保护、过鱼设施、鱼类增殖放流、陆生动植物保护等重点生态保护措施的"三同时"制度执行情况、运行管理情况、措施技术水平），同时兼顾"事前、事中、事后"自主环境管理情况，最终形成包括生态保护措施、自主环境管理 2 项一级指标、12 项二级指标、34 项三级指标的水电绿色发展指标体系。优化调整过程中取消了减污降碳效益指标，弱化环保手续履行，将其作为自主环境管理的二级指标，强化生态保护措施，相应优化指标权重及赋分标准。2023 年继续沿用优化调整后的指标体系。

3. 数据来源

评估数据主要来源于环境影响评价共享平台（环评报告、评估报告、环评批复）、全国建设项目竣工环境保护验收信息系统（环境保护验收调查报告、环境保护验收意见）、水电建设项目全过程环评管理调研（企业填报的年度运行管理数据）。

4. 评估方法与分级标准

GHI 是指综合性反映水电开发全过程生态环境保护及管理水平的指数，采取权重加和法，最终指数得分为所有一级指标考核总分值之和，实行百分制，按照式（6-1）计算，指数分级标准和各级指标分级标准见表 6-2。

$$\mathrm{GHI_P} = \sum_{i=1}^{2} F_i W_i^f \tag{6-1}$$

$$F_i = \sum_{j=1}^{J} S_{i,j} W_{i,j}^s \tag{6-2}$$

$$S_{i,j} = \sum_{k=1}^{K} T_{i,j,k} W_{i,j,k}^t \tag{6-3}$$

式中，$\mathrm{GHI_P}$ —— 水电绿色发展指数；

F_i —— 第 i 个一级指标得分，i 是一级指标下标，为 1～2，分别代表生态保护措施、自主环境管理；

W_i^f —— 第 i 个一级指标权重；

$S_{i,j}$ —— 第 i 个一级指标中第 j 个二级指标得分，j 是二级指标下标，为 1～J；

$W_{i,j}^s$ —— 第 i 个一级指标中第 j 个二级指标权重；

$T_{i,j,k}$ —— 第 i 个一级指标中第 j 个二级指标中第 k 个三级指标得分，k 是三级指标下标，为 1～K；

$W_{i,j,k}^t$ —— 第 i 个一级指标中第 j 个二级指标中第 k 个三级指标权重。

表 6-2　水电绿色发展指数及指标分级标准

水电绿色发展指数 GHI、指标赋分值 V	等级
GHI、$V \geqslant 85$	优秀
$70 \leqslant$ GHI、$V < 85$	良好
GHI、$V < 70$	一般

三、评估结果

根据水电绿色发展指标体系及评估方法，基于环境影响评价共享平台、全国建设项目竣工环境保护验收信息系统、水电建设项目全过程环评管理调研相关数据，对 47 个水电站进行评估。

从总体评估结果来看，47 个水电站中 3 个水电站绿色发展水平处于优秀等级，23 个水电站绿色发展水平处于良好等级，21 个水电站绿色发展水平处于一般等级。

47 个项目水电绿色发展指数平均得分处于一般等级，其中排名前 10 的水电站均为2010 年之后的部批项目。部分项目绿色发展水平有较大的提升空间，亟待通过规划跟踪（回顾）评价和项目后评价推动完善生态保护措施体系（表 6-3）。

表 6-3　水电绿色发展指数前 10 项目名单

项目名称	所在流域	环评批复时间	全部机组投产时间	水电绿色发展等级
白鹤滩水电站	金沙江	2015 年 11 月	2022 年 12 月	优秀
乌东德水电站	金沙江	2015 年 3 月	2021 年 6 月	优秀
金沙水电站	金沙江	2013 年 12 月	2021 年 10 月	优秀
苏洼龙水电站	金沙江	2015 年 3 月	2022 年 11 月	良好
黄登水电站	澜沧江	2013 年 2 月	2019 年 1 月	良好
两河口水电站	雅砻江	2013 年 12 月	2022 年 4 月	良好
乌弄龙水电站	澜沧江	2013 年 10 月	2019 年 7 月	良好
大华桥水电站	澜沧江	2013 年 12 月	2019 年 1 月	良好
杨房沟水电站	雅砻江	2014 年 3 月	2021 年 10 月	良好
里底水电站	澜沧江	2011 年 8 月	2019 年 5 月	良好

第七章　陆上天然气管线行业环境评估报告

第一节　行业发展现状

一、油气管线建设成就显著，距离规划目标存在差距

我国天然气管线行业的发展起步于 1963 年，巴渝输气管线的建成，标志着中国天然气管线工程的开始。"十五"至"十一五"期间，我国明确了"西气东输、北气南下、海气登陆"的总体布局思路，并大力推动天然气管线建设的立法工作。此后，经过多个重要工程项目的推动，如陕京一线、"西气东输"工程、中亚天然气管线、中缅油气管线以及中俄东线天然气管道工程等，我国天然气管线行业实现了从无到有、从局部到全国的发展。随着"十二五""十三五"以及"十四五"规划的相继发布，国家不断加大对天然气管线建设的投入力度，完善管网布局，提高干线管输能力，加强区域管网和互联互通管线建设。同时，还注重推进智能化管线建设，提高管线运行的安全性和效率。

2023 年陆上天然气管线持续高速建设，全年新建天然气管线超过 4 000 km，较上年增加约 1 000 km，增长约 33.33%，总里程已达到 12.40 万 km。主要包括蒙西管线一期、潜江—韶关输气管线广西支干线、西气东输三线中段（枣阳—仙桃段）等工程顺利投产；西气东输四线（吐鲁番—中卫段）、川气东送二线等重大工程开工建设；古浪—河口等互联互通项目如期投产，区域管网供气韧性显著增强。近 5 年，天然气管线新建里程稳中有增（图 7-1）。

2023 年我国陆上天然气管线新增储气能力 76 亿 m^3，中原文 24、中原文 23 二期、苏盐张兴等地下储气库建成投产。河北新天唐山、北京燃气天津等接收站陆续投产，全国 LNG 总接收能力达 1.20 亿 t/a。

图 7-1　2015—2023 年陆上天然气管线建设情况

随着中国经济的快速发展，能源消费需求持续增长，天然气作为一种清洁、高效的能源，在能源消费结构中的占比逐渐提高。中国对天然气的需求在过去几年中持续增长，特别是在工业、城市燃气和发电等领域，推动了天然气管线的建设和扩展。《"十四五"现代能源体系规划》对油气管网总规模目标为 21 万 km，《中长期油气管网规划》中提出的 2025 年天然气管网里程应达到 16.3 万 km 的目标，目前建设里程距上述目标仍存在显著差距。在"双碳"目标的背景下，能源结构的优化和清洁能源的推广使用变得尤为重要，天然气作为低碳能源，其管网建设的重要性不言而喻。陆上天然气管线的建设任务依然艰巨。

目前，部分重点天然气管线工程已接近竣工，如西气东输四线工程（吐鲁番—中卫）（1 726 km，建设进度 82%）、西气东输三线中段（中卫—枣阳段）（1 254 km，建设进度 76%）、川气东送二线天然气管线工程川渝鄂段（282 km，建设进度 38%）、中俄东线天然气管线（南通—角直）（155 km，建设进度 89%）等，这些工程的竣工将大幅提高我国天然气的输送能力。同时，为积极响应"双碳"目标，更多重点天然气管线工程正在紧锣密鼓地办理前期手续，如川气东送二线天然气管线工程鄂豫赣皖浙闽段（一阶段）（2 703 km，2024 年底开工）、川气东送二线天然气管线工程川渝鄂段（二阶段）（1 157 km，2024 年底开工）。这些工程的实施，不仅将进一步推动我国陆上天然气管线建设向规划目标迈进，更将为我国能源结构的优化和清洁能源的普及提供有力支撑，助力"双碳"目标的实现。

二、四大进口战略通道全面建成，天然气管网总体规模偏小

近年来，我国陆上天然气能源对外合作不断强化，2023 年，全国进口天然气 1 656 亿 m³，同比增长 9.90%，主要进口来源包括土库曼斯坦、澳大利亚、俄罗斯、卡塔尔等国家。管线气进口量 671 亿 m³，同比增长 6.20%。LNG 进口量 984 亿 m³，同比增长 12.60%（2022 年为−19.50%）。新签 LNG 长期购销协议连续 3 年保持相对高位，新履约长协合同量 914 万 t/a。近 10 年，累计新增 LNG 接收能力超 8 200 万 t/a。全国天然气进口量由 592 亿 m³ 增至 1 656 亿 m³，年均增速达 12.20%（图 7-2）。

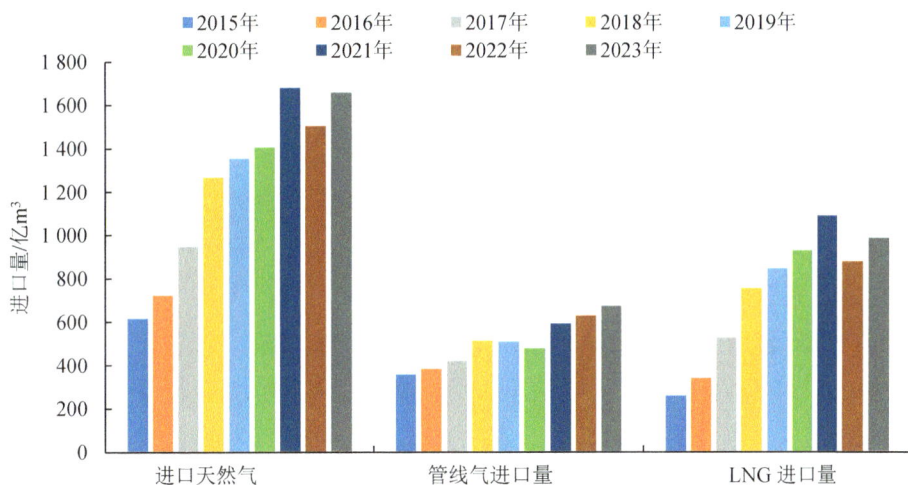

图 7-2　2015—2023 年陆上天然气进口情况

天然气管线建设布局主要围绕进口通道、产气区、消费市场，构建了东北、西北、西南三大陆上进口通道及东南沿海进口通道，以及连接川渝、长庆、西北三大产气区与东部市场的天然气管线，形成了"西气东输、北气南下、海气登陆、就近外供"的格局，天然气基础设施快速发展，互联互通水平显著提升。

目前，我国"五纵五横"骨干天然气管网总体布局基本完成，其中一纵是格尔木—拉萨，主要是青藏天然气管线；二纵是中卫—阳—贵港，主要包括中贵线和中缅管线贵阳—贵港段；三纵是张家口—郑州—长沙—广州，主要包括中俄远东管线南段、新粤浙管线潜江—韶关段等；四纵是中卫—武汉—漳州，主要包括西气东输二线东段、西气东输三线中段和东段等；五纵是安平—济南—上海，主要包括冀宁线、安济线等。

一横是中卫—乌兰察布—张家口—沈阳，主要包括陕京四线和中俄远东管线中段等；二横是中卫—太原—石家庄—北京，主要包括陕京二线、三线等；三横是中卫—郑

州—合肥—上海，主要包括西气东输一线东段；四横是川渝—武汉—上海，主要包括川气东送、川气东送二线和忠武线等；五横是贵港—南昌—上海，主要包括北海 LNG 外输管线、新粤浙管线衡阳—桂林管线和西二线上海支干线等。

《2030 年前碳达峰行动方案》提出，合理调控油气消费，有序引导天然气消费，优化利用结构，优先保障民生用气。在"双碳"目标背景下，我国陆上油气管线发展仍面临着总体规模偏小、布局结构不合理等问题。相比欧美等发达国家和地区，我国油气管网总体规模仍偏小。截至 2023 年底，美国、欧洲地区在役天然气管线总长度分别约 55 万 km、24 万 km，分别占全球油气管线总长度的 40.44%、17.65%，远高于我国天然气管线总长度。从全球各国每平方千米的管线里程（即管网密度）来看，美国、欧洲分别为 0.059 km/km^2、0.022 km/km^2，我国为 0.009 km/km^2。

三、全国一张网总体形成，互联互通能力不断完善

2023 年，国家管网集团油气调控中心天然气省网调度台正式成立，意味着国家管网集团融入省网的集中管控力度进一步加强，有效提升天然气"全国一张网"调控效能，省网业务将从"各自为政"向"集中联动"转变，省际、省内天然气资源调配和管线建设也将逐步由国家管网主导。目前，直辖市及省会城市双气源、双通道供气管网覆盖率为 97%（拉萨市为单气源供气），地级市管网覆盖率为 97%，县级行政单位管网覆盖率为 85%，东部地区基本实现县县通，12 家以上省级管网公司陆续融入国家管网，融入管线里程超过 1 万 km。下一阶段主要发展方向如下。

一是着力扩展资源畅通工程，满足国内气田增产气外输和进口气引进需求，着力扩展西北、东北、海上通道。①扩建西北通道。满足进口中亚气及塔里木国产气、新疆煤制气等增量资源东输需求，消除西气东输系统西段冬季管输瓶颈，规划建成西气东输四线吐鲁番—中卫段、准东煤制气外输管线，开展西气东输四线乌恰—轮南—吐鲁番段、西气东输五线轮南—吐鲁番—中卫段前期工作；②扩建东北通道。满足中俄东线及新增进口俄罗斯远东天然气、东北地区储气库调峰天然气南下需求，开辟东北天然气入关第二通道，规划建成虎林—长春、长春—石家庄天然气管线；③拓展海上通道。满足沿海 LNG 接收站资源外输以及海上气田资源登陆需求，规划建成天津 LNG 外输管线复线、六横 LNG 外输管线等 LNG 接收站外输管线，以及西气东输三线闽粤支干线（漳州—潮州），提高东部沿海地区天然气协同保障能力，保障 LNG 顺利外输。

二是加快构建中东部骨干管网工程，构建中东部地区陆上主干管网，连通资源、市场枢纽点，"N-1"功能显著提升。①满足北气南送需求。规划建成中俄东线南段南通—角直段，实现中俄东线南段全线贯通；②满足西气东输及中南等地区用气需求。规划建

成西气东输三线中卫—枣阳段，开展苏皖豫管线、文 23—安庆、西气东输五线中卫—嘉兴段前期和建设工作；③满足川渝地区增产天然气外输需求。规划建成川气东送二线，实现川渝国产气与长三角地区进口 LNG 资源互补互济；开展铜梁—广州天然气管线、遵义—吉安天然气管线等项目前期工作。

三是有序建设支线管线工程，坚持以市场需求和促进市场发育为导向，科学合理布局支线管线，优化资源和市场配置，加大支线建设力度，减少中间供气环节，扩大管网供气覆盖范围，打通市场供气"最后一公里"。

根据行业公开数据，截至 2024 年 3 月，全国范围内已建成 652 条省内输气干线，其中东部地区以 231 条占比 35.43%，西部地区以 255 条占比 39.11%。在市域层面，共有 4 336 条输气干线，其中东部和西部地区的数量分别为 1 503 条和 1 623 条，占比分别为 34.66% 和 37.43%。然而，从管线分布密度来看，东部地区天然气管线数量高达 9.84 条/万 km^2，远超全国平均水平的 5.17 条/万 km^2，显示出其管网建设相对完善。相较之下，西部地区管线数量仅为 2.73 条/万 km^2，远低于全国平均水平，这不仅与其作为天然气主要产地的地位不符，也限制了清洁能源的有效利用和污染物减排的潜力。西部地区受限于人口分布、经济发展以及复杂的地形地貌和施工难度，其内部天然气管网建设相对滞后，区内主要以长输管线干线进行天然气外输。这种局面不仅加剧了区域供气的不均衡，也限制了清洁能源在更广泛地区的推广使用，从而影响了污染物减排效果。

总的来说，我国区域供气并不均衡，部分天然气干线管线之间仍未实现互联互通，部分省会城市为单气源供气，安全供气保障能力有待提高。即便是建设较为发达的东部地区，天然气管网在环渤海、长三角等局部区域仍存在多处断点和"瓶颈"，随着天然气管网的整合和资源流向的调整，区域互联互通工程亟待实施，这不仅有助于平衡区域供气，提升能源利用效率，还能有效促进清洁能源的替代使用，减少燃煤等传统能源产生的污染物排放，为生态环境保护贡献力量。

四、天然气管线建设生态影响显著，运营期环境风险压力较大

天然气管线建设活动对生态环境的主要影响体现在管线施工作业、站场占地等对周边生态环境的影响，其影响途径如下。一是对土地占用与破坏。占地类型包括临时占地和永久占地。永久占地如站场和阀室等，会改变土地用途，对原有生态系统造成不可逆的影响。临时占地如施工便道、施工作业带等，虽然施工结束后可以恢复，但在施工期间会对土地造成碾压、扰动，破坏地表植被和土壤结构。二是对沿线植被的影响。永久占地、临时占地均会导致陆生、水生生物量损失，对沿线区域的保护植物、农业、牧业或林业生产造成影响。隧道穿越山体对山顶植被将产生一定影响。管线上方及两侧 5 m 内

禁止种植深根系植被，将对原有植被类型有所改变。三是对野生动物的干扰。管线建设会破坏野生动物的食物资源和栖息地，影响它们的生存和繁衍。施工噪声和振动会对野生动物造成干扰和惊吓，影响它们的正常行为。管线建设及运营产生的污染物如施工废弃物、生活垃圾等，可能对野生动物造成直接或间接的伤害。四是对生态系统功能及完整性的影响。管线建设将占用不同类型的生态系统，部分生态系统较为脆弱，如湿地生态系统、荒漠生态系统等，一旦被破坏恢复难度极大。同时管线建设还会切割生态系统的连续性，隔开两侧植被和阻碍动物迁徙，使生态系统结构更加破碎，影响生态系统的稳定性和完整性。五是对生物多样性的影响。在管线施工中，施工开挖河流对上下游水生生物、管廊带对两侧植被、站场阀室等区域物种将会产生一定程度的阻隔影响。

天然气管线建设项目运营期环境风险防范压力较大。天然气主要组分为甲烷、乙烷、丙烷等，具有易燃性、易爆性、毒性、热膨胀性、静电荷聚集性、易扩散性等不稳定特征，运营期存在诸多环境风险隐患。一是设计不合理产生环境风险。如材料选材、设备选型不合理、管线布置、柔性考虑不周、结构设计不合理、防雷、防静电设计缺陷等。二是穿越工程存在环境风险。如在河流穿越中，汛期水量激增的情况下，容易造成河床段管线下切暴露，甚至冲断，同时河岸垮塌严重，也会造成岸坡管线暴露悬空。在道路穿越中，车辆通过时产生的振动会对下埋管线产生应力破坏。三是腐蚀、磨蚀环境风险。当天然气所含固态杂质未被有效清除时，天然气较快的流速会对转弯处管壁产生冲击和磨蚀。阴极保护系统损坏、管线邻近用电设备、极端天气等会使管线防腐层腐蚀，可能导致管线过度变形、穿孔或爆破。四是管线疲劳失效环境风险。管线、设备等设施在交变应力作用下发生的破坏现象称为疲劳破坏，常见产生交变应力行为有管线经常开停车或变负荷以及系统流动不稳定等。五是第三方施工作业产生的环境风险。在城市集中地区，各类城市建设活动较多，涉及穿越、横跨、交叉、碾压天然气管线的第三方施工作业活动也相应更多，在监管措施、手段有限、施工单位驳杂、施工质量不一的情况下，天然气管线运营存在较大环境风险。

总的来说，我国西部地区人口密度相对较小，生态系统结构简单，生态环境相对脆弱，生态恢复以自然恢复为主等客观环境条件，导致区域施工扰动的生态环境影响为天然气管线行业的主要问题之一。我国东部沿海地区，包括京津冀、长三角、珠三角三大城市群，是我国对外联系最为便捷、经济发展程度最高的区域，也是城市人口最为密集的地区，其对天然气的需求量较大，天然气管网建设较为发达，隐藏的生态环境风险也较高。

第二节　环境管理

一、行业环境管理政策

1. 法律法规及管理政策

我国陆上天然气管线行业法律法规及管理政策主要有《中华人民共和国石油天然气管道保护法》《中共中央　国务院关于深化石油天然气体制改革的若干意见》《中长期油气管网规划》《关于以改善环境质量为核心加强环境影响评价管理的通知》《关于生态环境领域进一步深化"放管服"改革，推动经济高质量发展的指导意见》《关于进一步加强石油天然气行业环境影响评价管理的通知》等，这些法律法规及政策对行业的总体规划要求、选址选线要求、环境管理要求等提出了宏观指导意见及原则。

从总体规划要求来看，明确了管线的规划、建设应当符合管线保护的要求，遵循安全、环保、节约用地和经济合理的原则，坚持"保护优先、避让为主"的布局原则，加强对沿线环境敏感区保护，建立健全油气安全环保体系，提升全产业链安全清洁运营能力。

从选址选线要求来看，针对审批中发现涉及生态保护红线和相关法定保护区的输气管线等线性项目，指导督促项目优化调整选线、主动避让，并从穿越位置、穿越方式、施工场地设置、管线工艺设计、环境风险防范等方面进行深入论证；确实无法避让的，要求建设单位采取无害化穿（跨）越方式，或依法依规向有关行政主管部门履行穿越法定保护区的行政许可手续，强化减缓和补偿措施。

从环境管理要求来看，明确管线建设项目应当依法进行环境影响评价，除受自然条件限制、确实无法避让的铁路、公路、航道、防洪、管线、干渠、通信、输变电等重要基础设施项目以外，在生态保护红线范围内，严控各类开发建设活动，依法不予审批新建工业项目和矿产开发项目的环评文件。

上述规划和政策的发布，明确了天然气管线行业的区域布局原则、选址选线原则、环境保护原则等环境准入要求，从战略层面为天然气管线行业环评管理提供了有力的指导方向及工作开展原则，取得了一定成效。

目前，陆上天然气管线尚未发布行业审批原则、环境影响评价技术导则、竣工环保验收规范、环境执法监管手册等相关环境管理政策，在事前、事中和事后阶段的环境管理仍有进一步加强的空间。现阶段行业环评报告在《建设项目环境影响评价技术导则　总纲》及各要素导则、标准的基础上开展相关工作，基本能够满足环评审批的要求，但近年来通过天然气管线行业技术复核、部长信箱、全国环评技术评估服务咨询平台、相关研究等能够看出，缺少上述文件，一是会影响各级审批部门的审批尺度、深度，对天然气管线行业的管理要求存在差异；二是会影响环评编制单位的报告编制质量，导致环保措施针对性不强、评价深度不足等问题出现；三是会影响行业事中事后监管工作开展，施工期、运营期各措施落实时间节点、相关要求和保护恢复目标不明确导致无法有效监管。

2．分级审批情况

2009年、2015年、2019年分别颁布了生态环境部（原环境保护部）直接审批环境影响评价文件的建设项目目录。根据现行的2019年版目录，对于油气管线类建设项目，目前生态环境部仅负责审批跨境、跨省（区、市）干线的管网项目（不含油田、气田集输管网），其他均已下放至地方。

从各省（区、市）对油气管线项目的审批权限下放情况来看，一是大部分省份仅保留了跨地市级行政区的建设项目，其中四川、贵州要求是跨地市级行政区且编制环境影响报告书的项目。

二是少部分省份将涉及环境敏感区的油气管线项目纳入省级审批。如天津市分级审批管理规定涉及自然保护区的建设项目；河南省将涉及省级及以上自然保护区的项目由省级生态环境主管部门审批；新疆、西藏将涉及环境敏感区的项目由省级生态环境主管部门审批；上海市将建设地点位于本市生态保护红线、集中式饮用水水源二级保护区范围内的建设项目纳入市生态环境主管部门审批。

三是个别省份将油气管线项目审批权限完全下放。如宁夏分级审批规定"第四条"自治区生态环境厅可以将跨设区市建设项目环评文件的审批权限委托给实际产生环境影响较大的设区的市级环评审批部门，其他涉及的环评审批部门配合审批。将跨行政区的建设项目下放至环境影响较大的市级环评审批部门审批；新疆生产建设兵团则将油气管线类建设项目全部下放至市县级部门审批。

二、环评审批管理情况

1．陆上天然气管线项目环评审批总体情况

根据全国建设项目环评统一平台数据分析，2023年全国共审批陆上天然气管线建设项目182个，同比增长44.40%，项目投资共计303.38亿元，其中环保投资共计10.50亿元，占比约3.50%。

从审批级别来看，陆上天然气管线行业项目审批主要集中在地市级、区县级，由国家级、省级审批的项目数量较少。2023年由国家级、省级、地市级、区县级生态环境主管部门审批项目分别为3个、11个、88个、80个，占比分别为1.60%、6.00%、48.40%、

44.00%，由地市级、区县级审批的陆上天然气管线项目占比达总审批项目的九成以上（图 7-3）。

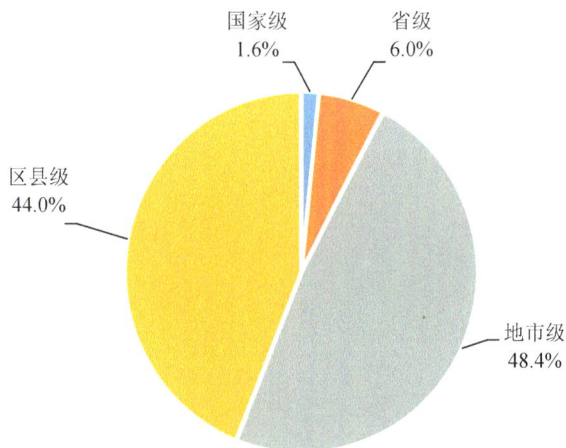

图 7-3 2023 年天然气管线项目审批级别分布情况

从环评文件类别来看，陆上天然气管线行业项目报告书数量略多于报告表数量。2023 年审批天然气管线行业项目报告书 103 个，报告表 79 个，占比分别为 56.60%、43.40%。其中，国家级、省级审批项目均为报告书；市级审批项目中报告书 57 个，报告表 31 个，占比分别为 64.80%、35.20%；区县级审批项目中报告书 32 个，报告表 48 个，占比分别为 40%、60%（图 7-4）。

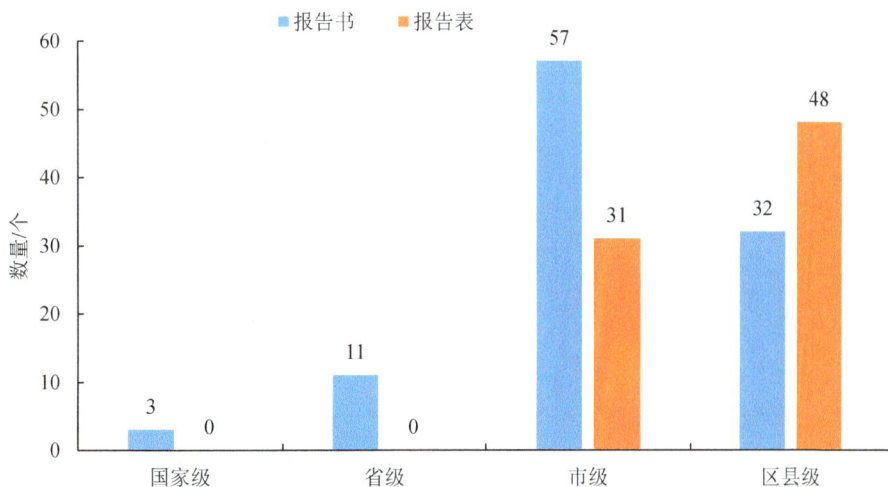

图 7-4 2023 年天然气管线项目审批环评文件类别情况

从建设性质来看，2023 年天然气管线行业项目以新建项目为主。2023 年审批新建项目 132 个，改扩建项目 50 个，占比分别为 72.50%、27.50%。其中，国家级审批均为新建项目；省级审批新建项目 9 个，改扩建项目 2 个；市级审批新建项目 68 个，改扩建项目 20 个；区县级审批新建项目 52 个，改扩建项目 28 个（图 7-5）。

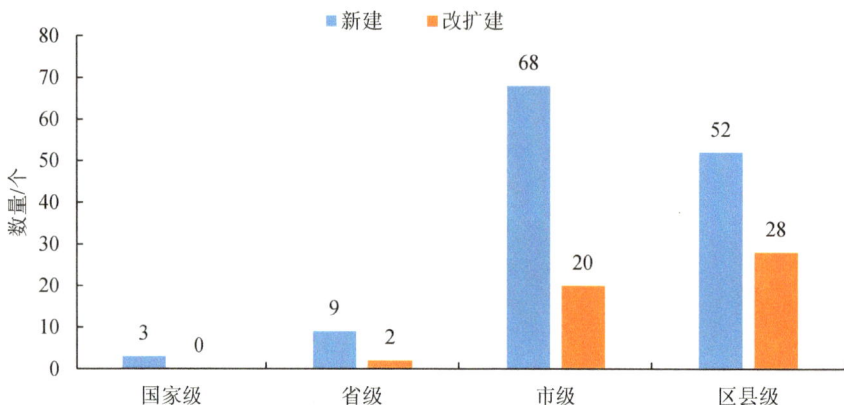

图 7-5　各级审批天然气管线项目建设性质统计

从各省（区）审批数量来看，2023 年审批陆上天然气管线项目超过 10 个的地区包括河北、新疆、四川、安徽、广东、湖南、山西、江苏 8 个省（区），数量分别为 33 个、27 个、21 个、19 个、17 个、14 个、14 个、12 个，占全国总数的 86.30%（图 7-6）。加强天然气管线建设，是保障京津冀及周边地区推进清洁取暖的重要措施，河北省数量较多可能与持续推进清洁取暖改革有关。

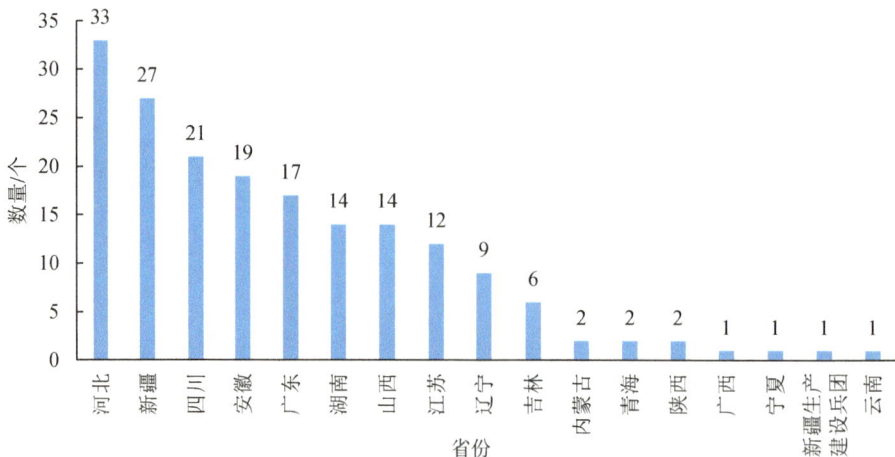

图 7-6　各省份审批天然气管线项目数量

从区域分布及审批层级来看，审批项目区域集中在西部、审批层级集中在市级。本书选取 30 个项目作为环评审批分析抽取项目清单，30 个项目分布于贵州省（5 个）、山东省（4 个）、河北省（4 个）、安徽省（3 个）、四川省（3 个）、山西省（2 个）、广东省（1 个）等 15 个省（区），西部地区共分布有 12 个项目，占比 40%；国家级审批项目 2 个、省级审批项目 9 个、市级审批项目 15 个，区县级审批项目 4 个；天然气输送物质形态包括压缩天然气（26 个）、液化天然气（LNG，4 个），输送气源包括常规气、煤层气、页岩气等。30 个项目新建、改建管线长度共 3 860.33 km，其中 15 个项目新建、改建管线长度大于 100 km，全长共 3 209.33 km，占比 83.14%。

2．陆上天然气管线项目环评审批存在的问题

选取 2023 年投资较大的 30 个陆上天然气管线项目作为典型建设项目，逐个梳理项目的批复文件和环境影响报告书，对比分析各级环评审批情况，具体问题如下。

（1）过半数项目涉及环境敏感区，选址选线工作成效差异较大

与公路、铁路等线形工程受限车站位置限制不同，陆上天然气管线项目选址选线更加灵活，可通过开展区域环境比选工作调整路由避让环境敏感区，但在实际工作开展中，因部分线路过长或环境比选工作不够深入，导致涉及环境敏感区项目仍占多数。30 个项目中，有 20 个项目涉及环境敏感区，但不同级别、不同长度的项目涉及环境敏感区的数量差别较大。如国家级审批项目川气东送二线天然气管线工程川渝鄂段（一阶段）涉及内江市第三水厂沱江对口滩饮用水水源保护区，项目全长 282.77 km，但仅涉及 1 处环境敏感区，该项目选址选线阶段提前与设计单位沟通，从区域角度尽量绕避环境敏感区，在满足工程选线要求下，反复进行路由选线，最终以开挖（陆域）+隧道（水域）的方式穿越水源保护区准保护区。

某省级审批项目涉及金线河省级湿地公园、山东泗河源国家湿地公园、邵庄水源地等 18 处环境敏感区，相较于项目变更前，减少穿越 2 处环境敏感区，同时穿越 12 处敏感区采用定向钻方式穿越，切实降低穿越造成的环境影响，但仍存在 6 处环境敏感区需采用开挖方式穿越。

某市级审批项目涉及印江河泉水鱼国家级水产种质资源保护区（核心区）、谢桥河特有鱼类国家级水产种质资源保护区（核心区）、太平河闵孝河特有鱼类国家级水产种质资源保护区（实验区）、锦江河特有鱼类国家级水产种质资源保护区（实验区）、贵州德江白果坨国家湿地公园和贵州碧江国家湿地公园等 9 处环境敏感区，其中 4 处水产种质资源保护区和 1 处湿地公园采用定向钻穿越，但 3 处水源保护区和 1 处湿地公园保育区采用开挖方式穿越，将对湿地公园生态功能造成一定影响，选址选线工作仍需进一步优化。

某区县级审批项目涉及烟台市沿海防护林自然保护区、烟台龙口市龙口山体生物多样性维护生态保护红线区、胶东丘陵生物多样性维护生态保护红线 3 处环境敏感区，该项目开展了不可避让论证，但除顶管穿越环境敏感区内 1 处道路（80 m）、定向钻穿越胜通能源加气站区域（820 m），其余 11.82 km 均采用开挖方式穿越，未针对环境敏感区内敏感地段采取非开挖方式穿越，环境敏感区段开挖长度占比全线高达 38.13%，未切实降低项目产生的环境影响。

（2）地方环评审批重点不够突出，环境敏感管段关注度较低

按照现行环境影响评价分级审批、分级管理原则，2023 年，全国长输天然气管线项目地市级、区县级审批比例分别为 48.40%、44%，两级总审批项目占行业九成以上。其中地市级审批项目 64.80% 为报告书项目，35.20% 为报告表项目。在生态要素中，部级、省级项目措施明确，强调无害化穿越生态敏感区或敏感水体，明确一般地段或特殊路段施工作业带要求，市级、县级所提要求一般不提及环境敏感区，对环境敏感区没有特殊保护要求，如某市级审批项目涉及 9 处环境敏感区，环评批复未提出针对性要求；在环境风险要素中，部级项目环评明确提出工程拆迁、局部管段设计系数强化等措施，省级提出局部管线设计系数强化措施，市级、县级所提环境风险措施较原则；在水环境要素中，针对施工期管线试压废水，部级、省级允许处理后回用或外排，部分市级、区县级层面未对试压废水提出明确要求，未给出废水去向。运营期生活污水各级管理要求基本一致，要求处理后达标回用且不外排；在固体废物要素中，天然气管线站场分离器检修和清管作业产生废渣，主要为氧化铁粉末、粉尘等。

总体来说，国家级与省级审批项目把握较严、尺度基本一致，有针对性地评价了不同环境敏感的建设项目。各地市（县、区）对管线行业主要环境要素生态、水和环境风险的要求基本一致，略有差异，所提措施基本涵盖了项目施工期、运营期，但未突出项目特点以及环境敏感管段的环境保护管理要求。

三、环保验收情况

1. 总体情况

根据全国建设项目竣工环境保护验收信息系统数据，2023 年上传平台的陆上天然气管线行业竣工环保验收调查报告 204 个，工程实际投资共计约 508.56 亿元，实际环保投资共计约 21.16 亿元，平均占比 4.16%。其中编制报告书项目 84 个、占比 41.18%，编制报告表项目 120 个、占比 58.82%，由部级审批环评的项目 0 个、占比 0%，省级 24 个，占比 11.76%，地市级审批环评的项目 83 个、占比 40.69%，区县级审批环评的项目 97 个、占比 47.55%。

2．抽取项目验收情况及存在的问题

（1）抽取项目概况

本书评估跟踪了 2023 年完成验收的 30 个项目，包括 10 个省级审批项目、10 个市级审批项目、10 个区县级审批项目。30 个陆上天然气管线项目投资共计 172.87 亿元，其中环保投资 7.80 亿元，占比 4.51%。主要分布在浙江省（7 个）、山西省（5 个）、陕西省（3 个）、广东省（2 个）、江苏省（2 个）等 16 个省（区）。

（2）评估内容及依据

本书评估主要关注验收调查报告质量、自主验收程序的规范性两个方面。根据《建设项目竣工环境保护验收暂行办法》（国环规环评〔2017〕4 号），验收调查报告质量主要关注项目建设情况、环保措施落实情况、施工期环境影响调查及生态恢复情况等；自主验收程序的规范性主要关注验收时效、验收公示等是否满足要求等。

根据《油气管线建设项目重大变动清单（试行）》（环办〔2015〕52 号），验收报告主要从规模、地点、生产工艺和环境保护措施四个方面判定是否存在重大变动情形，重点关注线路长度变化、管径及管输量变化、涉及环境敏感区情况变化以及环境保护措施弱化等，结合可能导致环境影响显著变化（特别是不利环境影响加重）界定项目重大变动情况。

（3）验收情况及存在的问题

根据跟踪项目环保验收调查报告，项目总体落实了环保"三同时"制度，环评所提环保措施落实情况总体较好，省级、地市级陆上天然气管线项目存在问题的数量相对较多，区县级因验收项目普遍长度较短、涉及环境敏感区较少、验收报告内容较少，存在问题的数量相对较少，但各级审批的项目存在一些共性问题，主要如下。

一是对工程重大变动判定的分析不足或错误。如某市级审批项目，其管线设计管径变大（由 355.6 mm 变更为 813 mm），设计输气量增加 4.99 亿 m³/a（由 4.66 亿 m³/a 变更为 9.65 亿 m³/a），部分路线发生偏移，该项目环评批复后，设计管径、设计输气量等建设规模均增大，应属于重大变动情形，验收报告未进行分析论证；某区县级审批项目有 2 段线路路由调整，横向最大偏移量分别为 505 m、480 m，管线评价范围内大气环境风险保护目标由 26 处增加至 54 处，验收报告未针对该变动情况进行分析论证。

二是河流穿跨越由无害化方式变更为开挖方式。如某省级审批项目穿越义乌市饮用水水源二级保护区长堰水库时需采用顶管穿越施工方式，项目实际采用顶管穿越长堰水库较大入库溪流，穿越较大入库溪流汇入支流时由顶管调整为大开挖穿越。

三是站场生活污水未采用环评提出的一体化生活污水处理措施。如某市级审批项目，生活污水未采用一体化污水处理设施处理后回用，仅设置化粪池收集并定期清运。

四是站场未落实天然气燃烧放空方式。如某省级审批项目环评要求 3 座站场天然气放空方式为火炬点燃放空，但实际建设放空立管均按不点火设计；某市级审批项目环评批复要求对放空天然气采用带点火功能的放空立管点火燃烧后高空排放，实际建设提出当排放量低于冷排规定值时经放空系统后直接冷排，当排放量高于点火规定值时，火炬将自动点火。

五是未按环评批复要求开展施工期环境监理或监测。如某省级审批项目环评批复明确建设单位应委托有资质的单位开展施工期监理工作，并把环境监理报告作为项目竣工环境保护验收的依据之一。实际验收报告未明确施工期环境监理开展情况，未附环境监理报告；某两个市级审批项目施工期未按照环评及批复要求开展环境监测工作（废气、噪声、废水、植被恢复等）。

六是项目环评类别判定错误仍予以验收。如某区县级审批项目为天然气长输管线，涉及穿越基本农田。根据该项目审批时间对应的《建设项目环境影响评价分类管理名录》（2018 年版）"176 石油、天然气、页岩气、成品油管线（不含城市天然气管线）"环评类别（该项目为 2019 年 1 月批复），涉及基本农田保护区等环境敏感区的应编制报告书。该项目环评类别判定为报告表，判定结果错误，验收时未发现或提及该问题。

第三节　行业环境影响及环保措施

根据陆上天然气管线建设项目环境影响特点，其环境影响主要集中在施工期，施工期环境影响一方面受限于选址选线阶段的环境管理要求，如《"十四五"现代能源体系规划》《国家管网集团公司天然气管道业务"十四五"发展规划》规划的全国陆上天然气管线的布局，总体对管线的走向提出了大致要求；环境准入及管理政策中提到的"优先避让环境敏感区，无法避让的采用无害化穿跨越方式，综合考虑其他因素（居民区、城镇规划区等）开展选址选线工作"；因目前陆上天然气管线行业规划环评编制工作仍处在起步阶段，尚未有取得审查意见的管线行业规划环评，缺少规划环评对行业选址选线的要求。另外，受限于环境保护措施及其落实情况，如环评阶段提出的施工作业带、施工方式、生态恢复的环保措施及要求的落实情况。

结合天然气管线影响途径，聚焦到建设项目层面来说，天然气管线生态环境影响主要体现在对生态敏感区的影响、施工作业带及施工方式的影响和生态恢复的影响。本书选取 2023 年在建项目、已建成验收项目的各关键影响节点，开展环保措施落实情况分析，结合行业典型环保措施技术现状，研究行业主要环境影响及环保措施落实和执行情况。

一、天然气管线建设生态影响突出，选址选线仍需强化

1. 总体情况

陆上天然气管线行业的选址选线是整个工程环境影响的源头预防最重要的一环，从规划角度来看，根据《国家管网集团公司天然气管道业务"十四五"发展规划》，"十四五"期间国家管网集团规划了 100 余项建设项目，经抽取其中 24 个代表性项目，一方面梳理、调查各规划项目沿线两侧各 5 km 范围内的环境敏感区，调查内容包括国家公园、自然保护区、风景名胜区、城市集中式饮用水水源地保护区、文化和自然遗产地、水产种质资源保护区、森林公园、地质公园、湿地公园、沙化土地封禁保护区等。经调查，共涉及环境敏感区 329 处（不包含生态保护红线），其中，穿越 182 处，近距离 147 处。平均每个项目涉及约 14 处环境敏感区。另一方面，对比其中 17 个项目涉及的生态环境分区管控单元中的优先保护单元，经核对，共涉及优先保护单元 358 处，平均每个项目涉及约 21 处优先保护单元。

从管理角度来看，《关于进一步加强石油天然气行业环境影响评价管理的通知》（环办环评函〔2019〕910 号）提出，油气长输管线应当优先避让环境敏感区，并从穿越位置、穿越方式、施工场地设置、管线工艺设计、环境风险防范等方面进行深入论证。高度关注项目安全事故带来的环境风险，尽量远离沿线居民。此外，压气站的站场噪声也是管理及居民关注的重点问题，如异常放空噪声对周边居民的短期影响较大（噪声等级较高，一般为 90~100 dB），但目前缺乏有效的防范与减缓措施，因此在站场（压气站）选址时需尽量避开周围居民点，降低对居民产生的噪声影响。

从行业角度来看，线路选线的原则首先按照《油气输送管道完整性管理规范》（GB 32167—2015）进行高后果区识别，宜避让高后果区，对于无法避让的Ⅲ级高后果区，应进行路由比选论证，针对环境敏感点、水源地以及人口密集区域等会收集相关数据，用于指导路由选择，提前对重点区域进行路由避让。《输气管道工程设计规范》（GB 50251—2015）提出线路宜避开环境敏感区，当路由受限需要通过环境敏感区时，应征得其主管部门同意并采取保护措施。

从环境影响角度来看，天然气管线建设在不同生态敏感区的生态影响及影响程度不同。针对国家公园、自然保护区、世界自然遗产等重要生态敏感区时，管线穿越一般禁止穿越其核心区域，穿越一般区域时，将对其主要功能产生一定干扰。针对自然公园、生态保护红线时，采用开挖方式穿越其核心区域，将对其主要功能产生较大影响，如穿越湿地公园保育区将直接破坏湿地生态系统，甚至导致无法恢复；穿越风景名胜区生态保育区，将直接破坏风景名胜区景观生态及其保护对象，割裂景观；穿越地质公园地质

遗迹保护区将直接或间接损坏地质遗迹；穿越森林公园生态保护区将对其保护植被产生不可逆影响，永久形成管廊带。因此，当管线路由涉及穿越生态敏感区时，需首先通过选址选线，尽量避让生态敏感区，若实在无法避让，再尽量选取非开挖方式穿越。

本书梳理了2023年各级审批的在建陆上天然气管线项目，总体落实了环保选址选线要求，部分项目在环评和设计阶段主动避让部分环境敏感区，有效降低了对管线沿线环境的影响，具体如下。

一是通过局部路由调整，有效避让邻近环境敏感区。如大龙、万山、碧江、高新区天然气管网联络线工程避让了贵州玉屏舞阳河国家湿地公园、锦江河特有鱼类国家级水产种质资源保护区；塔里木油田克轮复线2号阀室至英买力天然气管线工程避让了渭干买力水厂区、红旗闸地下水源保护区等6处水源保护区，全线103 km不涉及环境敏感区。

二是最大限度地避让环境敏感区，确需穿越的均开展了不可避让论证。如辛集—赞皇输气管线工程、中俄东线嫩江支线天然气管线工程、山西永丰新能源科技有限公司煤层气液化储气调峰提氦制氢项目直供管线建设项目，全长均在70 km以上，仅涉及1处河流型环境敏感区或分布较广的生态保护红线，上述项目均开展了不可避让论证与分析。

2. 存在的问题

一是行业选址选线工作仍需加强。从规划项目层面来说，涉及环境敏感区和优先保护单元数量较多，宏观路由仍需进行调整优化，在满足国家总体布局及区域供输需求的前提下，尽量优化规划项目路由；从建设项目层面来说，如某市级审批项目等工程涉及环境敏感区较多，仍存在进一步优化选址选线的空间。

二是行业设计阶段环境保护关注度较低。目前，行业设计文件的环保专篇内容过于简略，环评未能提前介入设计层面。设计选址选线更多考虑的是工程层面因素，未综合区域环境情况开展环境比选工作，对于涉及的环境敏感区关注度不够，对环保措施、设施的设计内容较环评报告、环评批复的要求深度不足。同时，设计文件概算中的环保预算往往无法支撑环评报告、批复所提环保措施及要求，导致措施及要求无法落地，行业设计阶段环境保护关注度仍需进一步提高。

二、施工期环境影响显著，施工作业带设置尚需科学论证

陆上天然气管线为典型的生态影响型项目，其施工期建设对环境的扰动集中体现在生态扰动，而生态扰动的范围则聚焦于施工作业带、施工方式对地表环境的破坏。如施工占地、管沟开挖将会破坏原有的生态环境，导致植被损失、动植物生境破坏、生物多样性的降低等问题；管线穿越河流等水体，将会对区域地表水环境、水生生物等产生影响。

管线工程施工期生态影响范围一般与施工作业带宽度、施工便道相关，而施工作业带宽度与管线管径、施工工艺及地形地质条件等因素相关，因此施工作业带的合理设置、施工方式的合理选取是降低施工期环境影响的主要手段，尽可能减少管线施工的土地占用是降低环境影响的根本措施。

1．施工作业带

（1）总体情况

施工作业带是陆上天然气管线施工前开展地表清理的宽度，代表施工作业对项目所在地生态扰动的范围，同时根据对国内陆上天然气管线的调研，大多数天然气管线在开展生态恢复时，仅对作业带范围内开展简单覆绿，导致生态割裂的宽度往往超过《中华人民共和国石油天然气管道保护法》规定的"在管道线路中心线两侧各5 m地域范围内，禁止下列危害管道安全的行为""种植乔木、灌木、藤类、芦苇、竹子或者其他根系深达管道埋设部位可能损坏管线防腐层的深根植物"。

当前，规范层面关于施工作业带宽度的依据为《油气长输管道工程施工及验收规范》（GB 50369—2014）。按此规范计算所得施工作业带宽度可满足施工需要，但相对而言，并未充分考虑生态环境的影响，尤其是环境敏感脆弱地段。究其原因，建设单位和施工单位更多地考虑建设经费、施工便利性，对生态保护的关注相对较少。如在具备条件的地段采取单侧布管等措施，施工作业带的宽度可进一步压缩，但同时带来施工投资的增加及施工难度的增加；在环境敏感区管段采取手工焊接取代自动焊接等措施，可大幅缩减施工作业带宽度，但同时带来施工工期延长的问题。近年来，从审批环评项目的过程来看，施工作业带宽度压减往往成为审批部门与建设单位及施工单位争论的焦点，一方面反映出建设单位、施工单位对生态保护的意识不强，另一方面也反映出环评审批过程中，对施工作业带压减的要求不够精细。

本书选取了2023年不同级别环评审批的30个建设项目环评文件，分析其在一般地段、经济作物和林地、环境敏感区等不同管段施工作业带要求，其中推荐宽度结合了《油气长输管道工程施工及验收规范》（GB 50369—2014）及国家石油天然气管网集团不同管径管线施工作业带实施数据（表7-1）。

表7-1　不同级别审批陆上天然气管线建设项目施工作业带要求

序号	名称	审批级别	管径/mm	一般地段/m	经济作物、林地/m	环境敏感区/m	推荐宽度/m
1	项目1	国家级	1 219	28	26	26	23～30
2	项目2	国家级	508	16	14	14	14～19

序号	名称	审批级别	管径/mm	一般地段/m	经济作物、林地/m	环境敏感区/m	推荐宽度/m
3	项目3	省级	1 219	30	24～26	24～26	23～30
			1 016	26	24	24	22～28
4	项目4	市级	406	8	未明确	6	13～18
5	项目5	市级	508	20	可适当缩减		14～19
6	项目6	省级	610	18	14	14	18～24
7	项目7	市级	660	16	可适当缩减	定向钻	18～24
8	项目8	区县级	610	15	12	不涉及	18～24
9	项目9	区县级	1 219	26	24	22	23～30
10	项目10	省级	508	14	12	12	14～19
11	项目11	省级	610	15	12	定向钻	18～24
12	项目12	市级	508/323	20/16	13.9/11.6	定向钻	14～19 12～17
13	项目13	区县级	559/406/159	14/13.5/12	未明确	不涉及	14～19 13～18 10～15
14	项目14	省级	508	16	14	14	14～19
15	项目15	省级	711/610	16/16	14/16（公益林）	不涉及	19～25 18～24
16	项目16	市级	711/508	16/15	可适当缩减	不涉及	19～25 14～19
17	项目17	市级	508/323	14/12	10/8	10/8	14～19 12～17
18	项目18	省级	406	12	未明确	未明确	13～18
19	项目19	市级	508	10	5	5	14～19
20	项目20	市级	406	12	未明确	不涉及	13～18
21	项目21	市级	508	12	10	10	14～19
22	项目22	区县级	1 016/323	并行段55/非并行段35/连接线18	不涉及		22～28 并行39.8～45.4 12～17
23	项目23	市级	711	20	未明确	未明确	19～25

序号	名称	审批级别	管径/mm	一般地段/m	经济作物、林地/m	环境敏感区/m	推荐宽度/m
24	项目24	省级	610	15	12	定向钻	18～24
25	项目25	市级	406	12	未明确	不涉及	13～18
26	项目26	市级	813	20	未明确	不涉及	20～26
27	项目27	市级	813	18	22，可适当缩减	不涉及	20～26
28	项目28	市级	323	12	未明确	8（定向钻）	12～17
29	项目29	省级	406	8	未明确	定向钻	13～18
30	项目30	市级	711	18	16（受限地区）		19～25

由表 7-1 可以看出，30 个建设项目中，9 个项目符合推荐宽度要求，6 个项目基本符合推荐宽度要求（差值在 1 m 以内），14 个项目基于推荐宽度进行了不同程度的缩减（减少 2～9 m），1 个项目明显超出推荐宽度要求（增加 7～10 m）。总体来说，相同管径、不同地段的作业带宽度，经济作物、林地段较一般地段少 2～4 m，生态敏感区等特殊地段一般与经济作物、林地段一致。在环评审批中，在满足《油气长输管道工程施工及验收规范》（GB 50369—2014）设计要求基础上，优化管线施工作业带宽度。按照活动施工带减少 2～4 m，100 km 长的管线可减少占地面积 20～40 hm²。此外，部分项目针对水域开挖穿越段，会提出适度增加施工作业带宽度的要求，主要是因为水域开挖往往需要围堰后开挖，加上水域施工条件不如陆地，因此需要更宽的施工作业带进行安全施工。

（2）存在的问题

一是未结合实际情况，施工作业带要求明显不合理。如某 2 个建设项目在经济作物、林地（公益林）管段反而增加了施工作业带宽度，对敏感地段的环境影响有所增加，明显不符合施工作业带设置原则；某建设项目提出在环境敏感区施工作业带为 8 m，但该项目涉及环境敏感区均为定向钻穿越，且穿越点均不在保护区内，因此该项目在保护区内不应存在管线施工作业带，所提要求不符合实际情况。

二是未开展深入论证，施工作业带设置过于宽松。如某 2 个建设项目管径同为508 mm，施工作业带宽度一般管段均为 20 m，同比同年审批其他同管径项目，施工作业带宽度一般为 12～16 m，明显增加了施工期临时占地面积；某建设项目管线非并行段（管径 1 016 mm）施工作业带 35 m、并行段（管径 1 016 mm）管线施工作业带 55 m，明显较推荐宽度偏大 7～10 m。

三是施工方案不够细致，施工作业带宽度落实难度较大。如某 2 个建设项目（管径分别为 406 mm、500 mm）在环境敏感区管段施工作业带宽度分别为 6 m 和 5 m，一般施工作业带至少包含管沟、堆土侧、施工通道（含机械），在 5～6 m 内较难将上述组成完全布置，实际建设时施工作业带宽度落实难度较大，环评文件应给出更加具体的施工方案以便施工单位施行。

2．施工方式

（1）总体情况

陆上天然气管线施工方式以开挖为主，对于河流水体，施工方式除了开挖，还包括顶管、定向钻、钻爆隧道、盾构隧道、跨越；对于山体穿越，施工方式除了开挖，主要还有定向钻、钻爆隧道、盾构隧道等。

从管理角度来看，《关于生态环境领域进一步深化"放管服"改革，推动经济高质量发展的指导意见》（环规财〔2018〕86 号）提出"对审批中发现涉及生态保护红线和相关法定保护区的输气管线、铁路等线性项目，指导督促项目优化调整选线、主动避让；确实无法避让的，要求建设单位采取无害化穿（跨）越方式，或依法依规向有关行政主管部门履行穿越法定保护区的行政许可手续、强化减缓和补偿措施"。从行业角度来看，陆上天然气管线工程穿跨越工程设计需满足《油气输送管道穿越工程设计规范》（GB 50423—2013）和《油气输送管道跨越工程设计标准》（GB/T 50459—2017）的规定。

项目环评阶段需比较不同施工方式的环境影响，满足工程施工方式技术可行的原则，选择环境影响小的施工方式。

1）大开挖和定向钻。对于敏感河流的穿越，大开挖和定向钻的主要区别在于地质条件和场地因素，定向钻施工需要场地条件，受制于卵石地层。目前，国内对于进出端的局部卵石地层采取卵石层内夯管或开挖置换土层的方式。

定向钻穿越受单次穿越长度的限制。穿越长度受钻机功率，钻杆扭矩和管线管径等因素的影响。施工穿越纪录被不断刷新。目前，直径 600 mm 以上单次定向钻穿越的最长纪录为海陆定向钻穿越，最长约 4 735 m，采用双向钻进，中间接头方式；对于河段中间有江心岛的河流，可采取定向钻接力方式穿越或隧道方式穿越。

2）盾构隧道和钻爆隧道。对于需要采用隧道穿越的河流/生态敏感区，可考虑盾构隧道、TBM（岩石全断面掘进）法隧道和钻爆隧道的比选，或根据地形条件和地质条件，选用两种方式的组合。

其中钻爆隧道适用的穿越地层范围宽，成本低，施工组织灵活，可以进出口两头同时掘进，在同等条件下，对围岩破坏和地面沉降影响比后两种方法要大；盾构隧道和 TBM 隧道在全隧道线位中如无竖井，只能单侧掘进，成本较高；盾构隧道适用于松软岩层，TBM 法施工适用于硬岩掘进。

3）隧道和定向钻。隧道和定向钻施工的差别在施工进度，隧道施工较慢，定向钻施工进度快。单根管线进行定向钻施工的成本比单管开挖一条隧道低得多，多条管线共用隧道时，经济性相比定向钻可能更加经济。

4）定向钻和顶管。定向钻和顶管施工差异：定向钻施工穿越长度更长，管线埋深更大，施工穿越的方向性更灵活；长距离穿越的管线采用定向钻施工的成本比顶管低得多，工时少很多。对于河流穿越，也有采用顶管方式的，如中石油黄河穿越，曾采取顶管方式单次穿越 1 200 m，竖井接力 3 次共穿越 3 600 m。

河流穿跨越常见施工方式的特点见表 7-2。

表 7-2　河流穿跨越常见施工方式的特点

穿跨越方式	大开挖	定向钻	顶管	钻爆隧道	盾构隧道（含 TBM）	跨越
适用条件	水深较浅、水流较小的季节性河流	黏土、粉土、亚黏土、砂层和岩石层，以及局部卵石层	黏土、粉土等土且宽度不大的河流	基岩埋藏较浅、透水性差、完整性较好的岩石地段的河流	从松软黏土层到砂砾和岩石均可	两岸陡峭、河床不稳定
穿越长度	受限	受穿越管径及定向钻穿越设备限制	受限	基本不受限制	基本不受限制	受限
施工工期	较短	较短	长	较长	较长	长
工程投资	较低	较低	较高	高	高	高
施工运行及维护	无须大型施工设备，施工速度快；施工质量难以控制，检修困难，影响通航	人员少、占地少、效率高，不受季节天气影响；对地表干扰小，施工精度好，不影响通航，基本达到免维护。但需要管线的预制场地	施工不受季节影响，机械化程度高，安全性好，不影响通航；若地下水位高，竖井施工困难；穿越长度受限	工程质量易于控制，可一隧多用；施工条件差，施工风险性较高，防治水的难度大，维护和运行费用高	机械化、自动化程度高，施工劳动强度低，安全性高，检修方便；施工机械复杂，维护费用高	维护工作量大，施工较困难
对河流水质的影响（含风险）	大	小	小	不大	不大	较大

注：表中所列为一般的定性的原则，工期和投资等定性说明指标可随具体河流的穿越条件和施工方案的条件而存在差异。对于具体河流应在上述原则指导下进行具体分析。

2023 年不同级别环评审批的 30 个建设项目环评文件，分析其在穿越河流、敏感水体、环境敏感区等不同管段采用的施工方式（表 7-3）。

表 7-3　不同级别审批的陆上天然气管线建设项目施工方式

序号	名称	审批级别	小型河流	大中型河流	敏感水体	环境敏感区
1	项目 1	国家级	开挖	定向钻	牡丹江—盾构	关键区域非开挖方式，一般区域开挖
2	项目 2	国家级	开挖	定向钻	开挖穿越Ⅱ类水体（小型河流）	一般区域开挖
3	项目 3	省级	基本定向钻	基本定向钻	黄河—定向钻	关键区域非开挖方式，一般区域开挖
4	项目 4	市级	开挖	定向钻	—	基本采用定向钻，1 处湿地公园采用开挖方式
5	项目 5	市级	定向钻	定向钻	—	基本采用定向钻，1 处地下水水源保护区采用定向钻+开挖
6	项目 6	省级	开挖	定向钻	渭河—定向钻 4 253 m	关键区域非开挖方式，一般区域开挖
7	项目 7	市级	开挖	定向钻	—	定向钻
8	项目 8	区县级	开挖	Ⅲ类水体定向钻	—	不涉及
9	项目 9	区县级	开挖	—	—	基本开挖穿越
10	项目 10	省级	定向钻	定向钻	—	定向钻
11	项目 11	省级	开挖	定向钻	—	定向钻
12	项目 12	市级	开挖	定向钻	—	定向钻
13	项目 13	区县级	定向钻	定向钻	—	不涉及
14	项目 14	省级	开挖	定向钻	—	关键区域非开挖方式，一般区域开挖
15	项目 15	省级	不涉及	不涉及	不涉及	不涉及
16	项目 16	市级	开挖	定向钻	开挖穿越Ⅱ类水体（小型河流）	不涉及
17	项目 17	市级	开挖	—	—	森林公园、湿地公园均为开挖穿越
18	项目 18	省级	开挖	定向钻	—	关键区域非开挖方式，一般区域开挖

序号	名称	审批级别	小型河流	大中型河流	敏感水体	环境敏感区
19	项目 19	市级	定向钻	定向钻	—	定向钻
20	项目 20	市级	开挖	定向钻	—	不涉及
21	项目 21	市级	开挖	—	—	开挖
22	项目 22	区县级	开挖/顶管	—	—	不涉及
23	项目 23	市级	定向钻/顶管	定向钻/顶管	—	关键区域非开挖方式，一般区域开挖
24	项目 24	省级	开挖	定向钻	—	定向钻
25	项目 25	市级	开挖	定向钻	—	不涉及
26	项目 26	市级	开挖	—	—	不涉及
27	项目 27	市级	开挖	—	—	不涉及
28	项目 28	市级	定向钻	定向钻	—	定向钻
29	项目 29	省级	开挖	定向钻	—	定向钻
30	项目 30	市级	定向钻	—	—	—

从表 7-3 可以看出，大江大河一般均采用非开挖方式穿越，环境敏感区中一般涉及水域、保护区核心区、湿地公园保育区、一级保护区等均采用非开挖穿越，水源保护区陆域和准保护区、生态敏感区一般地段存在采用开挖方式穿越的情况，环评审批时，在满足设计要求的基础上，尽可能地优化敏感管段的施工方式。此外，当项目所穿越山体高差较大时，会采用钻爆隧道方式穿越山体。

（2）存在的问题

一是环境敏感区穿越方式论证深度不足，部分项目采用施工方式不合理。如某两个建设项目均采用开挖方式穿越湿地公园，湿地公园具有渗透和蓄水的能力，生态系统一般较为复杂，开挖穿越湿地公园可能会造成较大环境影响，生态修复较困难；部分项目采用开挖穿越小型河流（Ⅱ类水体），可能会对水体水质产生一定影响。

二是全线环境敏感区及河流均采用定向钻穿越，施工方式落实存在困难。如某 3 个建设项目全线穿越河流和环境敏感区均采用定向钻方式，定向钻方式对一般河流和环境敏感区基本无影响，但需要对区域地质条件提前调查清楚，如果没有相应的地勘资料作为支撑，实际建设时，可能存在无法定向钻穿越的情况。

三、推动行业碳减排，行业放空回收利用技术仍需推广

近年来，随着全球气候变暖问题的日益严峻，减少温室气体排放、控制气候变化已

成为国际社会的共识。中国作为世界上最大的发展中国家和碳排放国之一，积极承担国际责任，提出了"双碳"目标。《中共中央　国务院关于完整准确全面贯彻新发展理念做好碳达峰碳中和工作的意见》提出到 2025 年，单位国内生产总值二氧化碳排放比 2020 年下降 18%；《关于建立碳足迹管理体系的实施方案》提出优先聚焦天然气等重点产品，制定发布重点产品碳足迹核算规则标准。在碳达峰碳中和的背景下，陆上天然气管线行业碳排放的环境影响不容忽视。

1. 天然气管线行业碳排放影响

天然气主要成分甲烷是一种强温室气体，其在 100 年尺度范围内的增温潜势约为二氧化碳的 28 倍。天然气在长输管线输配的过程中，因维修、设备故障及缺陷等多方面原因，会导致各种计划性和非计划性放空，使大量天然气被排放到大气中。若不能有效控制天然气放空量，不但会造成大量的能源浪费，还将削弱使用天然气作为清洁能源带来的气候效益。虽然目前天然气管线行业还没有纳入建设项目碳排放环境影响评价试点，但在"双碳"目标的背景下，天然气管线行业的天然气碳排放不容忽视，甲烷减排需求更为迫切。

长输管线天然气放空按照不同原因分为紧急放空和计划性放空。紧急放空往往是因为发生管线泄漏等事故采取的处置措施，计划性放空多是管线停运、计划性改线、新建管线连接、管线隐患治理等需要。天然气直接放空外环境，不仅不利于环境保护及温室气体排放控制，同时也造成了较大的经济损失。

目前，站内清管作业、分离器检修及超压放空排放的天然气一般有冷放空和人工点火系统点燃两种排放方式。采取的环境保护措施一般有加强设备维护与管理，确保天然气站场设备和管路的正常运行，减少天然气放空次数；站场放空采用人工点火系统点燃排向高处的排放方式，尽量不采用冷放空直接排放天然气。

2. 碳减排技术措施——天然气放空回收利用技术

放空天然气的回收按照回收和转运方式分为在线回注和非管输储运。在线回注是指利用压缩机等设备提高气体压力迫使待回收气体进入在用输气管线，或者将高压放空气体导入压力较低的管线的回收方式，目前较为成熟的在线回注方案主要利用压缩机进行增压回注管线。基本流程为：在站场放空管线上安装通径球阀，对放空天然气进行节流，节流天然气经压缩机增压后，重新注到上下游管线或分输管线，达到回收利用的目的。工艺原理图见图 7-7。在线回注方案无须再次考虑回收后天然气的运输和二次利用问题，最切合管线放空实际特点，技术成熟，经济性佳，是目前国内外管线气回收最广泛采用的技术方案。

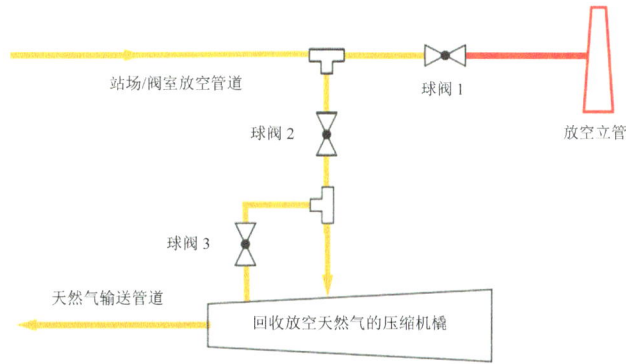

图 7-7　压缩机回收放空天然气工艺原理

非管输储运是指利用压缩（CNG）、液化（LNG）、吸附（ANG）、水合物（NGH）等方法进行存储、运输及再利用。目前较为成熟的是利用压缩（CNG）方式，CNG 回收方式技术原理与采用压缩机在线回注天然气相同，是一种通过压缩机将脱水后的天然气进行压缩处理的技术，将管线放空气增压到 20～25 MPa，再将其储存到对应的拖车中再利用，输送至城市的各个加气站，同时还可以将高压天然气的气压降级至 1.6 MPa 之后存入存储罐，又或是直接降压后进入城市的管线网络。在车用燃料和油气田边缘气体回收领域应用较多，相比其他非管输储运方式，有较强的适应性。采取该技术回收低压天然气的优势主要表现在以下几个方面：首先，该技术在我国已经较为成熟，使用的设备也比较简单，成本支出较小且容易操作，使用不同排量的压缩机或是制作移动式的撬装设备还可以实现大范围的低压天然气回收。其不足之处在于压缩机排量不大，尤其是单机，能够处理的燃气量较小，拖车的运输量也不大，单车运气量 4 000～8 000 标准 m³，适用于站场放空量较小的工况，不适用于大管径长输管线大规模放空和短时间内完成回收的时间要求。

3．天然气放空回收利用技术应用案例

（1）西气东输公司实现首次天然气长输管线放空回收

2024 年 2 月 29 日，国家管网集团西气东输公司首次在长宁线 3# 阀室，使用移动车载式管线气回收压缩机组，历时 16 h，将长宁线 1#～3# 阀室间 54 km 管段天然气压力由 3.91 MPa 降至 1.03 MPa，并经过收集、过滤、加压、冷却后重新注入 3# 阀室下游管线内，共回收天然气 24.72 万标准 m³，减排量达到 0.37 万 t 二氧化碳当量。实现绿色低碳、节能减排。本次回收作业高质量完成现场工艺管线连接、气密性试验、氮气置换及回收现场保驾等工作。

（2）西部管线公司"阶梯降压+天然气回收"

2024 年 5 月 25 日，西部管线公司通过采取"阶梯降压+天然气回收"系统处理方案，首次实现大口径天然气管线干线动火"零排放"、首次实现天然气站场动火作业放空回收。

西气东输二线、三线 8#阀室联通改造工程，通过 6.2 h 阶梯降压及 39 h 外接压缩机回收的方式，共计回收天然气 558.50 万 m^3，减少碳排量 8 170 t，相当于种植 2.50 万 hm^2 的阔叶林、460 hm^2 白杨树 10 年的碳汇量，实现了"零碳动火作业"。

4．存在的问题

一是现有放空回收机组回收速率不足，响应速度慢，作业时间较长。高压力、大口径、长距离输气管线输送任务大、保供压力重、影响范围广，要求完成作业时间短，尽可能减少社会影响，其作业管段的天然气放空一般控制在 10～12 h 完成。以长宁线 1#～3#阀室回收利用为例，使用车载移动式管线气回收压缩机组，仅安装连接、试压测试等准备工作就需要 7 d 以上的时间，回收历时 16 h，安装准备响应时间偏长，回收作业时间有待进一步缩减。

二是已建天然气管线站场没有预留回收接口，管线连接不便。由于现有天然气管线和阀室在设计时没有考虑放空气回收作业的需求，没有预留合适的接口，现有放空气回收作业在实现管线与机组连接时需要进行多项改造和施工，部分工作较为烦琐，耗时较长。

三是缺少相应的规范和标准。目前还没有长输天然气管线放空回收技术的应用规范的标准，存在技术标准不统一、连接安装操作不规范等问题。

四是放空回收设备一次投资成本大，闲置时间长，行业推广阻力较大。天然气管线回收利用市场规模不确定性大，经济效益和成本投入差别较大，天然气管输企业开展天然气放空回收利用的内生动力不足，同时因现有技术和现有站场情况，回收利用技术全面推广道阻且长。

四、天然气储运泄漏风险大，智能化改造应用尚需强化

1．行业主要环境风险

陆上天然气管线运输的介质为不同形态的天然气，其主要成分为甲烷，具有易燃易爆的特性。一旦天然气管线发生泄漏，这些泄漏的天然气不仅会对大气环境造成污染，还可能因遇明火或高温而引发火灾和爆炸事故，事故燃烧过程中产生的伴生/次生污染物会对周边环境及居民生命财产安全构成严重威胁。总的来说，提升管线的本质安全可以减少事故发生的概率，事故发生后及时发现和处理能够降低事故产生的影响，做好应急预案则能减少居民及环境的损失。

2．环境风险防范及应急措施

经梳理陆上天然气管线行业环境风险防范及应急措施，一般分为几个方面。一是强化管线本质安全措施。如按设计规范提升管线设计系数、强化管线防腐等级、增加管线壁厚、增加管线并行间距、增加管线与敏感点间距等。二是强化环境风险防范措施。如全线采用监控与数据采集（SCADA）系统，监控阀室设置远程终端装置（RTU），站场设置站控系统（SCS）和安全仪表系统（SIS）；站场调压撬设置工作调压阀、监控调压阀和安全切断阀，管线进出站场处设置紧急切断阀（ESD），监控阀室设置截断阀。沿线采用气液联动全焊接埋地球阀，确保事故状态自动紧急切断；站场和阀室装置区等处设置防爆可燃气体检测仪，配备可燃气体报警控制器；做好设备和管线防雷、防静电接地，在存在火灾爆炸危险的场所按要求配置消防设施。定期进行管线壁厚和内腐蚀检测等。三是加强区域应急预案联动。如针对各种环境风险事故类型提出环境风险应急预案编制要求，明确企业应急预案应与相关部门预案衔接，并向生态环境部门备案。各站场均按《突发环境事件应急管理办法》要求配备应急物资。针对管线泄漏及火灾爆炸事故产生的废气污染物提出了环境监测计划，明确环境空气项目、监测点位和监测频次，及时开展地方政府和管线两侧及场站周边居民的应急演练工作等。

3．智能化技术应用情况

当前，行业内已广泛应用了一系列数字化技术与设备，如 SCADA、SCS、SIS、ESD、RTU 及各类调压阀和安全切断阀，这些系统在快速响应事故、保障管线安全方面发挥了重要作用。

面对技术迭代与行业发展的新形势，陆上天然气管线行业正积极拥抱智能化的浪潮，力求通过技术创新提升运营效率与降低环境风险。2017 年，中国石油天然气集团有限公司在中俄东线天然气管道工程上的"智能工地"与"智能管线样板工程"实践，为行业树立了典范。该项目通过"互联网+"等手段，不仅优化了管理模式与运作机制，更以智能化为核心，探索出了一条适合天然气管线行业特点的创新发展之路。这一实践不仅提升了工程建设的智能化水平，也为后续项目的智能化改造与建设提供了宝贵经验和示范效应。一方面通过集成各类安全预警系统实现各类预警数据整合，用一张图综合展现各类报警数据，实现报警信息联动。光纤预警系统发出报警信息以后，可以迅速对比摄像头视频信息，实现风险综合分析，将预警时间有效缩短。另一方面通过建设可视化系统，将站场、设备设施、线路等静态数据，站场、线路泛在感知动态监测数据以及生产运行参数数据接入系统，通过三维可视化、线路 GIS（管线配备 GPS）、实时数据图标以及站场虚拟现实（VR）、视频动画进行展示，迅速掌握事故点位，将响应时间大幅缩短。上述措施有效降低了陆上天然气管线环境风险的潜在环境影响。

4．存在的问题

一是现有数字化设备投入使用过早，亟须升级换代智能化系统。目前大多数字化设备早在 2000 年便逐步投入使用，单一数字化设备不仅在性能上可能无法满足当前标准，还可能成为安全生产的潜在风险点。

二是智能化设备需从施工期开始安装，现有管线升级投资成本过高。如管线附带的 GPS 系统、沿线智能监控系统等均需在施工期进行安装，既有管线安装难度较大且缺少该部分投资费用。

五、行业生态恢复成效总体较好，尚未形成标准和规范

天然气管线生态恢复需根据不同生态类型、不同地形地貌进行，生态恢复要求较高。在不同生态类型区，管线建设生态影响及生态修复难度不同。如在沙漠及荒漠戈壁区，风蚀作用较为强烈，地表植被覆盖度较低，管线施工活动将破坏地表保护砾幕层，加快土壤侵蚀，可能会使固定沙丘变为半固定或流动沙丘，因此在该区域开展生态恢复，需在施工前保护好砾幕层，施工结束后按顺序回填，同时对砾幕层进行生态监测；在黄土丘陵区，区域土体结构疏松，开挖管沟易改变地貌形态，加剧水土流失，同时也将加重黄土的湿陷和潜蚀现象，因此在该区域开展生态恢复需因地制宜，种植乡土物种，注重植被搭配；在不同地形地貌条件下，管线敷设对生态影响及生态恢复难度有所不同。地形平坦路段，施工开挖与敷设作业扰动相对较小，施工结束后生态修复难度低；丘陵山区路段，需采用横坡敷设、V 字形爬坡等敷设方式，甚至需沿半山腰修建施工道路，岩石段则要先劈山炸石铺路，然后再炸出管沟，其施工过程将对山区植被造成较大的破坏，且施工结束后生态修复难度大；高山沟壑区，一般采用隧道穿越，隧道开挖中产生大量弃渣，弃渣场占用土地资源，需根据弃渣场的结构与堆存方式，有针对性地开展生态恢复，难度较大。

本书结合 2023 年 30 个竣工环保验收的建设项目验收报告及调研情况，分析其永久占地和临时占地的生态恢复成效，总体情况如下。

1．施工作业带恢复

陆上天然气管线行业生态修复工作在各级审批的环评项目中基本均有提及，但一般都是施工完成后再进行恢复，部分地区气候环境条件较好，植被生长速度相对较快；部分地区优先使用原生表土和选用乡土物种，防止外来生物入侵，构建与周边生态环境相协调的植物群落，施工作业带恢复总体上满足验收要求。

当部分项目生态恢复时，注重灌草结合，尽管景观割裂情况仍然存在，但总体恢复效果不错。如粤西天然气主干管网阳江—江门干线项目（省级审批），调查发现植被覆盖度

恢复到 50.51%，因地制宜采用在耕地段避开作物生长季节，及时修复破坏农田并复耕，城镇绿化带内种植了草皮、花草和灌木等；部分荒地经过土地整治和自然恢复，在管线上方种植的植被种类与原始生态植被相似，恢复效果良好（图7-8）。

林地段

耕地段

站场恢复情况

坪迳水库饮用水水源二级保护区陆域恢复

图7-8　粤西天然气主干管网阳江—江门干线项目

2. 施工场地恢复

施工场地的生态恢复也是陆上天然气管线项目的重要生态关注问题，施工场地因占用时间较长，对于表土保存、生态恢复措施落实、恢复效果等方面要求较高。岳阳—巴陵—长岭—临湘天然气支线管线工程（省级审批）通过修建护坡、堡坎、排水沟、分层开挖等保护措施，边弃渣边恢复，基本完成复绿。粤西天然气主干管网肇庆—云浮支干线项目（省级审批）多处使用定向钻方式穿越河流，在施工完毕后对场地进行场地清理和土地整治，对泥浆池进行填埋后覆置表土，然后及时开展生态恢复，项目多处定向钻施工场地基本恢复成原有地貌。中俄东线天然气管线工程明水—哈尔滨支线项目（省级审批）在环评阶段采用定向钻+开挖方式穿越通肯河约 2 634 m，采用定向钻方式穿越呼兰河约 4 606 m，采用开挖方式穿越泥河，实际建设时，鉴于沿线所穿越的河流隶属于松花江水系，水资源较为丰富，开挖全部调整为定向钻方式，并选择合适的穿越位置，尽量避开鱼类"三场"，选择枯水期，避开雨季和汛期，以减少洪水的侵蚀。此外，在施工中做到了分段施工，随挖、随运、随铺、随压，不留疏松地面，防止水土流失，生态恢复效果较好，基本恢复成未扰动区域（图 7-9）。

岳阳—巴陵—长岭—临湘天然气支线管线工程弃渣场恢复

粤西天然气主干管网肇庆—云浮支干线项目定向钻穿越场地恢复

通肯河穿越点　　　　　　　　　　　　　呼兰河穿越点

中俄东线天然气管线工程明水—哈尔滨支线项目泥河穿越点

图 7-9　部分项目施工场地恢复情况

3. 存在的问题

　　一是部分项目验收时生态恢复效果未达到复绿标准便通过验收。如某市级审批项目，项目本身地处浙江南部地区，但部分管线路由表土仍处于裸露状态，站场和阀室周围土地也存在大片裸地，生态恢复效果较差（图 7-10）。主要因为项目采用"林下撒播植草，草籽选择狗牙根"的单一植被配置，虽然短期恢复效果好，但难以形成自行演替的群落，需要后续再次进行修复。

管线穿越段

站场和阀室恢复情况

图 7-10　云和—龙泉天然气管线工程项目

二是生态恢复缺少标准和规范指导恢复工作开展。我国疆域辽阔，不同地区的生态环境差异较大，生态恢复工作开展的成效差异较大，不同企业自验收标准同样存在差异，主要是因为缺少标准和规范的指导，无法明确不同地区的生态恢复目标，不同地区应采用的生态恢复方法和植被搭配，无法统一施工期、运营期生态恢复开展的程序和时效，生态恢复无法得到有效管理和监督。除部分项目能够明确给出恢复前后的植被覆盖度及情况对比以外，多数项目仍是通过观感人为判断，导致少数项目生态恢复流于形式，效果较差。

第四节　行业绿色发展水平评价

本书综合考虑陆上长输天然气管线环境影响特点，从生态保护与修复、污染治理、环境风险防范、环境管理、碳排放五大部分，研究建立了绿色评价指标体系及赋分标准，并对 12 个已完成环保验收正常运行的陆上天然气管线项目开展了试点评估应用，本书从降碳（碳减排成效及技术应用）、增绿（生态保护及修复）等方面考虑，突出了陆上天然气管线的行业特点及其绿色发展水平评价指标。

一、评价指标体系构建

天然气管线行业是典型的生态影响类行业，其特点是以施工期的生态环境影响为主，运营期的污染影响较小，同时存在天然气（甲烷）放空排放的影响，虽然现阶段天然气管线行业的碳排放未纳入重点行业环评试点，但在全球气候变暖和"双碳"目标和战略部署背景下，天然气管线行业的甲烷排放影响也不得不引起重视。本书综合考虑陆上天然气管线环境影响特点，借鉴其他行业绿色评价指标体系，在上一年度油气管线评价指标体系的基础上进一步优化完善，建立天然气管线行业绿色评价指标体系，以期评价天然气管线行业绿色发展水平。

评估数据主要来源于全国建设项目环评统一审批系统和全国建设项目竣工环境保护验收信息系统中的环评报告、环评批复、验收调查报告和验收意见等文件。

根据天然气管线行业环境管理政策要求，考虑天然气放空影响及甲烷排放控制技术应用情况，遵循"客观性、科学性、代表性和可操作性"的原则，以生态保护与修复为主，兼顾行业污染治理、环境风险防范、环境管理、碳排放控制水平，构建了陆上天然气管线行业绿色发展评价指标体系。陆上天然气管线绿色发展评价指标体系共分3层，包含 5 项一级指标、12 项二级指标、29 项三级指标，一级指标包括生态保护与修复（42分）、污染治理（22 分）、环境风险防范（20 分）、环境管理（10 分）、碳排放（6分）五大部分，二级指标主要区分环境敏感区与一般路段，以及运行期站场废水、噪声、固体废物处置要求。其中，鉴于天然气管线行业项目工程组成较为多样，部分指标为非通用型指标，当建设项目不涉及某一级指标时，其权重将按同级其他指标所占比例进行分配，具体绿色评价指标及赋分标准见表7-4。

根据各项指标综合得分，初步将行业绿色发展水平分为优秀（总分≥85）、良好（70≤总分≤84）、一般（总分≤69）三级。

表 7-4　陆上天然气管线管线绿色发展水平评价指标体系

一级指标	一级指标权重	二级指标	二级指标权重	三级指标	三级指标权重	赋分标准
生态保护与修复	42	生态敏感区	22	施工作业带	6	生态敏感区施工作业带宽度较一般路段缩减且落实的，根据缩减程度得 5～6 分；局部路段施工作业带宽度超出缩减要求的，根据超出情况得 2～4 分；未提出或未落实施工作业带宽度缩减，得 0 分
				生物多样性保护	5	管线路由避让了重要生境、鱼类"三场"，得 5 分；施工期未发生滥杀野生动物，部分路段穿越措施重要生境、鱼类"三场"，采取无害化方式穿越的，根据无害化跨越比例得 2～4 分；未提出生物多样性保护相关措施，得 1 分；出现施工人员滥杀野生动物的，得 0 分
				生态恢复措施	4	临时占地均采取生态恢复，植物配置以乡土植物为主，未造成外来植物入侵，生态恢复效果好，得 4 分；植物配置以乡土植物为主，生态恢复效果需加强，根据生态恢复情况得 2～3 分；临时占地生态恢复一般，得 1 分；存在外来植物入侵，得 0 分
				施工时间控制	3	完全落实环评及批复提出的施工时间限制要求，得 3 分；部分落实环评及批复提出的施工时间限制要求，根据落实情况得 1～2 分
				废水弃渣清运	2	废水弃渣清运至生态敏感区外，得 2 分；废弃泥浆固化后就地填埋的，得 1 分；废水废渣进入河流的，得 0 分
				表土剥离	2	实施表土剥离、单独堆存、分层回填措施，得 2 分；未实施的，得 0 分
		水环境敏感区	14	无害化穿跨越方式	6	敏感水体路段基本采取无害化穿跨越措施，得 4～6 分；部分采取无害化穿跨越措施，根据无害化跨越比例得 1～3 分；均未采取无害化穿跨越措施，得 0 分
				河流地貌恢复	4	河流穿越管段采取恢复良好，得 4 分；河流地貌恢复一般，根据地貌恢复情况得 1～3 分；未恢复造成水土流失，得 0 分
				施工废水排放	4	施工废水拉运至敏感水体以外处理，得 4 分；回用于场地绿化、洒水降尘，得 1～3 分；施工废水排入水环境敏感区，得 0 分

一级指标	一级指标权重	二级指标	二级指标权重	三级指标	三级指标权重	赋分标准
生态保护与修复	42	一般路段	6	施工作业带	2	完全落实施工作业带宽度要求，得2分；局部超过或未提出施工作业带宽度，得1分
				耕地保护措施	2	施工期避开农作物生长期，分层开挖、分层堆存、分层回填的耕作土保护要求，得2分；仅采取分层开挖、分层堆存、分层回填措施，得1分
				生态恢复情况	2	一般地段临时占地生态恢复效果良好，得2分；生态恢复效果一般，得1分
污染治理	22	污废水治理措施	10	生活污水治理措施	5	各站场生活污水经处理后回用、纳入市政管网或依托污水处理厂，得5分；站场生活污水经预处理后外排或定期清掏的，根据排放去向敏感程度得2~4分；未明确去向的，得1分
				生产废水治理措施	5	站场生产废水由封闭式储罐收集定期清运，得4~5分；站场采用收集池收集废水定期清运，得2~3分；采用收集池收集废水蒸发处理的，得1分
		噪声防治措施	6	站场选址	3	各压气站评价范围内无声环境保护目标，得3分；周边有声环境保护目标，视情况得1~2分
				高噪声源降噪措施	3	不存在声环境保护目标，压缩机组等高噪声源设备均采取隔声、降噪措施的，得2~3分；周边存在声环境保护目标的部分压气站、站场未采取隔声、降噪措施，根据有无措施情况得0~1分
		工业固体废物处置措施	6	生活垃圾处置措施	2	站场生活垃圾经收集后交由市政环卫部门处理的，得2分；生活垃圾自行拉运填埋至指定地点的，得1分
				生产废物处置措施	2	各站场生产废物经收集后交统一清运处置的，得2分；生产废物自行收集、填埋至指定地点，得1分
				危险废物暂存间	2	各站场均设置危险废物暂存间，得2分；存在站场收集危险废物，但未设危险废物暂存间，得1分

一级指标	一级指标权重	二级指标	二级指标权重	三级指标	三级指标权重	赋分标准
环境风险防范	20	环境敏感区	15	线路设计优化	5	对集中居民区提出绕避或落实拆迁措施，得 4～5 分，敏感路段提出增设阀室，得 2～3 分，未提出或未落实优化措施，得 1 分
				设计系数强化	5	集中居民区管段提高设计系数，采用加强级 3 层 PE 防腐层，得 4～5 分；仅提高管线设计系数，得 2～3 分；未采取强化管线设计系数的，得 1 分
				应急物资配备	5	站场配备环境风险应急物资、装备，得 4～5 分；局部路段配备应急物资、装备，得 1～3 分，未配备环境风险应急物资、装备的，得 0 分
		一般路段	5	监视与控制系统	2	全线设置监控与数据采集、远程控制系统的，得 2 分；部分设置监控与数据采集系统的，得 1 分
				管线定期检查情况	2	定期开展管线巡检、系统稳定性检测、内腐蚀与壁厚检测，得 2 分；未提出定期巡检、检测的得 1 分
				应急预案培训与演练	1	制定环境风险应急预案，定期开展应急培训与演练的，得 1 分；未开展应急培训与演练的，得 0 分
环境管理	10	环保"三同时"	3	环保"三同时"执行	3	依法开展了环评（包括重大变动）、竣工环境保护验收、后评价等，未发生环境违法事件，得 3 分；存在未批先建、未按要求完成竣工环境保护验收、可能存在重大变动等其中任何 1 项情形的，根据存在情形数量情况得 1～2 分
		环境监理监测	3	环境监理监测落实情况	3	施工期按要求开展了环境监理、环境监测，得 3 分；未落实环境监理、环境监测，根据实际未落实数量，得 1～2 分
		环境监测	4	达标情况	4	废水、废气、噪声等环境监测污染物达标排放，得 4 分；根据要素超标数量情况，得 1～3 分
碳排放	6	天然气放空情况	6	天然气放空形式、回收利用情况	6	开展天然气放空回收利用应用得 6 分；采用点火放空形式得 4 分；采用冷放空得 1 分

二、评价结果及分析

根据陆上天然气管线绿色发展水平评价指标体系，基于全国建设项目统一审批系统、全国建设项目竣工环境保护验收信息平台等数据，选取 12 个已完成环境保护验收（地方项目以 2023 年完成验收为主，国家级 2023 年无完成验收项目）正常运行的天然气管线项目作为本次评估对象，选取对象的审批级别涵盖生态环境部批复项目、省级批复项目、地市级批复项目及县级批复项目。

评价结果显示，选取的 12 个陆上天然气管线项目绿色发展水平分数在 63～89 分，其中 7 个项目绿色发展水平处于良好及以上水平，占比 58.33%。

从绿色发展水平上来看，中俄东线天然气管道工程（黑河—长岭段）（以下简称中俄管道）、中国石化青宁输气管道工程 2 个项目绿色发展水平为优秀，得分分别为 85 分和 87 分；中俄东线天然气管道工程（长岭—永清段）等 5 个项目绿色发展水平为良好，得分在 75～83 分；其他 5 个项目绿色发展水平为一般，得分在 63～67 分。

从绿色发展指标的一级指标的平均得分率来看，天然气管线行业在生态保护与修复得分率为 78.77%，污染治理得分率为 75.76%，环境风险管控得分率为 73.75%，环境管理得分率为 97.50%，碳排放管控得分率为 29.17%。通过以上分析可以看出，天然气管线行业在环境管理和生态保护与修复方面已经达到了较好水平，但在碳排放管控方面仍有待进一步提升。据了解，目前绝大部分天然气管线站场均是以冷放空为主，仅有少数的输气量较小的站场采用火炬燃烧放空。而在天然气放空回收利用技术应用上，目前还仅处于探索和示范阶段，远远没有达到大规模应用阶段，下一步应加强天然气管线行业天然气放空回收利用技术的研究和推广应用。

陆上天然气管线项目绿色发展水平的差异主要体现在"生态保护与修复"和"环境风险管控"两个方面，具体体现在生态敏感区内施工作业带控制、环境敏感区内线路设计优化、应急物资配备等指标。相较于市县级审批的项目，省、部级审批的项目在生态保护与修复和环境风险管控方面做得较好，相关措施和要求较为全面合理，相应的得分也更高。市县级审批的项目所提生态保护措施较为原则，对环境敏感区路段提出的生态保护措施和要求不够严格，相应的得分也更低，如某市级审批项目所提生态保护措施较为原则，对环境敏感区路段提出的生态保护措施和要求不够严格，相应的得分也更低。由于行业性质，陆上天然气管线项目站场运行期污染源强小，污染治理指标差值较小。以下就中俄管道（黑河—长岭段）作为典型优秀案例进行深入剖析。

1．生态保护与修复

中俄管道管径 1 422 mm，一般路段施工作业带 35 m 以内，自然保护区路段 32 m 以内，符合推荐施工作业宽度要求；管线施工时避让了鱼类"三场"，敏感水体基本采用无害化穿越，自然保护区内小型水体穿越选取枯水期开挖施工，施工废水明确不排入环境敏感区；做好野生动物保护工作，针对沿线动物及鸟类提出保护措施，施工避开野生动物繁殖期；定向钻施工产生泥浆固化后拉运至生态敏感区外的填埋场，有效落实了表土剥离、单独堆存、分层回填措施。但生态恢复措施方面有待加强，选取植被多为草本植物，未构建能够自我维持的生态系统。

2．污染治理

中俄管道站场生活污水采用一体化生活污水处理设备或化粪池拉运方式进行处置，生活污水全部采用封闭式储罐收集并定期清运；各站场评价范围内无声环境保护目标，站场选址较为合理，同时站场压缩机组等高噪声设备也采取隔声、减振等降噪措施；生活垃圾、生产废物经收集后统一清运处置，站场收集处置了危险废物，但未设置危险废物暂存间。

3．环境风险管控

中俄管道对沿线部分集中居民区和环境敏感区提出了绕避措施，降低了环境风险，提高了涉及集中居民区管段设计系数，并采用 3 层加强级 PE 防腐层；沿线站场均配备了环境风险应急物资及装备，全线设置监控与数据采集、远程控制系统；定期开展管线巡检、系统稳定性检测、内腐蚀与壁厚检测，制订了环境风险应急预案，定期开展了应急培训与巡线。但沿线还是涉及部分集中居民区，有待进一步优化提高。

4．环境管理

中俄管道依法开展了环评、竣工环境保护验收，未发生环境违法事件。施工期按要求开展了环境监理、环境监测工作；但存在部分站场厂界噪声环境监测超标的情况，需要进一步强化噪声污染防治措施。

5．碳排放

中俄管道全线采用冷放空方式，未采用点火放空形式，也未开展天然气放空回收利用应用，碳排放方面亟须进一步加强。

总体来看，本书评估初步建立的天然气管线行业绿色发展评价指标体系能够在一定程度上反映出天然气管线行业绿色发展水平。在后续研究工作中，可结合天然气管线行业环保工作进展，在指标体系构建、权重与基准值分配、数据完整性和准确性方面不断完善，进一步提高评价结果的实用性和科学性。

第五节　行业存在的主要环境问题及对策建议

一、主要环境问题

1. 行业环境管理政策及规划环评指导作用亟须进一步增强

陆上天然气管线行业目前缺少审批原则、环评导则、验收相关技术规范，环境执法监管频次和力度相较其他行业也较少，对行业事前审批、事中事后监管工作指导力度不够，各级审批部门审批尺度、深度不一致，规划环评编制及审核工作迟迟无法推动，行业环评报告编制指导性不足，如对环评分类管理名录理解不到位，评价单位对于建设项目性质到底属于长输管线、城镇燃气管线、内部集输管线存在疑问，从而影响建设项目的环评类别；对生态环境影响评价深度不合理，评价单位、评审专家对于"涉及环境敏感区""环境敏感区定义""样方样线布设"等的理解存在差异，导致不同人员对评价等级的判定结果出现差异，从而生态现状调查开展工作量、影响分析深度等均出现一定偏差；对环评重大变动界定不明确，建设单位、环评单位在实际执行过程中对于重大变动情形基本能够判定，但对于"可能导致环境影响显著变化（特别是不利环境影响加重）的"界定往往存在偏差；对运营期事后监管较难开展，主要因为施工期部分措施如生态恢复效果量化评价指标缺乏，监管无依据；部分措施未保留充分过程性资料，如分层开挖、分别堆放、分层回填以及施工作业带宽度，施工过程未保存相关证据，导致进入运营期后监管乏力。

2. 施工期环境管理规范化体系尚未建立，施工过程存在诸多环境影响

陆上天然气管线未建立施工期环境管理规范化体系，在实际施工过程中，经常会出现环评阶段要求管线避让的环境敏感区未按要求避让、所提施工作业带、施工方式、施工场地布设未按要求设置、生态恢复工作开展效果不佳等情况。如建设单位、施工单位的管线以地质、区域规划等因素为由将管线直接铺设进入环境敏感区或未以地下穿越、地上跨越等方式避让环境敏感区，未按环评阶段提出绕避路由或穿跨越方式进行铺设，且未及时对可能产生的环境影响进行论证；施工场地、施工道路等临时工程涉及环境敏感区，但往往仅以施工后及时恢复场地等进行简单描述，忽略了施工对环境敏感区的影响；生态恢复工作在施工完成后再进行，同时生态恢复追求短期效果，存在植物配置模式单一的问题，短期恢复效果较好，但是难以持续生长，不能形成自行演替的群落结构，需要进行二次恢复。

3. 碳排放环境影响突出，管网建设面临较大压力

陆上天然气管线站场全年计划性放空天然气量较高，但站场放空回收利用技术应用案例较少，实际成熟运营回收技术的管线项目更少，主要因为：一方面已建天然气管线站场没有预留回收接口，管线连接不便；另一方面现有放空回收机组回收速率不足，响应速度慢、作业时间较长。目前，绝大部分天然气管线站场均是以冷放空为主，仅有少数输气量较小的站场采用火炬燃烧放空。在天然气放空回收利用技术应用上还仅处于探索和示范阶段。同时，管网建设距 2025 年规划目标尚有一定差距，目前面临供需和碳排放双重压力，减碳工作仍需不断推进，回收利用技术亟须持续推广。

二、对策建议

1. 强化天然气管线行业环境管理

一是加快制定天然气管线行业建设项目环境影响评价导则。加快制定天然气管线行业建设项目环境影响评价导则，结合行业涉及行政区域多、环境敏感区多的特征，进一步明确评价等级判定依据、现状调查广度、影响分析深度，并针对性细化提出环境影响减缓措施的方向与要求，从环评源头真正规范行业生态环境保护管理要求，提高行业生态环境管理水平。进一步规范建设项目环评文件审批，明确选址选线、生态保护与修复、站场污染防治及环境风险管控措施要求，推动环保专业人员深度参与选址选线，提高无害化穿跨越绿色工艺占比，进行工程重大变动界定，统一环评编制要求和各级审批部门管理尺度。

二是建立施工期环境管理规范化体系，降低施工期诸多环境影响。天然气管线行业施工期环境管理规范化体系的建立可以有效指导、规范、降低行业施工期产生的环境影响，保障施工期能够严格按照环评阶段所提选址选线要求、施工方式要求、施工作业带宽度要求进行施工，务必做好相应的规范化台账，确保施工期环保措施有迹可循，防止建设单位和施工单位可能基于建设投资、施工工期、施工便利性等方面进行"浑水摸鱼"。同时，提前开展生态恢复措施，尽量做到边施工边恢复，按照环评批复和报告书要求采用乡土物种建立生物多样性较高的生态系统。

三是强化天然气管线环境监管检查，提升环境保护验收质量。天然气管线行业环境影响主要集中在施工期，部分项目存在施工期降低环保要求，未落实环评及批复文件要求的环保措施，如河流穿越由无害化方式变更为开挖方式、施工作业带宽度超出环评要求、施工时间未避开特殊保护时期等。进一步强化施工期的环境管理，加强天然气管线各阶段的执法检查，确保执法检查能够全覆盖天然气管线影响全过程。同时"倒逼"企业提升竣工环保验收质量，避免带问题验收，推动行业研究制定适用于不同区域环境特

点的生态恢复措施指南。结合管线项目建设工期短、工程破坏力大、生态修复效果滞后等特点，推动生态脆弱区、环境敏感区常态化生态恢复。

2. 提升天然气管线行业环境保护技术装备水平

一是借助"互联网+"等手段，优化完善管理模式与运作机制。以智能化为抓手，创新搭建"智能工地"，打造"智能管线样板工程"，创建智能化监管平台。通过应用大数据、物联网、云计算等技术，对管理方式和管理系统进行升级，实现管网的 24 h 实时监控，包括燃气泄漏、管网压力、运行数据等，实现大数据的统一收集和管理。提升天然气管线行业环境风险防控能力，降低环境风险。

二是优化施工工艺及设备，有效缩减施工作业带宽度。天然气管线施工的主要生态影响为施工作业带的管沟开挖和地表清理对土壤和地表植被的扰动。在技术可行的条件下，缩减施工作业带宽度是减缓施工影响最有效、最根本的措施，人工焊接、单侧铺管虽然能够大幅降低施工作业带宽度，但施工工期往往无法达到要求。因此，现阶段更加先进、高效集成的施工作业技术装备尚需进一步研究升级应用，以缩减施工作业带占地面积。

3. 推动天然气放空回收利用技术研究与应用

一是开展天然气管线行业碳排放环境影响评价试点，将甲烷排放核算纳入天然气管线建设项目环境影响评价，核算天然气管线行业建设项目甲烷排放量及排放强度，分析碳排放环境影响。

二是推动开展天然气管线行业天然气放空回收利用技术研究。推动相关企业和相关技术研究机构深入开展天然气管线行业天然气放空回收利用技术研究，开展技术攻关，研究提升天然气放空回收利用技术装备的回收速率、回收效率，提高设备的流量，缩短作业时间，降低技术应用经济成本。

三是加快推进行业天然气放空回收利用技术应用。推进《长输天然气管道放空回收技术规范》编制，推动天然气管线行业龙头企业实施天然气管线放空回收利用示范工程，形成可推广、可复制的应用技术，提高天然气管线行业天然气放空回收利用技术应用率。对已建的天然气管线站场阀室，在技术可行的前提下，开展天然气放空回收利用适应性改造，满足站场阀室放空回收设备的安装调试；对新建天然气管线站场阀室，在设计阶段考虑设置配套放空回收工艺，预留合适的回收利用接口，以便进行放空回收设备的安装应用，切实减少天然气排放。